U0395029

XIBEI TAIPINGYANG ROUYU DUI
QIHOU BIANHUA DE
XIANGYING JIZHI YANJIU

陈新军 等 著

西北太平洋柔鱼对气候变化的

中国农业出版社
北 京

本 书 著 者

陈新军　魏广恩　龚彩霞　王　岩

方　舟　刘必林　余　为

前言

气候变化是全球严峻的挑战之一，已对海洋生物资源空间分布、渔业生产等产生了显著影响。柔鱼广泛分布于三大洋的亚热带海域，是世界重要经济头足类资源之一，目前规模性开发利用的海域主要为西北太平洋。《北太平洋公海渔业资源养护和管理公约》于2015年7月正式生效，其宗旨是确保北太平洋海域柔鱼、秋刀鱼等资源可持续利用，以及保护其赖以生存的生态系统。因此，研究西北太平洋柔鱼资源可持续利用的基础科学问题，意义重大。

柔鱼是一年生的种类，没有剩余群体，资源量年间波动大，这一特性不仅使得柔鱼资源科学管理的难度加大，同时也增加了我国远洋鱿钓渔业发展的风险。近年来，全球气候变化和局部海洋环境变动对柔鱼资源丰度和分布的影响愈加突出，柔鱼资源量年间波动愈加明显，但其机理尚没有得到阐明。为此，笔者团队在国家重点研发计划、国家自然科学基金面上项目等支持下，围绕西北太平洋柔鱼对气候变化的响应机制这一基础科学问题进行了比较系统的研究，取得了一系列创新性成果，可为西北太平洋柔鱼资源的可持续利用与管理提供科学支持。

本书共分六章。第一章首先对研究的背景、目的和意义进行阐述，介绍了全球气候变化与水生系统及海洋渔业变化情况，阐述了柔鱼不同生活史阶段对气候变化的响应，以及不同时空尺度环境和气候对柔鱼资源与渔场的影响研究现状，归纳了以往研究中存在的问题，对研究内容和技术路线进行了概述。第二章为柔鱼生长、摄食生态和洄游分布对气候变化的响应研究，主要从海洋环境及气候变化对柔鱼个体生长、耳石形态、日龄生长、洄游分布和摄食生态的影响5个方面着手，研究柔鱼生长、摄食生态和洄游分布对气候变化的响应机制。第三章为西北太平洋柔鱼栖息地和渔汛对气候变化的响应研究，主要从最大熵模型模拟西北太平洋柔鱼潜在栖息地分布、水温升高对柔鱼潜在栖息地分布的影响和未来气候变化对柔鱼潜在栖息地和渔汛的影响3个方面，分析西北太平洋柔鱼栖息地和渔汛对气候变化的响应。第四章为气候变化背景下西北太平洋柔鱼资源补充量预测与管理建议，主要在气候变化背景下，对西北太平洋柔鱼资源补充量进行了预测，并提出气候变化背景下西北太平洋柔鱼渔业管理建议。第五章为基于环境因子的柔鱼资源评估与管理策略研究，主要从西北太平洋柔鱼栖息海域时空分布及最适水温角度分析环境对柔鱼栖息海域的影响，进而开展基于环境因子的柔鱼剩余产量模型研究，并分析未来气候变化背景下柔鱼资源管理策略。第六章为结论与展望，对本研究的主要结论进行总结，阐述本研究中具有重要意义的创新点，并对本研究中存在的问题和今后的研究方向进行探讨。

本专著专业性强，可供从事水产和海洋生物等相关领域的科研、教学等科学工作者、研究人员和管理者使用，以及从事远洋鱿钓渔业生产等领域的工作者参考。

本专著得到国家重点研发计划（2019YFD0901404）、国家自然科学基金面上项目（NSFC41876141）以及“双一流”建设学科（水产）等专项资助。

因著者水平有限和时间仓促，书中难免有疏漏之处，敬请广大读者指正。

著　者

2023年1月

目录

第一章 绪　　论

第一节 研究背景

气候变化是全球较严峻的挑战之一。海洋变暖、海平面上升、海洋酸化、海冰融化、低氧区扩散、极端事件等均对海洋渔业的丰度、分布及表型反应产生影响。基于观测到的气候变化，联合国政府间气候变化专门委员会（Intergovernmental Panel on Climate Change，IPCC）认为，因二氧化碳排放量增加，全球气候系统出现了毋庸置疑的变暖趋势（IPCC，2014）。为应对不断发生的气候变化，许多陆地、淡水和海洋里的物种已经改变了其地理分布范围、季节活动、迁徙规律以及物种间的交互作用（FAO，2016）。海洋生态系统中鱼类表型反应的证据表明，其洄游及繁殖时间、性成熟年龄、生长及繁殖力等均随着水温的变化而发生改变（Crozier et al.，2014）。鱼类和贝类生产力随着气候变化也发生改变，如关键种、商业性物种的变化，均会影响生态系统的服务功能，从而给社会和经济的发展带来挑战，特别是对于沿海国或依赖于渔业产业的国家和地区来说。

柔鱼（*Ommastrephes bartramii*）广泛分布于三大洋的亚热带海域，是目前世界大洋性头足类中重要的资源之一（陈新军，2009a）。日本最早（1974年）开始对柔鱼进行开发利用，年捕捞产量在3万t以下，随着鱿钓渔船规模不断发展以及鱿钓技术不断提升，年捕捞量稳步上升，1977年达到12万t，后续作业渔场不断东拓，捕捞产量也不断提高。我国最早于1993年对北太平洋柔鱼进行开发和利用，1999年达到最高产量，达13万t，之后至2008年，捕捞产量一直稳定在8万～11万t，成为我国鱿钓渔业的重要捕捞对象（陈新军，2019）。近年来，我国在西北太平洋的作业渔船稳定在100艘以上，产量在2万～6万t，主要作业渔场分布在150°—165°E、35°—45°N海域。2006年，美国、日本、加拿大、中国、俄罗斯、韩国等国家开始筹备北太平洋渔业委员会（NPFC），通过了《北太平洋公海渔业资源养护管理公约》，并于2015年7月正式生效。该公约的宗旨是确保北太平洋公海水域内柔鱼、秋刀鱼等资源的可持续利用，以及保护其所赖以生存的生态系统。

由于柔鱼是一年生的种类，没有剩余群体，资源量年间波动大，1996—2018年，柔鱼年产量介于2万～13万t，其年平均单位捕捞努力量渔获量（CPUE）介于0.5～4.5t/d（图1-1），年间产量和CPUE变化很大，短生命周期的生活史特性不仅使得柔鱼资源科学管理的难度加大，同时也增加了我国远洋鱿钓渔业发展的风险。近几十年来，全球变化和局部海洋环境变动对柔鱼资源丰度和分布的影响越加突出（Cao et al.，2009），柔鱼资源量年间波动越加明显。柔鱼在北太平洋海洋生态系统中也扮演着重要的角色，国内外学者已从个体日龄与生长（Yatsu，2000a；Yatsu et al.，1997；马金等，2011；陈新军，2011b）、摄食和生活史（Bigelow et al.，1993；Cailliet et al.，2006；Gagliano et al.，2004；Nishikawa et al.，2014）、海洋环境与资源量的关系（Zumholz，2006；陈新军等，2010；余为等，2017；Yu et al.，2015a；Chen et al.，2011；Chen et al.，2007）、资源评估与管理（曹杰，2010c；汪金涛，2015；Ichii et al.，2006；Magnússon，1995）等方面对柔鱼进行了较为广泛的研究。但是，关于不同气候和海洋环境对北太平洋柔鱼资源渔场以及资源评估与管理的影响这一科学问题尚没有深入开展，气候和海洋环境变化影响其资源补充量的机理等科学问题没有得到解决，资源量评估也未考虑其短生命周期的特性，以及气候和海洋环境因子对其生活史阶段的影响。

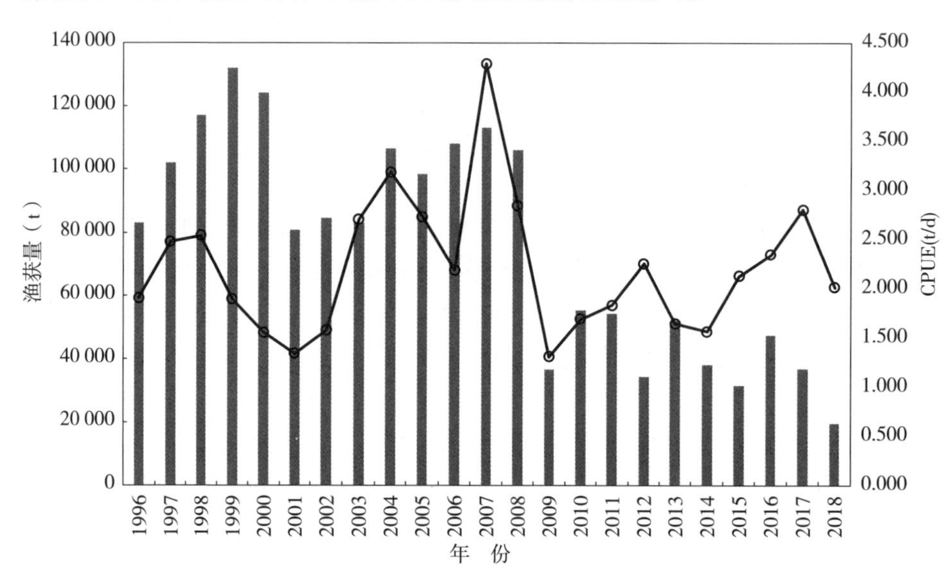

图1-1　1996—2018年我国西北太平洋鱿钓产量和CPUE

因此，需要系统开展北太平洋柔鱼生活史阶段与资源补充量对环境变化的响应机制的研究，探讨不同气候条件，如厄尔尼诺/拉尼娜、太平洋年际涛动

(Pacific Decadal Oscillation，PDO 等)，以及局部海洋环境变化对柔鱼关键生活史过程及资源量变动的影响机制，以期能够更加准确地评估柔鱼资源量和更加科学地制订其开发策略，确保在多变的气候条件下，西北太平洋柔鱼资源能够实现可持续开发和利用。

第二节　国内外研究现状和存在的问题

一、气候变化与水生系统

自 20 世纪 50 年代以来，许多观测到的气候变化前所未有。目前观测到的气候变化主要包括海洋变暖、海洋酸化、海表面上升、降水不均、海冰减少等方面。气候变化的主要影响包括对生态系统、自然系统以及人类社会的影响。另外，全球极端事件也在发生变化，如低温极端事件减少、高温极端事件增多、极高海平面增多、强降水事件增多等。最近极端事件所产生的影响表明生态系统和人类系统在气候变化中存在显著脆弱性（伤害的易感性）和暴露度（处于风险中的人员和财产）(FAO，2015)。

气候变化的关键驱动因子为二氧化碳，而经济和人口增长均使人为原因造成的温室气体排放增加，导致气候变暖。海洋吸收了 93%的新增热量，固定了 25%的人类排放的 CO_2气体（Le Quéré et al.，2018)。在全球尺度上，海洋表层温度升幅最大。维持鱼类和贝类的水生系统（包括海洋、海、湖泊和河流）正在发生明显变化，包括化学因子（如盐度、含氧量、碳吸收及酸化等）和物理因子（如温度、水平面、海洋循环等）（表 1－1)，预计未来这一变化将更加突出。

表 1－1　气候变化对水生系统的主要影响

可变化因素	已发生的主要变化	主要参考文献
水循环与降水模式	永冻层变暖，冰川收缩，降水量发生变化，极端降水事件频率和强度增加	IPCC，2014；Ren et al.，2013
水体温度	从 1900—2016 年，海洋表面水体（水深 700m 以上）温度已增加了 0.7℃；淡水系统温度升高	Huang et al.，2015a
含氧量	最小含氧区发生改变，15%的全球总含氧量因气候变化而丧失，且在海洋 1 000m 以上，高达 50%的含氧量已丧失	Fu et al.，2018；FAO，2018
冰川覆盖	从 1979—2012 年，北极海冰减少，每 10 年减少 3.5%～4.1%，南极海冰每 10 年增加 1.2%～1.8%	IPCC，2014；Liu et al.，2017
海平面上升	近年来海平面平均上升 3.1mm/年，95%的海洋地区将面临海平面上升	Dangendorf et al.，2017

（续）

可变化因素	已发生的主要变化	主要参考文献
海洋循环	大西洋经向翻转环流减弱，导致亚南极地区温度下降，墨西哥暖流变暖和向北移动；西边界流强度增强	Caesar et al.，2018；Thornalley et al.，2018
海洋酸化	自工业革命以来，海洋表面水体 pH 已下降了 0.1，对应的酸度增加了 26%	Jewett et al.，2017
初级生产力	预计到 2100 年，初级生产力会下降 6%±3%	Kwiatkowski et al.，2017

二、气候变化与海洋渔业变化

未来气候变化取决于过去人为排放造成的持续变暖、未来人为排放以及气候自然变率，二氧化碳的累计排放取决于社会经济发展和气候政策。IPCC 第五次评估报告采用了基于耦合模式互比项目第 5 阶段（CMIP5）模拟不同典型浓度路径（RCPs）下未来气候变化（秦大河等，2014）。RCPs 中包括一类温室气体排放严格减缓情景（RCP2.6）、两类中度排放情景（RCP4.5 和 RCP6.0）和一类高排放情景（RCP8.5）（FAO，2018）。21 世纪全球海洋将持续变暖，预测海洋变暖最强的区域是热带和北半球副热带地区的海洋表面；海洋将持续酸化；海平面平均高度将不断上升。大部分物种面临更大的灭绝风险，海洋生物将面临氧气含量逐渐下降及大幅度的海洋酸化，珊瑚礁和极地生态系统将极为脆弱，海岸系统和低洼地区将面临海平面升高带来的风险。

21 世纪中期及之后的气候变化、全球海洋物种的重新分布以及敏感地区海洋生物多样性的减少，都将给渔业生产力及海洋生态系统其他服务的持续提供带来挑战（FAO，2015）。气候影响海洋生物资源的模型已经被开发出来，这些模型一般由 3 部分组成：①海洋-大气物理生物地理化学模型（地球系统模型）；②海洋生物资源模型；③渔业模型（Cheung et al.，2016）。模型预测结果显示，到 2050 年，在 RCP2.6 情景下海洋最大潜在总产量预计下降 2.8%～5.3%；在 RCP8.5 情景下将下降 7.0%～12.1%。到 2100 年，在 RCP8.5 情景下海洋最大潜在总产量预计下降 16.2%～25.2%（FAO，2018）。未来海洋渔业很可能发生以下变化：①鱼类分布和迁移行为的转变；②传统捕捞模式将不得不发生改变；③处理气候变化影响的政策和规则将会改变，捕捞行为发生变化；④相比较于基于群落的小型船只，移动的大型渔船将可能更加适应鱼类分布的转变；⑤低纬度地区上岸渔获减少，高纬度地区上岸渔获增加；⑥热带南部贫穷地区将遭受损失，北方地区随着渔船进入将遭受更高的捕捞压力。

三、海洋生态系统中海洋生物对气候变化的响应

全球主要的海洋生态系统可分为高纬度春季藻华系统（high-latitude spring bloom systems）、沿岸边界系统（coastal boundary systems）、东部边界上升流系统（estern boundary upwelling systems）、赤道上升流系统（equatorial upwelling systems）、半封闭海（semi-enclosed seas），以及副热带环流（subtropical gyres）（Hoegh-guldberg et al.，2014）。海洋是全球食品安全的主要贡献者，80%以上的海洋渔获量来自北半球高纬度春季藻华系统、沿岸边界系统以及东部边界上升流系统（FAO，2016）。气候变化对鱼类的影响机理主要包括：①直接影响，改变鱼类代谢或繁殖；②间接影响，对鱼类生物环境的改变，包括与之相关的被捕食者、捕食者、物种相互作用及疾病等。不同海洋生态系统中，气候变化对鱼类和贝类的主要影响方式均有所不同（FAO，2016）（表 1-2）。各海洋生态系统中的鱼类和贝类对气候变化的响应也不同，包括栖息地发生迁移或丧失、分布范围缩小或扩大、资源丰度变化、生理特性改变以及物种相互作用变化等。

表 1-2　不同海洋生态系统中气候变化对鱼类和贝类的主要影响方式

海洋生态系统	影响鱼类和贝类的主要气候变化因素及其方式
高纬度春季藻华系统	变暖使鱼类和贝类分布范围向极地扩张，高纬度地区渔获量增加 海洋酸化影响生物钙化
沿岸边界系统	热分层及富营养化导致季节性缺氧水域扩大；温度升高导致珊瑚礁退化及相关生物多样性的丧失；含氧量下降，最小含氧区域扩大；海平面上升导致海岸线丧失，影响水产养殖
东部边界上升流系统	季节性上升水域酸化，影响贝类水产养殖；风压改变导致上升流变化，引起鱼类生产力改变；上升流变化率增加，使渔业管理不确定性增加
赤道上升流系统	含氧量下降对珊瑚、海带及有机体具有负面影响；碳酸盐的化学变化将对海洋生物钙化有负面影响
半封闭海	极端温度使底栖动植物大量死亡事件频率增加；热分层及富营养化使溶解氧减少，影响鱼类种群
副热带环流	热分层及风压改变，低生产力海域扩大；变暖导致了初级生产力减少以及渔获量减少

1. 栖息地迁移、分布范围改变　对食性广泛且游泳能力较强的鱼类而言，由于气候变化它们可能会主动放弃原有的栖息环境而寻找新的避难所。如在北半球，气候变化驱动物种向北极移动，导致北极海洋食物网结构和生态系统的基本功能发生变化。这些物种一般为广适性生物，它们在连接中上层和栖息模

块中起重要作用（Kortsch et al.，2015）；北海鳕（*Gadus morhua*）由于气候变暖深移、北移（Engelhard et al.，2014）；印度洋传统鱼类，如沙丁鱼（*Sardinops sagax*）、中上层及底层鱼类，季节性富集区减少（Raj et al.，2016）。气候变化引起浮游动植物生产力发生改变，从而导致以浮游动植物为食的鱼类分布发生改变。如东北大西洋鱼类分布在纬度和深度上发生改变，表现出明显的季节迁移模式，这与气候变化引起浮游动物生产力变化有关（Rijnsdorp et al.，2009）。气候变化引起海流发生改变，导致鱼类分布产生变化。如在西北太平洋沿岸系统中，温度对鱼类分布影响显著，物种有向北移动的趋势，随着海洋表面温度上升，黑潮、中国沿岸流附近海域的鱼类出现时间和捕捞季节发生波动，低纬度鱼类向北扩张，高纬度鱼类向极地扩张（Lu et al.，2014）。秘鲁海流系统维持着世界上最大的小型中上层渔业，气候变暖可能导致海洋分层增加，影响鱼卵和幼鱼的扩散，使更多的鱼类幼体保留在大陆架（Brochier et al.，2013）。北太平洋和南太平洋副热带环流自 1993 年来扩张，海温增加导致关键大洋性渔业，如鲣（*Katsuwonus pelamis*）、黄鳍金枪鱼（*Thunnus albacores*）、大眼金枪鱼（*Thunnus obesus*）和南太平洋长鳍金枪鱼（*Thunnus alalunga*）分布发生改变，大量大洋性鱼类物种由于海表面温度的升高，在太平洋将持续东移（FAO，2016）。

2. 局部物种灭绝或物种入侵 在海洋生态系统中，由于气候变化，一些物种栖息地丧失或不适应新的生存环境，濒临灭绝或已灭绝；另外一些物种被迫进入新的生态系统中，成为某个海域或生态系统中的入侵种。预测结果表明，由于太平洋副热带环流空间扩展导致出现水体含氧量降低的变化，主要的珊瑚生态系统在 21 世纪很可能会消失，该系统鱼类，特别是小型中上层物种，脆弱性增加（FAO，2015）。东太平洋上升流低氧水体造成缺氧区，使沿海鱼类和无脊椎动物死亡（FAO，2016）。全球气温上升，许多物种分布向极地移动，在澳大利亚东南海域，鱼类表现出明显的极向移动，一些鱼类已经灭绝（Last et al.，2011）。2006—2007 年，佛罗里达州西北部沿海出现了 20 世纪 70 年代完全没有出现的热带和亚热带物种（Fodrie et al.，2011）。哈德逊海洋生态系统中，海冰减少和春季藻华增加，使有些种群渔获减少并可能灭绝，如独角鲸（*Monodon monoceros*）、东部哈德逊白鲸（*Delphinapterus leucas*）、北极熊（*Ursus maritimus*）和海象（*Odobenus rosmarus*）（Hoover et al.，2013）。地中海浮游动物多样性发生变化以及热带物种出现。有学者研究预测，到 2041—2060 年，地中海有 25 种生物将达到世界自然保护联盟（IUCN）濒危物种红色名录的标准，6 个物种将灭绝；到 2070—2099 年，地中海表面温度预计升高 3.1℃，45 种生物将达到 IUCN 濒危物种红色名录的标准，14 个物种将灭绝；到 21 世纪中叶，地中海最冷地区（亚得里亚海和狮子湾）将成为冷水物种的避难所，但到21世纪末，这些物种将会灭绝。此外，本地物种的分布范围预计将碎片化，25%的地中海大陆架特有物种到21世纪末将会灭绝（Lasram et al.，2010）。

3. 资源丰度及产量变化 在北太平洋中部生态系统中，气候变化引起初级生产力变化，模拟结果显示，从2010—2100年小型和大型浮游植物生物量分别下降了10%和20%，导致更高营养级水平的总生物量下降了10%，夏威夷延绳钓渔业的目标鱼种产卵减少了25%～29%，捕捞努力量减少50%的情况下，延绳钓目标鱼种产量部分恢复到目前水平，非目标鱼种产量减少（Howell et al.，2013）。在应对气候变化时，北太平洋中部所有大小鱼类生物量均下降，在增加捕捞死亡率的同时，大型鱼类生物量下降，相同气候下，基于物种模型预测渔获量在21世纪末将会下降15%，而基于规模模型预测将下降30%（Woodworth-Jefcoats et al.，2015）。

流界渔场中，渔业资源生产力受气候变化影响极为明显。Tian等（2006）利用平衡营养和辛普森多样性指数研究了捕捞和气候变化对对马暖流鱼类群落的影响，表明更温暖的水使大型掠食性鱼类和冷水底栖物种增加，日本沙丁鱼（*Sardinops melanostictus*）资源量减少。加利福尼亚流、秘鲁海流、本格拉流和黑潮附近沙丁鱼及鳀的生产力下降，沙丁鱼的生产力与边界流的低频变化及海表温度距平有关，弱海流时，沙丁鱼幼体具备生存在边界流主体的游泳能力，生产力高；强海流时，沙丁鱼繁殖被限制在沿海水域，生产力低（Maccall，2009）。强大的南赤道逆流导致美属萨摩亚专属经济区弱游泳生物的生物量增加，这些生物为长鳍金枪鱼饵料，相对稳定的反气旋涡流使弱游泳生物的生物量进一步增加，厄尔尼诺发生时，季节性信号增强，南赤道逆流特强，该海域长鳍金枪鱼CPUE较高（Domokos，2009）。

4. 鱼类生理发生改变 气候变化对鱼类复杂的生命周期产生影响。气候变化导致幼鱼分布变化相对难以确定，物种在产卵场或育苗场对栖息地有特定要求，所以在其生命周期中会出现瓶颈（Petitgas et al.，2013）。加利福尼亚海流系统中，鱼类物候发生改变，39%仔稚鱼丰度高峰季节提前，18%推迟。海洋表面温度与上升流和物候变化相关。物候提前的物种分布在远洋中上层，物候推迟的物种主要分布在近岸和底栖。相比太平洋年代际振荡和北太平洋环流振荡，这种变化与海表面水更早变暖密切相关，更早产卵的趋势与海洋表面温度及浮游动物位移密切相关（Asch，2015）。大西洋中部更强烈的季节性分层、区域环流变化，以及水温升高等气候变化因素直接或间接地影响鱼类种群，一些冷水性物种繁殖成功率降低（Mountain，2002）。巴哈马伊柳塞拉岛近岸环境的最高和最低温度约等于或超过沿岸鱼类的热耐受性范围，使近岸鱼类热安全阈值（TSM）非常小或为负，IPCC预测的最高温度将超过所有近岸鱼类的 TSM（Shultz et al.，2016）。

5. 物种间相互作用关系改变 随着局部物种的灭绝或新的物种入侵，海洋生态系统中物种之间的相互作用会发生新的变化，生物多样性会发生改变。1996—2005 年，俄勒冈上升流区（北加利福尼亚流系统）的沿海鱼类在冷年（1999—2002 年）以北方鱼类或沿海鱼类为主，而在暖年（2002—2005 年）则以南部海洋鱼类为主（Brodeur et al.，2008）。阿拉伯海珊瑚白化和相关无脊椎动物减少程度较高，食草动物和食浮游生物鱼类增加。地中海沿岸地区，气候变暖可能会推动新的种间相互作用发生（入侵物种与本地物种）（Knutsen et al.，2013）。南极海洋生态系统中，冰鱼科鱼类（Channichthyidae）对气候变化特别敏感，伴随着气候变化引起非生物改变及食物网结构的变化，栖息地可能丧失，大多数种群存活的主要瓶颈在早期发育阶段；底层鱼类群落中，某个物种的衰退或丧失可能会由其他物种补偿；中上层鱼类物种会变得极为贫乏，侧纹南极鱼（*Pleuragramma antarcticum*）将占主导地位，这种关键性物种的丧失，会使南极海域食物网结构和整个生态系统的功能产生特别严重的后果（Mintenbeck et al.，2012）。

四、气候和海洋环境变化对柔鱼生活史的影响

柔鱼为高度洄游性种类，冬春生西部群体产卵场主要位于 20°—30°N，每年在 1—4 月进行产卵并孵化。随后仔稚鱼随着黑潮向北洄游至黑潮锋面，个体生长至具备一定游泳能力后开始进行主动洄游，向东北洄游至黑潮和亲潮交汇区（35°—40°N）。该区域饵料丰富，柔鱼快速摄食并生长，直至具备较强的游泳能力，7 月左右进一步向东北洄游至索饵场（40°—46°N），并在该海域摄食较长时间。故传统捕捞季节为 7—11 月，捕捞旺季为 8—10 月。柔鱼达到性成熟后随着亲潮向南扩张开始向南洄游至产卵场进行产卵，通常产卵后即死亡。

柔鱼主要的生活史可分为 4 个阶段：孵化、仔稚鱼、成鱼和产卵（曹杰，2010c）。从柔鱼分布和洄游路径来看，不同生活史阶段生活在不同海域，所在环境也在发生改变，或被动或主动寻找适宜的生境并做出响应（表 1－3）。人们对柔鱼早期生活史阶段的研究较少，从调查采样的数据来看，柔鱼早期生活阶段受到水温和盐度的影响，如调查发现柔鱼在 23.4～23.8℃时孵化率高（Young et al.，2000），仔稚鱼主要分布在水温为 22～22.5℃、盐度为 34.6～35.2 的海域等（Bower et al.，1994）。也有学者认为，柔鱼产卵场适宜水温面积影响资源补充量的变化（曹杰，2010c；王易帆等，2019）。叶绿素锋区作为高生产力海域，能为柔鱼仔鱼提供丰富的营养，从而成为优质的育肥场，使其快速成长（余为等，2013；Ichii，2011）。结合商业性渔业数据，人们对柔鱼成鱼受环境和气候变化的影响研究较多。如研究发现，厄尔尼诺事件不利于

柔鱼生长，资源量下降，而在拉尼娜事件下柔鱼适宜栖息地面积增加（余为，2016），柔鱼栖息地分布受海表面温度（sea surface temperature，SST）、海表面盐度（sea surface salinity，SSS）、叶绿素 a（chlorophyll-a，Chl-a）浓度、海表面高度（sea surface height，SSH）、净初级生产力（net primary productivity，NPP）、混合层深度（mixed layer depth，MLD）、涡流动能（eddy kinetic energy，EKE）等环境因子的综合影响（雷林等，2019；龚彩霞等，2011）。柔鱼产卵场位置随叶绿素 a 浓度变化发生改变（Ichii et al.，2009）。在柔鱼整个生命周期中，黑潮和亲潮都起着至关重要的作用。在早期生活史阶段，柔鱼游泳能力较弱，主要分布在黑潮和亲潮过渡区域，黑潮将仔稚鱼运送到育肥场和索饵场，影响柔鱼资源补充量（曹杰，2010c）。同时，亲潮的强弱影响柔鱼成鱼的空间分布和资源丰度，最后性成熟后的柔鱼在亲潮向南扩展时洄游至产卵场（余为，2016），因此亲潮势力的强弱也会对柔鱼产卵地点产生影响。

表 1-3　柔鱼不同生活史阶段的环境和气候影响因子及其响应

生活史阶段	影响因子	对气候变化的响应
孵化	SST	孵化时间、卵存活率、孵化成功率等
仔稚鱼	黑潮流量及路径、食物、Chl-a 浓度、SST、SSS	生长速度、洄游模式、死亡率等
成鱼	海流、SST、SSS、NPP、厄尔尼诺和拉尼娜事件（ENSO）、太平洋年代际涛动（PDO）、锋面	栖息地、性成熟时间、资源量、死亡率等
产卵	亲潮流量、Chl-a 浓度	产卵时间、产卵地点、产卵数量等

五、气候和海洋环境变化对柔鱼资源渔场的影响

柔鱼主要分布在北太平洋 20°—50°N 间亚热带和温带海域，作业渔场从日本沿岸海域，一直向东拓展到 150°W 海域（陈新军等，2011a）。通常可分为中部秋生群体、东部秋生群体、西部冬春生群体和中东部冬春生群体（Yatsu et al.，1997；陈新军等，2011a），其中西部冬春生群体是中国等国家的主要捕捞对象。黑潮暖流和亲潮寒流在西北太平洋形成了广泛的交汇区，为柔鱼生长和育肥提供了良好的海洋生物环境和非生物环境条件。已有研究表明，不同时空尺度的气候变化和海洋环境条件，如厄尔尼诺和拉尼娜事件（Chen et al.，2007）、太平洋年代际涛动（Igarashi et al.，2017）、黑潮和亲潮海流的弯曲摆动（Chen et al.，2012）、海表盐度与温度（Chen et al.，1999）、叶绿素 a 浓度（Ichii et al.，2011）和水温垂直结构（陈新军等，2012）等，均影响着柔鱼的生长与死亡、时空分布以及生活史过程，进而影响柔鱼资源补充量

及其渔场分布。

1. PDO 对柔鱼资源渔场的影响 PDO 是一种从年际到年代际时间尺度的气候变率强信号，为海气相互作用的产物，反映了北太平洋地区长期的气候环境背景，可分为 PDO 暖位相（PDO 暖期）和 PDO 冷位相（PDO 冷期）。PDO 冷暖气候模态更替不仅对各地区气候产生重要影响，而且对很多海洋鱼类种群的兴衰起到调节作用，如太平洋秋刀鱼（Tian et al.，2004）、北太平洋长鳍金枪鱼（Phillips et al.，2014）、太平洋沙丁鱼（Zwolinski et al.，2014）、黄海鳀（Zhou et al.，2015）、加利福尼亚海湾南部枪乌贼（Koslow et al.，2011）。

近年来，研究发现 PDO 的变化与柔鱼资源渔场变化存在一定关联。Chen 等（2012）研究发现，黑潮路径变化与 PDO 相互耦合，驱使北太平洋柔鱼渔场重心在纬度上的分布存在年际间差异。Yu 等（2015a，2015b）研究认为，1995—2011 年北太平洋经历了 2 次 PDO 周期。其中，1995—1998 年和 2002—2006 年为 PDO 暖期，1999—2001 年和 2007—2011 年为 PDO 冷期。PDO 暖期内产量和 CPUE 明显高于 PDO 冷期。CPUE 与 PDO 指数呈正相关，且滞后一年。研究也认为，PDO 暖期内发生拉尼娜事件时，渔场出现异常暖水团，给柔鱼生长提供了有利的栖息条件；而 PDO 冷期内发生厄尔尼诺事件时，渔场的水异常变冷，通常导致 CPUE 变低（Yu et al.，2016a）。研究推测，PDO 现象对于环境条件起到调控作用，主要通过产卵场的 SST、适宜产卵面积以及叶绿素 a 浓度等来共同驱动（Yu et al.，2016b）。Igarashi 等（2017）研究认为，北太平洋中部海洋环境因子与柔鱼秋生群资源量呈现显著的相关关系，2 月 PDO 指数可较好地预测柔鱼秋生群的资源丰度。

2. 厄尔尼诺和拉尼娜事件对柔鱼资源渔场的影响 柔鱼作为生态依赖的机会主义物种，其资源丰度极易受异常环境条件的影响，特别是频繁发生的厄尔尼诺和拉尼娜事件。厄尔尼诺和拉尼娜现象为气候系统中最强的年际气候信号，可由温度、叶绿素 a 浓度、初级生产力、纬向风和温跃层深度等因子来判别（Wang et al.，2012）。各国渔业专家非常重视研究这一现象的发生规律及其对渔业资源的影响，以便达到可利用 Niño 指数来预测渔业资源的动态，为渔业资源可持续利用提供可靠依据。

已有研究证实，厄尔尼诺和拉尼娜事件对北太平洋柔鱼资源丰度与分布会产生影响。Yatsu 等（2000a）基于 1979—1998 年长时间序列的渔业统计数据，首次研究了北太平洋柔鱼秋生群体的 CPUE 波动与厄尔尼诺和拉尼娜事件的年间变化的关系。研究发现，相对正常环境的年份，厄尔尼诺年夏冬季水温明显偏低，柔鱼秋生群体补充率显著减少，这就说明了 CPUE 产生年间波动的原因。Chen 等（2007）研究了厄尔尼诺和拉尼娜事件对柔鱼冬春生群体产卵场和育肥场海表温的影响，定性描述了异常环境对柔鱼补充量和渔场分布的影响，拉尼娜事件发生时产卵场海域水温上升，不利于资源补充；而厄尔尼诺和正常年份时水温正常，有利于资源补充。陈新军等（2010）认为，黑潮的强弱决定产卵场海域（20°—30°N，130°—170°E）柔鱼资源补充量的高低。此外，黑潮流量大时，北太平洋中部海表温偏高，渔场重心向北移动；相反，海表温偏低、渔场重心向南移。黑潮路径发生弯曲时柔鱼的渔场重心有向南偏移的趋势（Chen et al.，2012）。Nishikawa 等（2014）认为，柔鱼冬春生群体 CPUE 与其产卵场的叶绿素 a 浓度、秋冬季混合层水深呈现显著的正相关。Yu 等（2017a，2017b）认为，1998 年拉尼娜事件导致柔鱼渔场 SST 变暖，Chl-a 浓度和 SSHA 范围有利于柔鱼生长，柔鱼适宜的栖息地面积增加，且渔场重心位置分布在适宜栖息地范围内，因此柔鱼产量增加；而 2009 年厄尔尼诺事件导致柔鱼渔场 SST 异常变冷，Chl-a 浓度和 SSHA 范围不利于柔鱼生长，柔鱼栖息地面积锐减，且渔场重心位置与适宜栖息地分布不匹配，因此柔鱼产量出现下降。

3. 黑潮和亲潮对柔鱼资源渔场的影响 黑潮亲潮过渡海域以亚热带锋区和亚北极锋区为边界，中间海域物理生物环境复杂，主要为海洋锋区和尺度不同的海流涡漩等（Roden et al.，1972；Matsuoka et al.，2014；Chen et al.，2014）。海洋环境年间波动显著，调节了海洋鱼类资源的分布及其栖息地热点海域的时空变化（Yatsu et al.，2013）。因此，黑潮与亲潮对西北太平洋渔业、生态系统乃至整个气候环境具有重要影响（Aoki et al.，2000；Sakurai et al.，2007）。对北太平洋柔鱼而言，其早期生活史阶段一般分布在黑潮亲潮过渡区海域，黑潮流系的蛇形变化势必影响其输运路径，对西北太平洋渔场的资源补充量产生影响；而亲潮势力的强弱同样也会影响柔鱼渔场的分布和资源丰度的大小（余为等，2014，2016）。

已有研究表明，黑潮的弯曲结构和亲潮势力的强弱对柔鱼渔场的空间分布有很大影响。陈新军等（2010）认为，黑潮的强弱决定产卵场海域（20°—30°N，130°—170°E）柔鱼资源补充量的高低。此外，黑潮流量大时，北太平洋中部海表温偏高，渔场重心向北移动；相反，海表温偏低，渔场重心向南移动。黑潮路径发生弯曲时柔鱼的渔场重心有向南偏移趋势（Chen et al.，2012）。黑潮的弯曲结构和亲潮势力的强弱对柔鱼渔场的空间分布有很大影响。通常情况下，黑潮势力强时渔汛提前，渔场向北偏移；而亲潮势力变强时渔汛滞后，渔场比较分散。另外，黑潮大弯曲时可能会降低柔鱼资源补充量。柔鱼种群做长距离的南北方向洄游，被动漂移阶段的柔鱼仔鱼和微弱自游的幼鱼主要集中在北太平洋黑潮亲潮过渡区海域。而实际上产卵场海域的柔鱼仔幼鱼随着黑潮输运到北部的育肥场海域，研究这一过渡区域黑潮变动对其输运路径、生长与死亡以及分布等的影响变得尤为重要。

六、渔业资源评估的发展

渔业资源评估主要是研究渔业生物种群动态和数量变动，在了解和掌握捕捞种群的年龄、生长、长度、重量、繁殖力及渔获物组成等生物学资料的基础上，根据科学调查、较为完整的渔业捕捞数据，利用渔业资源评估模型，估算渔业与种群相关参数，对其生长、死亡和补充量的规律进行研究，进而回溯种群和渔业捕捞历史，评估渔业活动、渔业管理措施对种群资源的影响，并对渔业资源发展的趋势进行预测，同时进行风险分析（詹秉义，1995）。19 世纪 50 年代，由于渔业资源剧烈衰减，欧美国家开始进行基础渔业研究（Punt et al.，2012）。19 世纪 80 年代，有关学者开始进行资源数量变动的研究工作。早期的资源研究工作，多以生物学为基础，着重从世代变迁来估计产量和预报种群数量，多限定于定性描述。20 世纪 50 年代后，由于受到数理统计学发展的影响，资源研究转向定量分析，数学模型应用于资源数量变动研究，并为保护渔业资源、合理利用渔业资源、科学管理渔业提供了科学依据（詹秉义，1995）。随着计算机技术的发展，渔业资源评估得到了快速发展（Hilborn et al.，1992；Quinn，2003）。评估模型不断被拓展，使其能利用各种数据源，更真实地描述种群动态。参数估计方法更加多样化，参数估计的不确定性量化更加完善，管理策略的效果评估也更加全面（Hampton et al.，2001）。随着渔业资源评估模型日益复杂、多样化，模型的选择及使用难度也相应增加，而模型的不恰当运用则可能导致渔业资源管理的失误（Richards et al.，2001）。此外，程序包的使用可以快速探索更多评估选项，不需要从头编写资源评估代码。在现有程序包的基础上进行模拟研究，更容易得到模拟结果，且适用于渔业资源评估程序包的开发与改进越来越快，资源评估程序包选择和使用难度也随之增加，数据与程序包不匹配、程序包选择不恰当都可能导致模拟结果不可靠（Pribac et al.，2005；Dichmont et al.，2016）。

Fedor Baranov（1918）的 Baranov 渔获量方程被认为是渔业科学定量研究的基础 $C=\frac{F}{F+M}[1-e^{-(F+M)T}]N_0$。渔获量方程描述了鱼类种群的初始资源量受两种恒定死亡率的影响：捕捞死亡率 F 和自然死亡率 M（除捕捞死亡外的所有因素）。种群的大小随着时间而变化，根据 $\frac{dN}{dt}=-(F+M)N$，即在 T 时刻，存活种群的大小为 $e^{-(F+M)T}N_0$，死亡种群的大小为 $[1-e^{-(F+M)T}]N_0$。得到的渔获量 C 是死亡种群与 $\frac{F}{F+M}$ 的乘积。Derzhavin（1922）基于渔获年龄组成数据，利用 Fedor Baranov 的渔获量方程评估种群的大小，同时假设捕捞以外的死亡率可以忽略不计。Fry（1949）使用类似的方法，引入实际种群来表示初始种群的大小。

Beverton（1954，1957）将捕捞死亡率划分为不同年龄组（每年）的捕捞努力量和捕捞选择性。Doubleday（1976）称其为分离假设，该假设将捕捞死亡系数（$F_{a,t}$，其中 a 为年龄，t 为年份）分解为捕捞死亡系数年效应（f_t）与渔具选择系数（S_a）之积（$F_{a,t}=f_tS_a$），使模型所需估计的参数大量减少。分离假设被当前大多数评估模型所采用。Doubleday 的模型更是成为后来统计年龄结构模型的基础（Quinn，2003）。

Murphy（1965）和 Gulland（1965）采用迭代法求解鱼类种群动态的非线性方程。在当时，迭代求解需要大量手工计算，因此 Pope（1972）提出了求解非线性方程组的近似解，使该方法变得更加容易处理计算。早期的算法是确定的，因为渔获量（年龄）是作为已知值在每个世代中逐步减去，随之产生了与渔获量数据匹配的灵活估计方法。但这些方法并未提出不确定性量化的方法，也未提出预测资源量的一致性方法。构建参数统计模型（无随机效应）时，使用的模型参数必须远少于比观测值。确定性迭代过程对每个渔获量观测都有对应的 $F_{a,t}$ 和 $N_{a,t}$ 参数，在将鱼类资源评估问题纳入参数统计模型时，需要减少参数的数量。分离假设的应用形成了许多不同的参数统计评估模型（Paloheimo，1980；Pope et al.，1982；Fournier et al.，2011），且这些模型均采用确定性种群动力学方程，将所有随机性都归于观测误差。

分离假设的优点是易于处理，且将估计简化为具有明确收敛准则的标准极小化问题，同时提供统计推断和模型验证的标准工具；缺点是这种假设并非总是正确的。因为渔具的改进、可调节性（如网孔大小）、种群的空间动态和空间结构对渔具使用的限制性等，会反过来影响渔业的相对选择模式。因此，需要在参数统计模型中，通过将时间周期划分为具有常数可分性的时间块（time block），或使用样条进行更灵活的选择，同时保持较少的参数数量，或允许异常惩罚使用固定的惩罚等，以应对部分参数（捕捞系数、渔具选择系数等）具有的时变特性。异常惩罚方法假定了捕捞死亡率的参数结构（分离性），同时对该参数结构进行扩展，加入额外参数（$F_{a,t}=f_tS_a e^{\delta_{a,t}}$），允许捕捞死亡率出现异常参数 $\delta_{a,t}$，然后进行惩罚［假设 $\delta_{a,t}\sim N(0,\sigma_\delta^2)$］。关键问题是惩罚参数（$\sigma_\delta^2$）是固定的、主观的，而同样的主观性也适用于样条方法的平滑程度。

现有渔业资源评估模型中，统计模型可分为：固定效应模型、随机效应模型与混合效应模型。3 种参数统计模型的估计效果会受到具体的评估模型和数据的影响（官文江等，2013）。渔业资源评估模型中，固定效应模型应用较多，如 ADAPT、ASAP 及 SS3 等。主要是贝叶斯方法的使用以及相关软件的出现（BUGS、JAGS、ADMB 等）促进贝叶斯方法在渔业资源评估模型中的应用。

渔业资源评估模型所采用的随机效应模型通常利用贝叶斯方法进行参数估计，可将其归为贝叶斯模型。状态空间评估模型（state-space assessment models，SSAMs）采用混合效应模型，是基于早期资源评估模型相同的基本方程，同时包含了动态未观测状态的概念。其主要优点是在时变选择性方面避免了主观性，如时间块、样条平滑度和异常惩罚的选择，将随机性进一步划分为过程误差和观测误差。近年来，SSAMs 的兴起主要是因为新的软件开发（Fournier et al.，2012；Kristensen et al.，2015），使得拉普拉斯近似用于模型的实施和估计变得更高效。

渔业资源评估模型通常由 4 个子模型构成：种群动态模型（population dynamics model）、观测模型（observation model）、目标函数（objective function）、投影或预测模型（projection model）。不同评估模型的种群动态模拟、观测模型构建、参数化方式及参数估计方法等存在差异（官文江等，2013）。主要渔业资源评估模型按照评估对象可分为单物种渔业资源评估模型、多物种渔业资源评估模型和基于生态系统的渔业资源评估模型。

（1）单物种渔业资源评估模型。目前应用于单物种的渔业资源评估模型较为成熟，且在以往的渔业资源评估与管理工作中相当有效。单物种渔业资源评估模型分类见表 1-4。

表 1-4　单物种渔业资源评估模型分类

分类	模型	特征	模型应用	参考文献
综合模型	剩余产量模型	需渔获量和 CPUE 或捕捞努力量等数据，适用于对不易鉴别渔获物年龄或不易区分渔获物组成的渔业资源进行评估	非平衡剩余产量模型 ASPIC（a stock production model incorporating covariates）	Hilborn（1992）
	延迟差分模型	剩余产量模型的扩展，增加了自然死亡、生长、补充等生物过程，具有直接的生物学解释；需捕捞产量、捕捞努力量、CPUE 或资源调查指数等数据	延迟差分模型（delay difference models）	Deriso（1980），Schnute（1985）
年龄结构模型	VPA 类模型	需假设自然死亡系数及每个世代最大龄鱼的捕捞死亡系数或资源量，反演种群演化历史	实际种群分析（virtual population analysis）、股分析（cohort analysis）	Gulland（1965），Pope（1972）
	统计年龄结构模型	渔获物年龄组成等数据作为具有观测误差的观测变量，利用统计方法估计有关参数	ASAP（age structured assessment program）	Doubleday(1976)，Legault（1999）
	年龄-体长结构模型	用渔获物体长数据，资源量按年龄演化，体长分布是根据鱼的年龄及其生长参数计算的概率分布	stock synthesis 模型（SS）、multifan-CL 模型	Rechard（2013），Fournier（1990）

（续）

分类	模型	特征	模型应用	参考文献
体长结构模型	体长结构模型	用成活率矩阵与生长矩阵（growth matrix）更新种群体长组的分布，种群体长组的前一个状态决定下一个体长组的概率分布	CASA 模型、美国龙虾（*Homarus americanus*）模型、Fleksibest 年龄体长结构模型	Sullivan（1990），Chen（2005）

（2）多物种渔业资源评估模型。现用的多物种渔业资源评估模型大多是传统的单物种渔业资源评估模型的扩展。目前单物种渔业资源评估模型发展较为成熟，但若要将其推广到多物种渔业资源评估模型依旧存在以下问题：①捕捞技术，即渔业兼捕的影响，在对目标鱼种进行管理时，必须考虑该鱼种的管理对兼捕鱼种造成的影响。②种间关系，物种间存在捕食和被捕食的关系，也可能存在对饵料、栖息地和产卵场等的相互竞争关系。③数据的需求，多物种适用的生物学数据和渔业统计数据更难获取。综上所述，进行多物种渔业资源评估与管理，必须考虑渔业资源群体之间的种间关系和捕捞技术的影响（Hilborn，1992；詹秉义，1995）。

多物种渔业资源评估模型中，最简单的模型为 Schaefer 剩余产量模型。该模型可以根据 CPUE 和捕捞努力量的点聚拟合得出（Hilborn，1992）。多物种实际种群分析（multispecies virtual population analysis，MSVPA）（Magnússon，1995）是最常见的多物种渔业资源评估模型，利用种间的捕食或竞争关系，在单物种 VPA 的基础上，建立种群丰度与自然死亡系数的量化关系，以考虑种间关系，并减小自然死亡系数估计的不确定性（Andersen et al.，1977）。

多物种渔业资源评估模型在理论上取得了很多进展，但由于大多数传统渔业科学把每一个物种和种群作为一个单独的实体来分析和管理，生态系统过于复杂，进而忽略生态系统中物种的种间关系的相互作用，同时缺乏必要的数据支持，以及缺少单物种评估中生物学参考点这样的管理指标，造成了多物种渔业资源评估模型难以成为渔业资源评估与管理的主流模型（Keiner et al.，2003）。

（3）基于生态系统的渔业资源评估模型。基于生态系统的渔业管理（ecosystem-based fisheries management，EBFM）是一个相对较新的概念，EBFM 代表的是一种整体的方法，强调对人类和海洋资源之间复杂的相互作用的理解（Pikitch et al.，2004）。生态系统模型（ecosystem models，EMs）是在这一总体框架内用于评估生态系统特性和提供关于 EBFM 实践的变化对生态系统的潜在影响的实用信息的工具（Hollowed et al.，2000）。近几十年来，国外科学家设计了大量 EMs，其目标是在有限的数据源下表现出生态系统的基本特征（Grimm，1999；Foden et al.，2008；Keyl et al.，2008）。目前，渔业评估策略的一种典型方法是将 EMs 与数据相匹配，然后描述捕捞压力、环境变化对种群和生态系统的影响（Hilborn，2003；Smith et al.，2007）。

生态系统模型的分类较为复杂，并且存在较多的分类系统（Uchmanski et al.，1996；Dominique，2005）。Plagányi（2007）分类标准主要是根据 EBFM 的准则进行制定，尤其是关于模型的复杂性等级。根据上述方法，对单物种渔业资源评估模型简单扩展到复杂的整个生态系统渔业资源评估模型进行分类的结果如表 1－5 所示。

表 1－5　根据 Plagányi 提出的标准对生态系统渔业资源评估模型进行分类

类别	描述	模型和参考文献
单物种渔业资源评估模型的扩展	扩大目前单一物种评估模型，只包括几个额外方面，如考虑与目标资源或捕捞努力量有关的物种	Galindo-Bect（2000），Routledge（2001），Tjelmeland and Lindstrom（2005）
多物种渔业资源评估模型	方法限制为代表有限数量的物种/组（10～20），这些物种最有可能与目标物种发生重要的交互作用	Multispecies Virtual Population Analysis（MSVPA and MSFOR），Livingston（2000）；Individual Based Models（IBM），Bart（1995），Grimm（1999）；MULTSPEC，Bogstad et al.（1997）
动态系统模型	模型试图通过表示广泛的组成部分来对自下向上（物理）和自上向下（生物）的生态系统中相互作用力进行建模（10～30）	Object-oriented Simulator of Marine ecosystem Exploitation（OSMOSE），Shin（2001），Biogeochemical Models like ATLANTIS，Fulton et al.（2004）；Spatial Environmental Population Dynamics Models（SEAPODYM），Lehodey（2001），Lehodey（2004）
完整生态系统模型	试图考虑到生态系统中所有营养水平的方法，以检查各组成部分之间的能量流动。模型通常包含多达 30 个物种，还可能包含额外的社会经济变量	Ecopath with Ecosim（EwE），Pauly（2000），Taylor（2007）；Loop Analysis，Ortiz and Wolff（2002）Montaño-Moctezuma（2007）Espinoza-Tenorio（2010）

目前，大洋性经济柔鱼类资源评估的方法主要是借鉴长生命周期种类的资源评估方法，北太平洋柔鱼资源评估方法亦是如此。如村田守和嶋津靖彦（1982）利用 DeLury 模型，推测冬春生西部群体（170°E 以西）渔汛初期资源量估计最大值为 2.8 亿尾。Ichii 等（2006）利用面积密度法、衰减模型和非平衡产量模型（ASPIC 模型）等方法对柔鱼中东部秋生群资源量进行了估算，

其资源量在 33 万～38 万 t。Chen 等（2008）以 40%逃逸率为管理目标，认为柔鱼西部冬春生群体的最大可持续产量为 8 万～10 万 t，8 月上旬初始资源量为 1.35 亿～1.83 亿尾，资源处于充分利用状态。陈新军等（2011a）利用基于贝叶斯方法的 Schaefer 模型，用均匀分布、正态分布和随机分布 3 种方案，对柔鱼资源量及其管理策略进行研究，认为保守管理策略应将收获率控制在 0.3，最大可持续产量将稳定在 13 万 t。曹杰（2010b）等根据 1996—2006 年 7—11 月中国大陆鱿钓船生产统计、平均渔获物个体等数据，基于世代分析法估算了不同自然死亡率下柔鱼冬春生西部群体 7 月的初始资源量，以及以该群体为对象的渔业管理参考点，并模拟了不同管理策略下 2006—2020 年柔鱼资源量和渔获量变化。该研究认为，将最大可持续产量控制在 10 万 t 以内或者将逃逸率控制在 40%，在未来十几年内该群体的资源量能保持相对稳定状态。以上关于北太平洋柔鱼资源评估方法多为长生命周期种类的资源评估方法，不同的评估方法所得结果并无明显差异，表明评估方法的适用性比较强。

七、存在的问题

西北太平洋柔鱼属于短生命周期种类，作为短生命周期的生态机会主义者，其渔场分布、资源变动与其栖息环境密切相关。已有研究表明，柔鱼资源补充量变化复杂，且受多种因素影响。全球气候变化等对大洋性柔鱼类资源的影响是一个复杂过程，会直接影响大洋性柔鱼类资源量，也会通过改变其生活环境以及生活史各阶段中的水温、盐度、叶绿素-a 浓度等环境因子间接影响其资源量。但关于气候和环境等变化对柔鱼类资源影响的研究仍停留在初步阶段，即初步量化产卵场环境与补充量之间的关系以及索饵场环境与资源量的关系，而内在影响机制尚未清楚。具体来说，初步可以归纳为以下几个问题：

（1）耳石和角质颚等硬组织在头足类生物学上的研究已经成熟，体现在诸多方面，如利用硬组织微结构分析头足类的年龄和生长、利用硬组织微量元素分析头足类的洄游分布，以及利用硬组织稳定同位素分析头足类摄食生态等。但以往的研究中，通过耳石和角质颚技术来研究气候变化对柔鱼关键生活史的影响鲜有报道。由于耳石和角质颚等硬组织的稳定特性，保留了较好的生物学信息，利用硬组织分析柔鱼生活史过程具有一定的优势。因此，应建立柔鱼耳石和角质颚等硬组织中所包含的各种生物学信息与温度、叶绿素-a 等环境因子或大尺度气候变化（如太平洋年代际涛动、厄尔尼诺和拉尼娜事件等）的关系，从而得到柔鱼各个关键生活史过程对气候变化的响应。

（2）柔鱼渔情分析大多基于渔业资源丰度数据（如 CPUE 或作业船数）

进行统计分析并建立预测模型，使研究的结果局限在渔场区的时空范围内。但在未来气候变化背景下，海洋综合环境发生改变（包括 SST、SSHA、SSS 等），柔鱼受海流、水温、盐度、叶绿素-a 等综合环境因子的影响，这些因素与柔鱼孵化、摄食、洄游、生长、产卵、死亡等息息相关。柔鱼资源补充量及渔汛将如何变化？全球变暖最直接的后果是海水温度上升，特别是 700m 以上水层海水温度上升，而柔鱼主要分布在 0～200m 水层，并具有昼夜垂直移动习性，且柔鱼季节性洄游也与适宜水温分布密切相关，那么未来水温上升后，柔鱼栖息地的分布是否会发生变化？因此，有必要综合未来多个海洋环境影响因子，进一步量化分析柔鱼栖息地变化及渔汛变化情况，掌握柔鱼栖息地时空分布及其适宜面积变化情况，研发新的模型方法分析未来气候变化下柔鱼资源的变动情况，扩大研究范围对未作业渔区做出合理的解释，模拟未来柔鱼可能适宜的生境等，为柔鱼渔业资源生产和管理提供支持，并将未来气候变化纳入管理制度体系范畴中，有助于资源可持续发展和应对气候变化。

（3）尽管各国学者对不同气候和海洋环境对北太平洋柔鱼资源渔场的影响以及资源量评估与管理这一科学问题进行了初步研究，取得了一些研究成果，但气候和海洋环境变化影响其资源补充量的机理尚没有结论，资源量评估也没有考虑其短生命周期的特性及气候和海洋环境因子，以及未来气候变化背景下，柔鱼资源评估方法是否需要做出调整有待进一步探究。因此，利用贝叶斯状态空间剩余产量模型，结合柔鱼早期生活史阶段的产卵场和索饵场关键海域海洋环境因素，构建基于环境因子的状态空间剩余产量模型，以探究环境因素对柔鱼资源评估结果的影响，同时探究未来气候条件下柔鱼资源评估及管理模式，提出基于环境因子及未来气候条件下的柔鱼资源管理策略，以期为西北太平洋柔鱼资源的可持续利用与管理提供科学支持。

本研究的科学假设为：不同气候条件可能影响柔鱼栖息海域海洋环境状况，进而影响柔鱼产卵场和索饵场海域的温度、叶绿素-a 浓度、初级生产力等生物和非生物环境条件，对其饵料生物的生长与死亡产生影响，并最终对柔鱼的生活史过程、资源补充量、洄游分布产生影响。基于此，本研究尝试从机理上解释西北太平洋柔鱼生活史阶段及其种群资源动态对气候变化的响应机制，以及未来气候条件下柔鱼资源变动的响应机制。因此，本研究旨在解决以下两个科学问题：①西北太平洋柔鱼关键生活史过程对气候变化的生态响应；②西北太平洋柔鱼资源补充量对气候变化的响应机理及资源量评估。以上科学问题的解决，对于掌握气候变化和海洋环境变化对柔鱼个体生长及种群分布的影响，以及不同环境条件下，柔鱼种群可能会出现的响应变化；了解不同环境因子对柔鱼资源量的影响，以及未来可能出现的气候模式下，为确保柔鱼资源的可持续利用，提出科学的柔鱼资源管理建议。

第三节　研究内容和技术路线

一、研究内容

柔鱼是西北太平洋海域重要的经济种类，具有一年生、没有剩余群体、资源量年间波动大的特点。西北太平洋柔鱼资源极易受到周围气候与环境变化的影响，在气候变化事件发生时，西北太平洋柔鱼的资源丰度、补充量以及其资源的空间分布、渔场均受到显著影响。这一特性不仅使得柔鱼资源科学管理的难度加大，同时也增加了我国远洋鱿钓渔业发展的风险。近几十年来，全球气候变化和局部海洋环境变动对柔鱼资源丰度和分布的影响愈加突出。本研究通过对耳石和角质颚的外部形态、耳石微结构和微量元素以及角质颚稳定同位素进行系统分析，探究不同海洋环境年份柔鱼渔业生物学存在的差异以及产生这种差异的原因，结合统计学分析，通过耳石和角质颚形态学掌握柔鱼生长变化，利用耳石轮纹推测柔鱼生长快慢的年间差异，掌握耳石生长纹的变化规律，通过耳石微量元素推测环境变化对柔鱼洄游路径的影响，同时探究海洋环境不同时，柔鱼摄食生态发生的变化。通过以上分析，提出基于硬组织探究海洋环境变化对柔鱼资源影响的研究方法，建立海洋环境因子-硬组织-柔鱼生态学的完整评估体系；结合 CMIP5 模式中的海洋环境数据，分析未来不同气候变化情景下，柔鱼潜在栖息地分布变化情况，通过量化分析栖息地面积的改变进一步分析柔鱼未来渔汛变化，并结合柔鱼产卵场和索饵场环境变化估算资源补充量；利用剩余产量模型，结合多环境因子，探讨不同海洋环境状态对柔鱼资源量变动的影响机制，综合多海洋环境因子提出柔鱼的资源评估方法和开发策略，为渔业生产和应对气候变化管理提供理论依据。根据研究内容，可分为六章：

第一章，先对研究的背景、目的和意义进行阐述，介绍全球气候变化与水生系统及海洋渔业变化情况，进一步详细描述海洋生态系统中鱼类对气候变化的响应，包括栖息地迁移、分布范围改变，局部物种灭绝或物种入侵，资源丰度、产量变化，鱼类生理改变，以及物种之间的相互作用发生变化等。在此基础上深入探讨北太平洋海域中柔鱼所面临的环境变化，并阐述柔鱼不同生活史阶段对气候变化的响应，以及不同时空尺度环境和气候对柔鱼资源与渔场的影响研究现状，以及对目前渔业资源评估的发展及适用于柔鱼的资源评估方法进行总结。最后归纳以往研究中存在的问题，对研究内容和技术路线进行简要概述。

第二章，柔鱼生长、摄食生态和洄游分布对气候变化的响应研究，主要从海洋环境及气候变化对柔鱼个体生长、耳石形态、日龄生长、洄游分布和摄食生态的影响 5 个方面着手，研究柔鱼生长、摄食生态和洄游分布对气候变化的响应机制。

（1）通过多海洋环境因子对柔鱼个体生长的影响机制进行研究。即分析不同气候事件发生年，海洋环境变化对柔鱼日龄、孵化日期、生长速度的影响，利用柔鱼的日龄-胴长和体重数据，分别拟合日龄-胴长和日龄-体重的生长方程，依据 AIC 值最小的原则，确定柔鱼最适生长方程，作为柔鱼的理论生长方程；其次，根据不同年份发生的气候事件，利用对应年份的样本数据，分别拟合不同气候事件下的实际生长方程，依据各年份实际发生的气候事件及对应气候事件下的生长方程对柔鱼样本进行逆推算，比较逆推算结果的差异。结合柔鱼栖息海域的环境因子分析以上差异的成因。确定不同气候事件的发生以及海洋环境因子的改变对柔鱼种群的影响。

（2）通过柔鱼耳石形态学对海洋环境变化响应的差异进行研究。重点研究柔鱼耳石外部形态特征及年间差异；同时，建立耳石各个形态参数与胴长之间的关系，比较形态参数与胴长关系的差异，分析耳石相对大小变化，探讨海洋环境变化对柔鱼耳石形态的影响。

（3）基于耳石微结构的柔鱼日龄和生长对海洋环境变化的响应。根据之前学者关于柔鱼孵化后耳石的轮纹沉积为“一日一轮”的结论，观察柔鱼耳石微结构，对耳石的轮纹数进行鉴定，确定样本日龄组成，推算孵化日期，研究孵化高峰期差异；拟合日龄-胴长生长方程，结合海洋环境因子分析方程差异；按日龄组划分求得生长率，对比不同海洋环境年同日龄组生长率的差异。

（4）海洋环境变化对耳石微量元素及其洄游路径的影响。对耳石切面沿着核心至外缘区进行等距离打点，分析不同生活史阶段过程中耳石微量元素种类组成、含量及其年间变化的差异；利用决策树法对不同生活史阶段进行划分；建立耳石微量元素与海洋环境因子间的多元回归关系，推测柔鱼各个生活史过程可能出现的海域，探究海洋环境变化对洄游路径的影响。

（5）角质颚稳定同位素研究。对角质颚翼部进行稳定同位素测定，并与环境因子（SST 和 Chl-a）建立 GAM 模型，分析角质颚稳定同位素与环境变化的关系；分析不同生长阶段角质颚稳定同位素 δ^{13}C 和 δ^{15}N 含量及其年间变化，结合海洋环境因子分析不同海洋环境年份柔鱼摄食生态位变化及可能的食性转换。

第三章，西北太平洋柔鱼栖息地和渔汛对气候变化的响应研究，主要从最大熵模型（MaxEnt）模拟西北太平洋柔鱼潜在栖息地分布、水温升高对柔鱼潜在栖息地分布的影响和未来气候变化对柔鱼潜在栖息地和渔汛的影响 3 个方面，分析西北太平洋柔鱼栖息地和渔汛对气候变化的响应。

（1）最大熵模型在模拟柔鱼栖息地分布方面的应用。基于商业性渔业数据特点，引进 MaxEnt 模型模拟西北太平洋柔鱼潜在栖息地分布，分析柔鱼渔场时空变化和环境变化规律。利用柔鱼渔业生产数据，结合多个海洋环境遥感数据，包括 SST、Chl-a 浓度、NPP、MLD 及海平面异常（sea level anomaly，SLA），采用最大熵模型对柔鱼潜在栖息地进行模拟，并利用 ArcGIS 软件对栖息地适宜性进行评价。本章节的目的在于评价作为物种分布模型之一的 MaxEnt 模型在柔鱼栖息地分布中应用效果以及评价各环境因子对柔鱼栖息地分布的重要性。

（2）主要分析水温变暖以及综合环境因子对柔鱼潜在栖息地分布的影响。从影响西北太平洋柔鱼栖息地分布的主导环境因子——SST 着手，分析未来柔鱼潜在栖息地的分布情况。基于 MaxEnt 模型，利用 1996—2005 年气候历史数据和 2 种不同典型浓度路径（RCP4.5 和 RCP8.5）下的气候预估数据，分析 2000 年、2025 年、2055 年、2095 年主要捕捞月份（7—10 月）柔鱼潜在栖息地时空变化，探明仅在 SST 的影响下，柔鱼未来栖息地是否会向北移动以及其栖息面积的变动情况。在此基础上，综合多个环境气候因子，包括 SST、SSS、大地水准面以上的海表面高度（sea surface height above geoid，SSHAG）、所有浮游植物的初级有机碳生产（primary organic carbon production by all types of phytoplankton，POCP），分析未来柔鱼潜在栖息地时空变化并进行量化分析，进一步探讨未来柔鱼可能的渔汛变化。

（3）未来气候变化对柔鱼潜在栖息地和渔汛的影响，分析柔鱼资源补充量变动情况。基于以往的研究结果，将柔鱼产卵场划分为经验产卵场和推测产卵场，通过分析经验产卵场、推测产卵场和索饵场各月适宜水温面积占总面积的比例（P_s）与柔鱼 CPUE 之间的相关关系，选取统计关系显著的月份 P_s 与 CPUE 建立线性预报模型，结合 RCP4.5 和 RCP8.5 两种情景下 2000 年、2025 年、2055 年、2095 年显著相关月份 P_s 的变化，分析未来柔鱼资源补充量变化情况。采用 MaxEnt 模型对柔鱼潜在分布进行预测，并通过模型中输出结果对柔鱼潜在栖息地进行评价，并量化分析柔鱼适宜栖息地面积变化情况，及未来柔鱼渔汛可能的变化情况。

第四章，气候变化情景下西北太平洋柔鱼资源补充量预测与管理建议研究，主要从气候变化情景下，对西北太平洋柔鱼资源补充量进行预测，并提出气候变化情景下西北太平洋柔鱼渔业资源管理的建议两个方面，分析气候变化对西北太平洋柔鱼资源补充量产生的影响，以及不同气候条件下柔鱼渔业资源管理应如何调整。

（1）气候变化情景下西北太平洋柔鱼资源补充量预测。未来气候变化情景下，世界渔业资源发生改变，有些物种适应气候变化将成为“赢家”，而有些物种不适应气候变化则成为“输家”。柔鱼资源补充量与产卵场和索饵场环境有关，因此通过分析柔鱼产卵场和索饵场未来环境变化情况，结合柔鱼历史渔业生产数据和 IPCC 气候变化数据，分析柔鱼资源补充量与产卵场和索饵场环境关系，建立预报模型，并对未来柔鱼资源补充量进行预测，以便得知柔鱼将在北太平洋生态系统中成为气候“赢家”还是“输家”。

（2）探讨柔鱼渔业中适应和减缓气候变化的可持续发展管理建议。通过分析气候变化对柔鱼的影响机理和途径，探讨柔鱼渔业中适应和减缓气候的途径及方法，最后在 NPFC 的管理模式和框架下提出兼容适应气候变化的柔鱼可持续发展建议。

第五章，基于环境因子的柔鱼资源评估与管理策略研究，主要从西北太平洋柔鱼栖息海域时空分布及最适水温分析环境对柔鱼栖息海域的影响，进而分析环境因子对柔鱼资源评估模型的影响机制，基于此分析未来气候变化情景下柔鱼资源评估与管理策略的影响 3 个方面，分析气候变化对柔鱼资源评估产生的影响，以及不同气候条件下柔鱼资源评估模型应如何调整。

（1）西北太平洋柔鱼栖息海域时空分布及最适水温探究。利用 2009—2018 年柔鱼资源丰度数据及产卵场和索饵场海域海表面温度数据，在经验产卵场和主要索饵场海域范围内，获得柔鱼的关键产卵海域和索饵海域。本章研究基于柔鱼经验产卵场和索饵场内存在局部海域，作为柔鱼的关键产栖息海域，该海域内的最适海表水温范围比值的时间序列值与柔鱼 CPUE 时间序列值呈正相关关系的科学假设，对关键海域的初始范围设定不同的大小，根据不同大小的初始海域，在经验产卵场和索饵场海域进行随机选取，计算所有选取海域各月份的 P_s 或 P_f 时间序列值与 CPUE 时间序列值之间的相关性。通过出现显著相关的海域数量决定初始海域的空间尺度。对该尺度下各月份显著相关的结果进行统计分析，分析初始海域的空间分布以及最适海表水温范围，以此来推测各月份柔鱼的最适产卵场和索饵场海域分布及适宜水温范围。进而获取关键产卵海域的 P_s 时间序列值和关键索饵海域的 P_f 时间序列值。

（2）基于多环境因子的剩余产量模型研究。根据第三章推测出的柔鱼关键产卵海域和关键索饵海域，利用关键海域内的海洋环境因子（SST 和 Chl-a），基于单一环境因子、组合环境因子构建 S、F 指数，分别表征北太平洋柔鱼资源的环境容纳量（K）和自然内禀增长率（r）。根据 S 和 F 指数，分别构建基于环境因子的贝叶斯状态空间剩余产量模型（EDBSSPM），比较基于不同环境因子构建的模型评估结果的敏感性以及拟合优度。选取对柔鱼资源评估影响显著，以及拟合效果最佳的模型。对不同环境因子加入模型后评估结果的敏感性进行分析，结合 EDBSSPM 模型评估结果，分析海洋环境因子对资源评估模型的影响。

(3) 基于 IPCC-CMIP5 模式下的未来柔鱼资源评估与管理策略研究。根据第四章的研究结果，选取基于环境因子构建的最优剩余产量模型，结合 CMIP5 模式预估未来不同的 CO_2 排放情景（典型浓度路径，RCP）下全球气候模式；选取 IPCC-CMIP5 的 34 个地球系统模式中 GFDL-ESM2G（美国国家海洋和大气管理局，National Oceanic and Atmospheric Administration，NOAA）对历史气候的模拟和在未来 RCP2.6、RCP4.5、RCP6.0 和 RCP8.5 情景下的输出结果，基于 4 种 RCP 情景下获取柔鱼关键产卵海域的 SST 数据，计算产卵场 P_s 值，获取 S 指数，构建不同 RCP 情景下基于产卵场环境因子的剩余产量模型，通过设定不同的模拟管理策略，来确定 4 种 RCP 情景下备选管理策略的实施效果和风险。分析不同 RCP 情景下，柔鱼资源评估结果中生物学参考点和当前资源状态，以及为确保柔鱼资源可持续开发，不同 RCP 情景对应的最佳管理策略及其实施效果和风险，提出未来可能气候模式下的柔鱼资源管理策略，确保柔鱼资源的可持续开发和利用。

第六章，结论与展望，对本研究的主要结论进行总结，阐述本研究中具有重要意义的创新点，并对本研究中存在的问题和今后的研究方向进行探讨。

二、技术路线

本研究所采用的技术路线如图 1-2 所示。

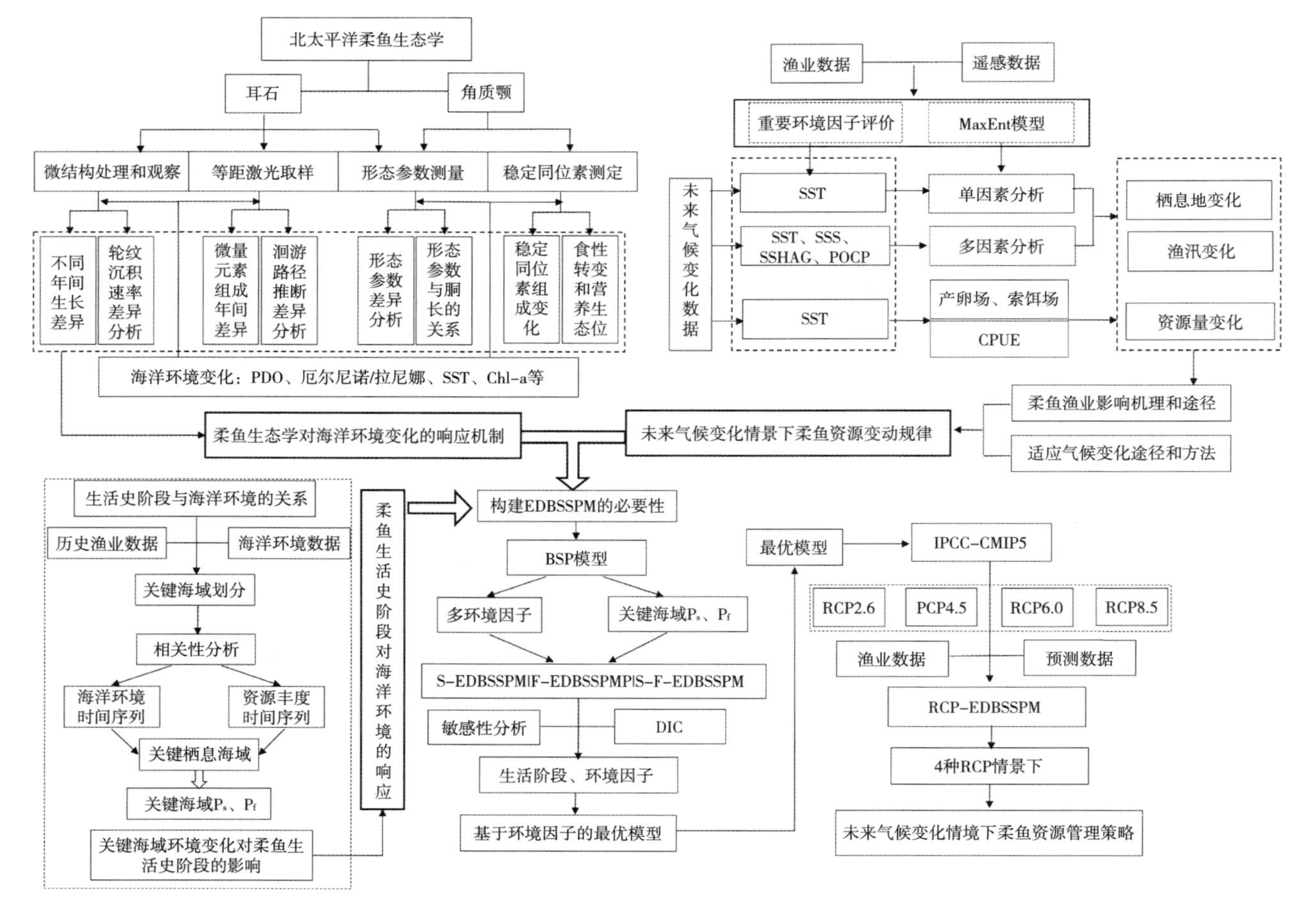

北太平洋柔鱼生态学
耳石
角质颚
微结构处理和观察
等距激光取样
形态参数测量
稳定同位素测定
不同年间生长差异
轮纹沉积速率差异分析
微量元素组成年间差异
洄游路径推断差异分析
形态参数差异分析
形态参数与胴长的关系
稳定同位素组成变化
食性转变和营养生态位
海洋环境变化：PDO、厄尔尼诺/拉尼娜、SST、Chl-a等
柔鱼生态学对海洋环境变化的响应机制
渔业数据
遥感数据
重要环境因子评价
MaxEnt模型
未来气候变化数据
SST
SST、SSS、SSHAG、POCP
SST
单因素分析
多因素分析
产卵场、索饵场
CPUE
栖息地变化
渔汛变化
资源量变化
柔鱼渔业影响机理和途径
适应气候变化途径和方法
未来气候变化情景下柔鱼资源变动规律
生活史阶段与海洋环境的关系
历史渔业数据
海洋环境数据
关键海域划分
相关性分析
海洋环境时间序列
资源丰度时间序列
关键栖息海域
关键海域P_s、P_f
关键海域环境变化对柔鱼生活史阶段的影响
柔鱼生活史阶段对海洋环境的响应
构建EDBSSPM的必要性
BSP模型
多环境因子
关键海域P_s、P_f
S-EDBSSPM|F-EDBSSPMP|S-F-EDBSSPM
敏感性分析
DIC
生活阶段、环境因子
基于环境因子的最优模型
最优模型
IPCC-CMIP5
RCP2.6
PCP4.5
RCP6.0
RCP8.5
渔业数据
预测数据
RCP-EDBSSPM
4种RCP情景下
未来气候变化情境下柔鱼资源管理策略

图1-2 技术路线

第二章　柔鱼生长、摄食生态和洄游分布对气候变化的响应

第一节　海洋环境变化对柔鱼个体生长的影响

柔鱼生长速度快，生命周期约为 1 年，其种群生长和资源量极易受到海洋环境的影响（Rodhouse，2001）。相关学者研究发现，海表面温度和 Chl-a 浓度的变化是引起柔鱼资源量变化的主要原因（Yu et al.，2015a；Xavier et al.，2015）；海表面温度的变化也会对柔鱼仔鱼的生长速率产生影响（Yatsu et al.，2000b）。目前，关于柔鱼年龄、生长和摄食等生物学特性和海洋环境变化对资源量的影响已有初步研究（Yatsu et al.，2000b；Watanabe et al.，2004）。但针对气候变化（厄尔尼诺和拉尼娜）如何影响西北太平洋海域柔鱼生长的研究尚未见报道。耳石是头足类重要的硬组织，耳石微结构可用于研究柔鱼的年龄与生长率（陈新军等，2006；刘必林等，2009）。因此，本研究根据 2009—2018 年我国鱿钓船在西北太平洋海域生产调查期间采集的柔鱼样本，利用耳石微结构对其年龄组成和生长特性进行研究，分析不同气候条件下柔鱼的生长差异，确认气候条件的改变是否会引起柔鱼产卵场、索饵场环境的变化，对柔鱼种群的孵化和生长产生影响，进而引起柔鱼资源量的年际波动。该研究将为后续研究柔鱼关键栖息海域环境因子的选取，以及基于环境因子构建剩余产量模型中环境因子的初步筛选提供参考依据。

一、材料与方法

（一）数据来源

1. 样本数据　研究样本主要采集于西北太平洋海域，采集时间为 2009—2017 年，主要集中于每年的 7—11 月。本研究共使用样本 9 143 尾（表 2 - 1），各年份样本需测定柔鱼生物学数据，包括胴长、体重、性别等生物学信息。选取其中 2011 年、2012 年和 2015 年（2011 年发生拉尼娜事件，2012 年为正常年，2015 年发生厄尔尼诺事件）部分柔鱼样本进行耳石的提取、研磨和日轮

读取，获取柔鱼的日龄信息，共成功提取完整耳石数据 297 组。

表 2-1　不同年份西北太平洋柔鱼样本基本信息

年份	经度	纬度	样本数 N（尾）	胴长（mm）	
				平均值±标准差	范围
2009	150°59′—163°31′E	39°30′—44°27′N	1 229	264.39±34.34	175～360
2010	149°29′—158°35′E	38°22′—44°27′N	715	267.25±31.40	202～300
2011	150°21′—166°56′E	38°17′—43°21′N	2 997	244.01±33.23	171～341
2012	153°28′—156°37′E	42°01′—45°01′N	657	248.85±34.97	195～354
2013	152°25′—154°15′E	41°29′—42°35′N	315	248.19±35.30	190～324
2014	157°01′—161°03′E	38°50′—41°43′N	242	248.37±34.89	174～305
2015	150°04′—161°28′E	40°31′—43°28′N	955	249.93±36.72	165～352
2016	152°53′—158°45′E	37°25′—47°28′N	1 584	261.95±33.70	176～342
2017	150°03′—159°17′E	37°37′—43°35′N	567	272.73±34.03	217～376
2018	154°05′—159°43′E	41°05′—43°45′N	537	276.61±36.16	254～372

2. 环境数据　柔鱼的生长很大程度上会受温度和摄食的影响（陈新军，2011b）。因此，对西北太平洋海域柔鱼的经验产卵场（130°—170°E，20°—30°N）和主要索饵场（150°—170°E，35°—48°N）的海表面温度和 Chl-a 浓度进行统计（以上环境数据来源于 NOAA Ocean-Watch 数据库）。同时，考虑气候事件（厄尔尼诺、拉尼娜）交替对柔鱼生长的影响。依据 NOAA 对厄尔尼诺/拉尼娜事件定义：海洋尼诺指数 3.4（Niño 3.4）区 SSTA 连续 5 个月滑动平均值超过+0.5℃，则认为发生一次厄尔尼诺事件；若连续 5 个月低于−0.5℃，则认为发生一次拉尼娜事件（Chen et al.，2007）。2009—2018 年 Niño3.4 区 SSTA 数据来源于美国 NOAA 气候预报中心（http：//www.cpc.ncep.noaa.gov/products/analysis _ monitoring/ensostuff/ensoyears.shtml）。据此定义推断 2009—2018 年发生的异常气候事件（表 2-2）。

表 2-2　2009—2018 年发生的厄尔尼诺和拉尼娜事件

年份	月份											
	1	2	3	4	5	6	7	8	9	10	11	12
2009	L	L	L	N	N	N	E	E	E	E	E	E
2010	E	E	E	E	N	N	L	L	L	L	L	L
2011	L	L	L	L	N	N	N	N	L	L	L	L
2012	L	L	L	N	N	N	N	N	N	N	N	N
2013	N	N	N	N	N	N	N	N	N	N	N	N

（续）

年份	月份											
	1	2	3	4	5	6	7	8	9	10	11	12
2014	N	N	N	N	N	N	N	N	N	N	E	E
2015	E	E	E	E	E	E	E	E	E	E	E	E
2016	E	E	E	E	E	N	N	L	L	L	L	L
2017	N	N	N	N	N	N	N	N	N	L	L	L
2018	L	L	L	N	N	N	N	N	N	E	E	E

注：E、L 和 N 分别代表发生厄尔尼诺、拉尼娜事件以及正常气候的月份，阴影部分表示提取耳石数据的年份中柔鱼的产卵期和索饵期。

（二）研究方法

1. 生物学测定、日轮读取及孵化日期推算 将采集的柔鱼样本带回实验室，解冻后对包括胴长（mantle length，ML）、体重（body weight，BW）、性别等生物学数据进行测定，胴长测定精确至 1mm，体重精确至 0.1g。耳石的提取和研磨方法见参考文献（陆化杰等，2009；刘必林，2011）。经研磨获取耳石切片，研磨好的耳石切片置于×400 的光学显微镜下采用 CCD（连接装置）进行拍照。获取耳石日轮的过程中，每个耳石轮纹由两个不同的人计数，每次计数的轮纹数目与均值的差值低于 5%，则认为计数准确（刘必林等，2009），否则需重新计数。孵化日期推算，因头足类在孵化后生长纹才开始沉积，所以柔鱼科以及其他大部分开眼亚目的诞生轮即为耳石的零轮（Balch et al.，1988）。因此，捕获日期减去估算日龄即为柔鱼的孵化日期。

2. 生长速度估算 柔鱼生长速度的估算主要采用绝对生长速度（absolute daily growth rate，AGR）和瞬时相对生长速度（instantaneous relative growth rate，G），绝对生长速度和瞬时相对生长速度的计算公式如下：

$$G=\frac{\ln R_2-\ln R_1}{t_2-t_1}\times 100\% \qquad (2-1)$$

$$AGR=\frac{R_2-R_1}{t_2-t_1} \qquad (2-2)$$

式中，R_2为t_2龄时胴长（ML）或体重（BW）；R_1为t_1龄时胴长（ML）或体重（BW）；G为相对生长速度百分比；AGR单位为 mm/d 或 g/d，本研究中选取的时间间隔设定为 30d 。

3. 建立生长方程 不同气候事件的发生会引起西北太平洋柔鱼栖息海域海洋环境的改变，柔鱼栖息海域的环境变化，是否会对其生长过程产生影响，进而引起生长方程出现差异。柔鱼栖息海域的海洋环境存在年际差异，是否也会引起生长方程出现年际差异。本研究做出以下假设：

假设一：栖息海域的环境变化不会对柔鱼生长造成影响，在不考虑个体生长差异的情况下，不同年份，柔鱼生长应遵循相同的理论生长方程。

假设二：栖息海域的环境变化会对柔鱼生长造成影响，在不考虑个体生长差异的情况下，柔鱼的生长受海洋环境的影响出现差异，造成生长方程出现年际差异，不同年份，柔鱼生长遵循该年份的实际生长方程。

假设一前提下，柔鱼生长不受海洋环境影响，所有年份柔鱼生长均符合理论生长方程，则 2011 年、2012 年和 2015 年 3 年的柔鱼样本均符合理论生长方程，对 3 年的样本数据进行汇总，拟合柔鱼的理论生长方程，获得假设一条件下的柔鱼生长方程，即为不考虑环境变化影响，柔鱼的理论生长方程。假设二前提下，2011 年、2012 年和 2015 年分别对应拉尼娜事件发生期、正常年和厄尔尼诺事件发生期，分别利用各年份的样本数据进行实际生长方程的拟合，获取假设二条件下各气候事件发生年份对应的实际生长方程，即为考虑环境变化影响下，不同气候事件发生年份，柔鱼的实际生长方程。

采用线性、幂函数、指数、对数、逻辑斯蒂、Von Bertalanffy、Gompertz 等 7 个生长模型来拟合柔鱼胴长-日龄和体重-日龄的生长方程（刘必林等，2009）。以赤池信息准则（Akaike information criterion，AIC）值最小作为最适生长模型的选取标准。*AIC* 值的计算公式为：

$$AIC = 2k + n\ln(\frac{RSS}{n}) \tag{2-3}$$

式中，k 为模型的参数数量；n 为样本数量；RSS 为残差平方和。利用 2011 年、2012 年和 2015 年的柔鱼样本数据进行 7 种生长模型的拟合，依据 AIC 值最小确定柔鱼胴长-日龄和体重-日龄的最适生长模型。依据最适生长模型，分别拟合厄尔尼诺发生年（2015 年）、拉尼娜发生年（2011 年）和正常年（2012）的柔鱼实际生长方程，比较不同气候事件发生年，柔鱼的实际生长方程间的差异。

4. 日龄及孵化日期逆推算　首先，根据以上两种假设条件下拟合出的柔鱼理论生长方程和实际生长方程，结合柔鱼样本的采样时间、胴长和体重信息，利用理论胴长-日龄和体重-日龄生长方程逆推算柔鱼的日龄以及孵化日期，以理论胴长-日龄和体重-日龄生长方程逆推算结果的均值作为该样本的逆推算日龄和孵化日期。

其次，依据气候事件发生的时间，对 2009—2018 年进行归类，主要归为厄尔尼诺发生年、正常年和拉尼娜发生年。利用以上方法拟合出的气候事件发生年份对应的实际生长方程，对归类后柔鱼样本数据进行日龄和孵化日期的逆推算。同样以理论胴长-日龄和体重-日龄生长方程逆推算结果的均值作为该样本的逆推算日龄和孵化日期。

利用上述方法，对 2009—2018 年的日龄和孵化日期样本进行日龄和孵化日期逆推算，对以上两种逆推算的结果进行比较，分析两种逆推算方法获取的柔鱼日龄及孵化日期的差异，分析不同气候事件的发生对柔鱼生长和孵化的影响。结合 2011 年、2012 年和 2015 年柔鱼栖息海域的海洋环境信息，定性分析不同的气候事件发生对柔鱼栖息海域的影响，进而解释不同气候事件的发生对柔鱼生长以及孵化的影响机制。

二、结果

（一）日龄组成

研究发现，2011 年样本日龄介于 107～330，平均日龄（185±45），优势日龄组为 120～240，占总样本的 96.71%；2012 年样本日龄介于 108～241，平均日龄（265±35），优势日龄组为 120～240，占总样本的 92.78%；2015 年样本日龄介于 95～237，平均日龄（247±47），优势日龄组为 95～210，占总样本的 94.68%。从各年份的日龄组成来看，优势日龄组大致相同，主要集中在 121～210 日龄组。各年份之间存在差异，2011 年柔鱼样本日龄主要分布在较大日龄组；2015 年柔鱼样本日龄主要分布在较小日龄组；2012 年柔鱼样本日龄分布介于 2011 年与 2015 年之间（图 2-1）。

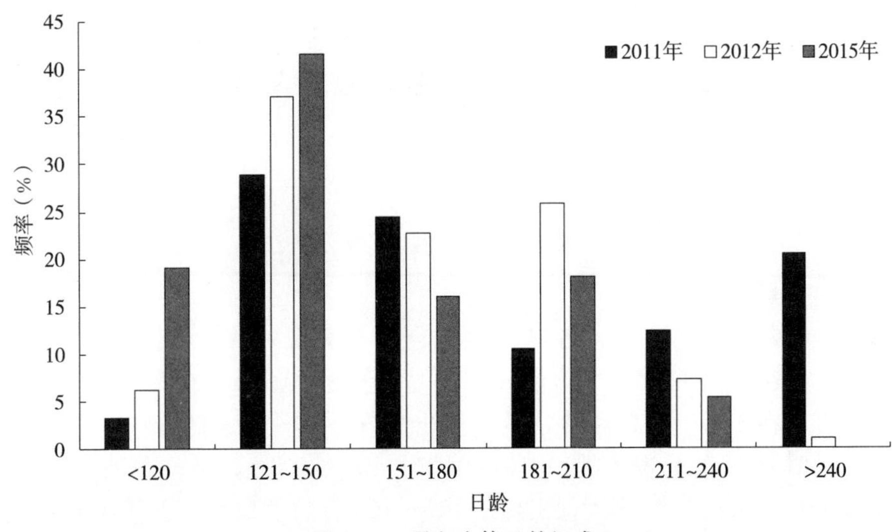

图 2-1　柔鱼个体日龄组成

（二）孵化日期

研究发现，2011 年、2012 年和 2015 年柔鱼孵化日期分布于 12 月下半月至 5 月下半月，主要集中在 1 月上半月至 4 月下半月，1—4 月为柔鱼孵化的高峰期，由此可以推断，本次研究使用样本基本属于冬春生群体。各年份之间柔鱼孵化日期分布存在差异，2011 年孵化日期主要集中在 12 月下半月至 5 月上半月，占总数的 93.01%；2012 年孵化日期主要集中在 1 月下半月至 4 月下半月，占总数的 95.88%；2015 年孵化日期主要集中在 2 月上半月至 5 月上半月，占总数的 91.39%（图 2-2）。从柔鱼孵化日期开始时间段来看，2011 年柔鱼主要孵化日期开始时间最早，2012 年次之，2015 年柔鱼主要孵化日期开始时间最晚。2011 年、2012 年和 2015 年柔鱼孵化日期依次延后。各年份孵化高峰期也存在差异，2011 年柔鱼孵化高峰期为 1 月下半月至 3 月下半月，2012 年柔鱼孵化高峰期为 2 月下半月至 4 月下半月，2015 年柔鱼孵化高峰期为 3 月下半月至 5 月上半月。

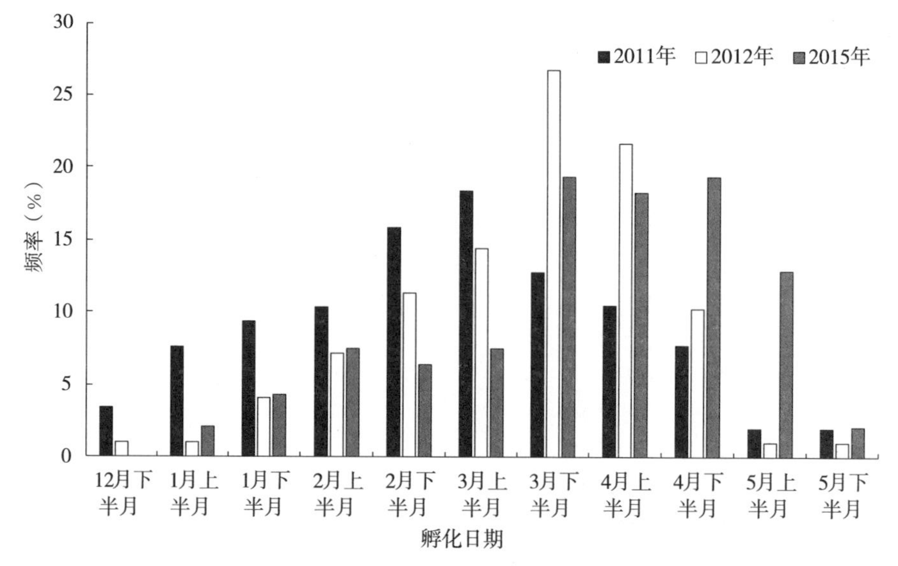

图 2-2 柔鱼孵化日期分布

（三）生长速度

柔鱼胴长生长速度，各年份之间存在差异。2011 年柔鱼样本，胴长绝对生长速度为 0.27～0.85mm/d，平均值为（0.58±0.25）mm/d，最大值出现在 181～210 日龄，最小值出现在 121～150 日龄（图 2-3A）。胴长瞬时相对生长速度为 0.13～0.35mm/(d·%)，平均值为（0.23±0.09)mm/（d·%），最大值出现在 181～102 日龄，最小值出现在 121～150 日龄（图 2-3B）。2012 年柔鱼样本，胴长绝对生长速度为 0.4～1.31mm/d，平均值为（0.72±0.35）mm/d，最大值出现在 151～180 日龄，最小值出现在>240 日龄。胴长瞬时相对生长速度为 0.12～0.51mm/（d·%），平均值为（0.27±0.15）mm/（d·%），最大值出现在 151～180 日龄，最小值出现在>240 日龄。2015 年柔鱼样本，胴长绝对生长速度为 0.37～1.48mm/d，平均值为（0.91±0.50）mm/d，最大值出现在 151～180 日龄，最小值出现在>240 日龄。胴长瞬时相对生长速度为 0.12～0.68mm/(d·%)，平均值为（0.36±0.25）mm/(d·%)，最大值出现在 121～150 日龄，最小值出现在>240日龄。

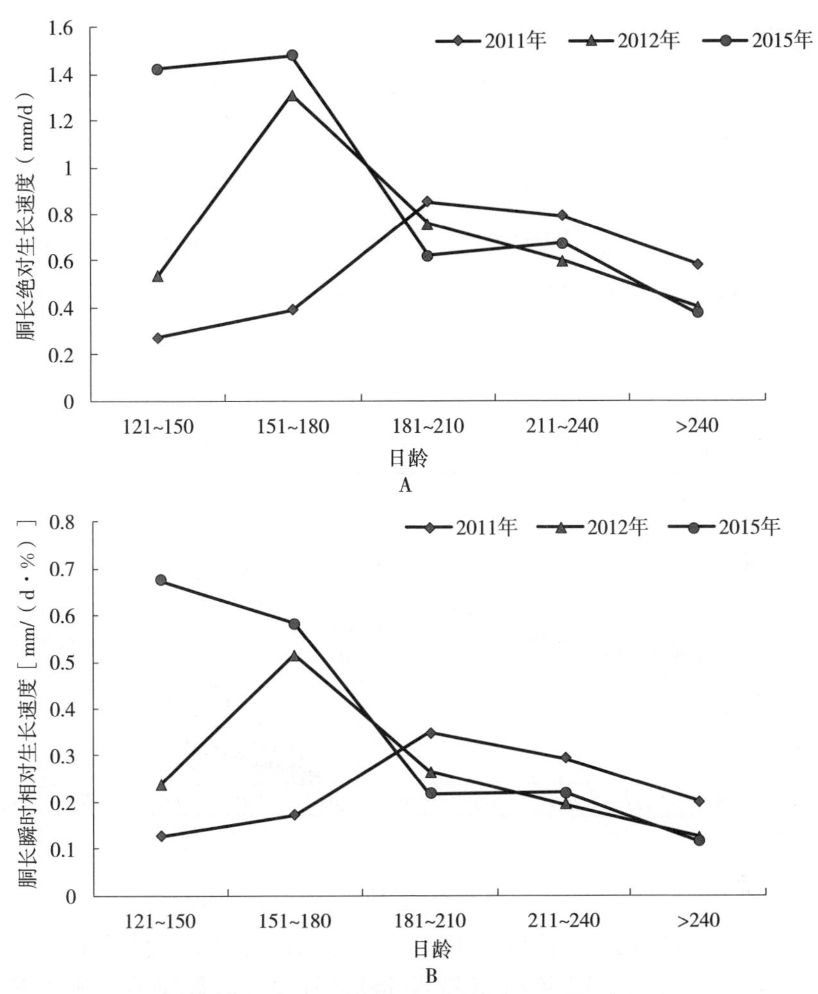

图 2-3　不同年份柔鱼个体胴长生长速度比较

A. 柔鱼的绝对生长速度　B. 柔鱼的瞬时相对生长速度

(四) 生长模型

柔鱼个体生长方程的拟合是利用 2011 年、2012 年和 2015 年的柔鱼日龄、胴长和体重数据，采用线性、幂函数、指数、对数、逻辑斯蒂、Von Bertalanffy、Gompertz 等 7 个生长模型对柔鱼胴长、体重和日龄的生长方程进行拟合，以 AIC 值最小作为最适生长模型选取的依据。研究结果表明，柔鱼胴长-日龄生长方程以对数模型的 AIC 值最小；体重-日龄的生长方程中以线性模型的 AIC 值最小（表 2-3，图 2-4）。

表 2-3　柔鱼胴长、体重生长方程的拟合数据

模型	胴长-日龄		体重-日龄	
	AIC	R^2	AIC	R^2
线性	2 115.986	0.656 7	**3 376.037**	**0.628 1**
幂函数	2 105.837	0.667 8	3 394.224	0.635 5
指数	2 149.358	0.635 3	3 446.971	0.600 6
对数	**2 098.296**	**0.674 1**	3 382.387	0.616 8
Von Bertalanffy	2 100.840	0.674	3 382.909	0.628
Gompertz	2 098.623	0.673	3 384.120	0.624
逻辑斯蒂	2 101.951	0.673	3 384.764	0.622
最适生长方程	ML＝143.31ln（Age）－478.03		BW＝ 0.761 2Age＋109.96	

注：粗体表示最适模型。

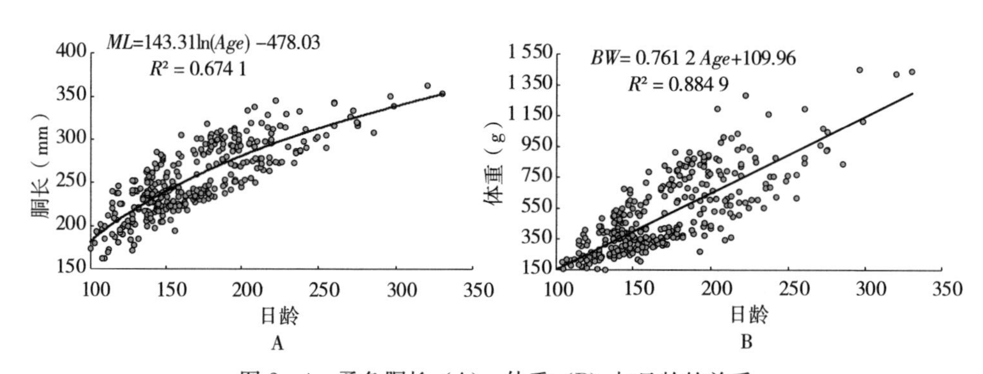

图 2-4　柔鱼胴长（A）、体重（B）与日龄的关系

根据以上研究结果，依据 AIC 值最小选取最适模型，利用最适模型分别拟合柔鱼 2011 年、2012 年和 2015 年胴长-日龄（对数模型）和体重-日龄（线性模型）的实际生长方程。即利用对数模型分别拟合 2011 年、2012 年和 2015 年柔鱼胴长-日龄的实际生长模型；利用线性模型分别拟合 2011 年、2012 年和 2015 年柔鱼体重-日龄的生长模型，获取拉尼娜发生年、正常年和厄尔尼诺发生年对应的柔鱼实际生长方程（表 2-4）。

表 2-4 柔鱼胴长、体重生长方程

年份	样本数（个）	胴长-日龄		体重-日龄	
		生长方程	R^2	生长方程	R^2
2011	106	$ML=143.01\ln(Age)-491.76$	0.837 3	$BW=0.761\,2Age+109.96$	0.884 9
2012	97	$ML=170.25\ln(Age)-600.79$	0.802 0	$BW=1.025Age+96.36$	0.793 5

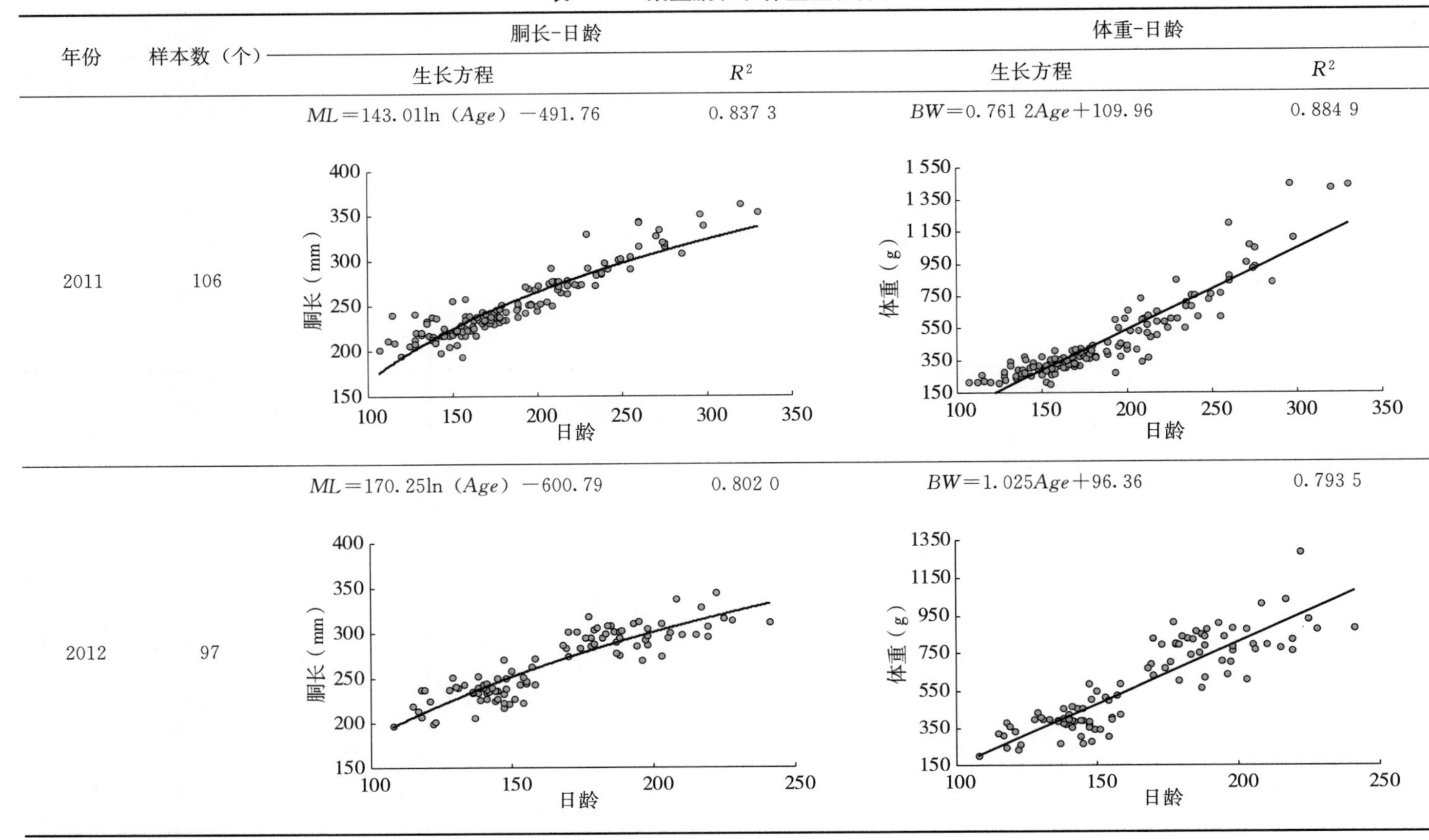

（续）

年份	样本数（个）	胴长-日龄		体重-日龄	
		生长方程	R^2	生长方程	R^2
2015	94	$ML=194.04\ln(Age)-723.34$	0.770 8	$BW=1.231\,7Age+59.881$	0.746 3

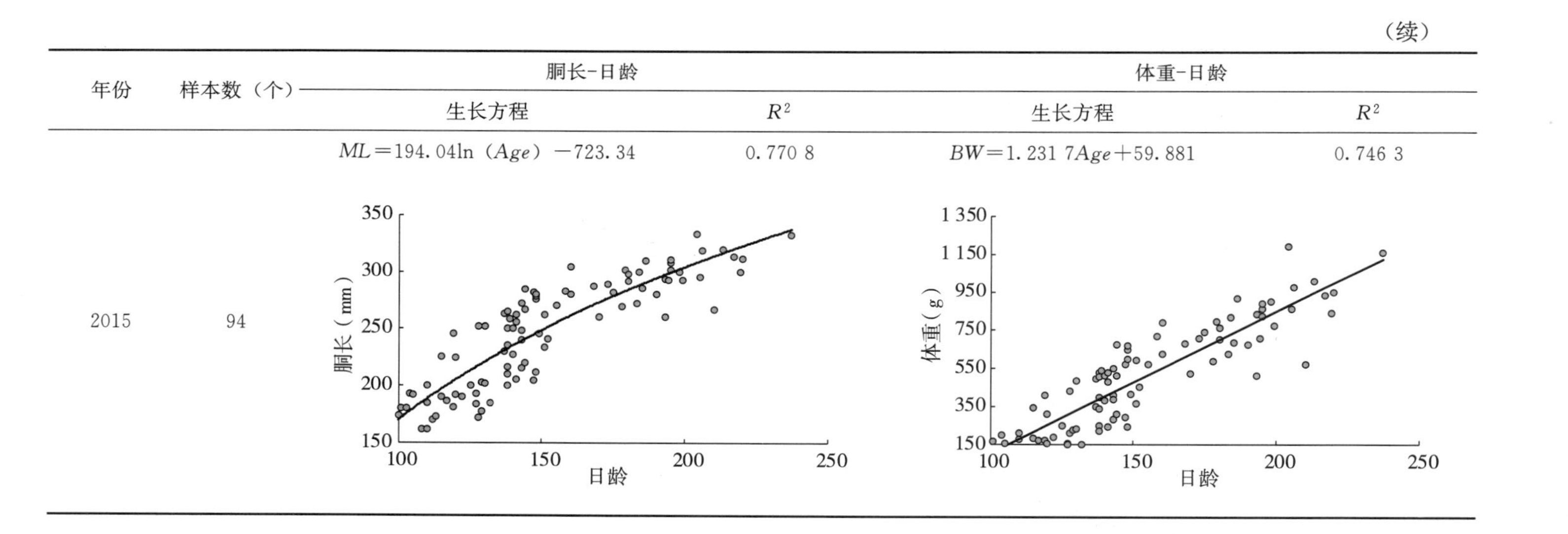

（五）日龄及孵化日期逆推算

根据上述两种假设情况下得到的柔鱼理论生长方程和不同气候事件发生年对应的实际生长方程，分别逆推算 2009—2018 年柔鱼样本的日龄及孵化日期。比较理论生长方程和实际生长方程柔鱼样本日龄组成及孵化日期逆推算结果，分析两种假设条件下，柔鱼日龄及孵化日期逆推算结果之间的差异。为尽可能减少不同年份柔鱼样本胴长、体重组成差异对柔鱼样本逆推算结果造成的不确定性，选取样本数量较多，胴长、体重组成分布相近的年份进行分析。从日龄组成及孵化日期逆推算结果可以发现，厄尔尼诺发生年（2009 年和 2015 年）考虑气候影响的日龄组成较未考虑气候影响的日龄组成偏小，孵化日期偏晚；拉尼娜发生年（2011 年和 2016 年）考虑气候影响的日龄组成较未考虑气候影响的日龄组成偏大，孵化日期偏早；正常年（2012 年和 2017 年）考虑气候影响的日龄组成较未考虑气候影响的日龄组成偏大，孵化日期偏早（图 2－5、图 2－6）。

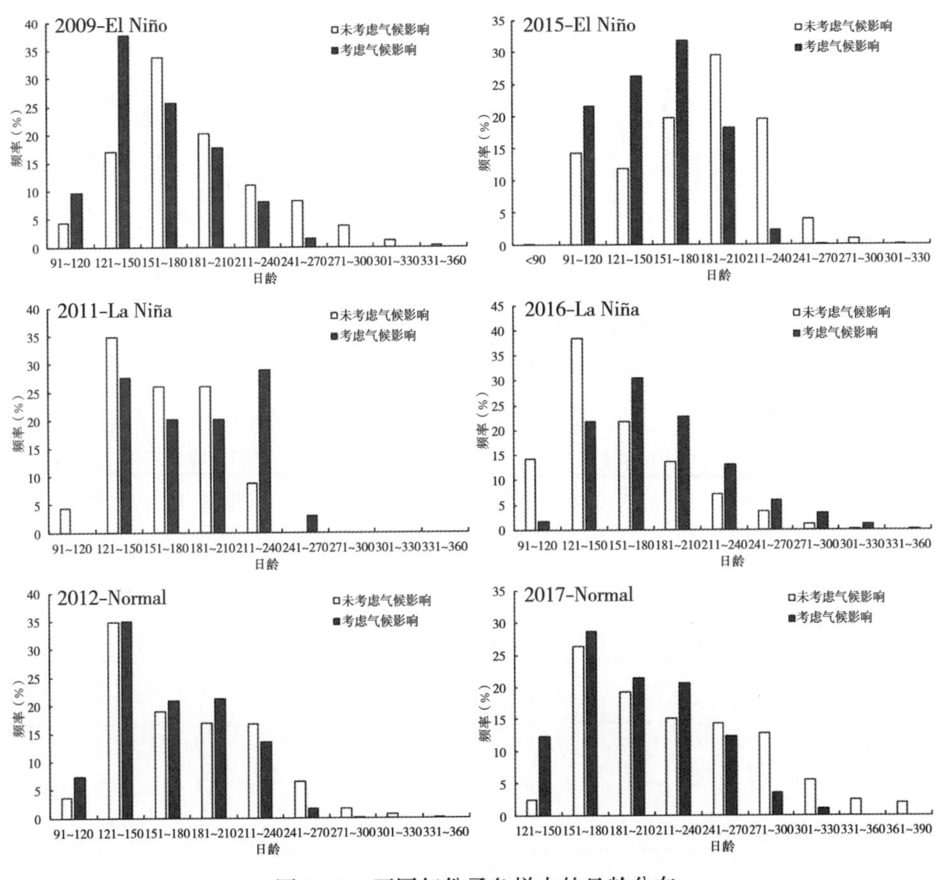

图 2－5　不同年份柔鱼样本的日龄分布

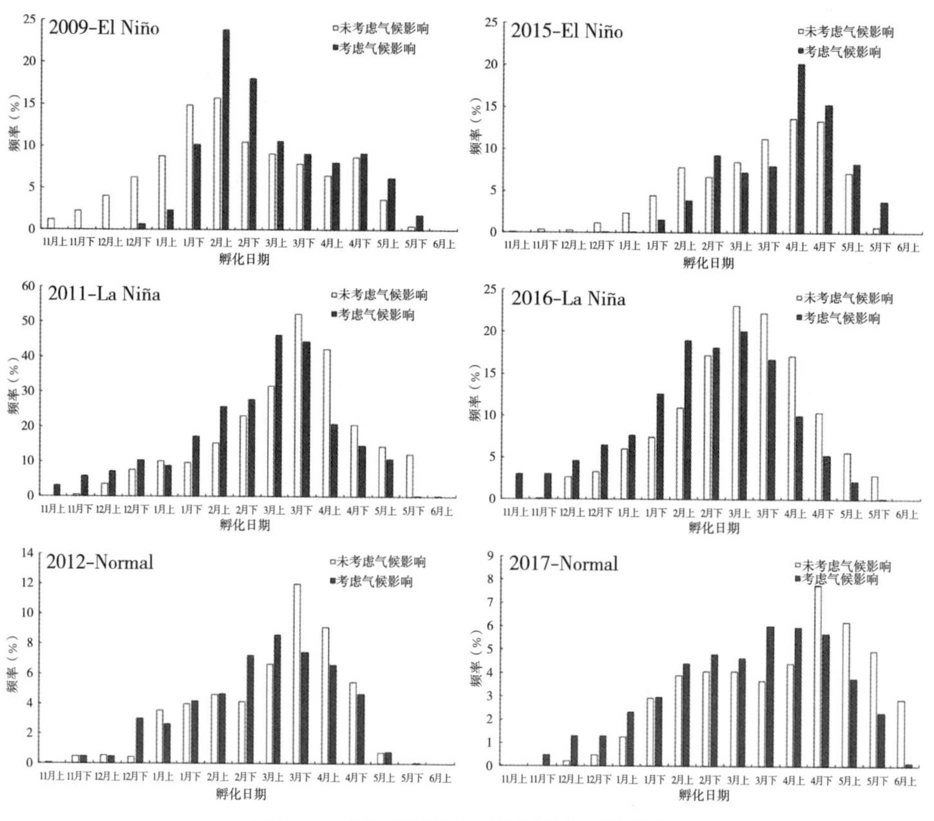

图 2-6 不同年份柔鱼样本孵化日期分布

（六）不同气候事件发生期柔鱼栖息海域 SST 变化

从样本采集年份（2011 年、2012 年和 2015 年）柔鱼产卵海域产卵月份（1—4 月）平均 SST 的对比结果和索饵海域索饵月份（8—11 月）平均 SST 的对比结果（表 2-5）可以看出，拉尼娜发生年（2011 年）和正常年（2012 年）柔鱼产卵场海域 1—2 月的平均海表面温度明显高于厄尔尼诺发生年（2015 年）。拉尼娜发生年（2011 年）和正常年（2012 年）柔鱼索饵场海域 8—11 月的平均海表面温度明显高于厄尔尼诺发生年。

表 2-5 采样年份产卵场和索饵场海域各月份海表面温度平均值（℃）

年份	1月	2月	3月	4月	8月	9月	10月	11月
2011	23.35	22.47	22.39	22.75	18.59	19.96	17.18	14.21
2012	23.63	22.7	22.89	23.25	20.09	20.78	16.59	13.78
2015	23.04	21.89	22.39	23.76	18.07	17.58	16.17	13.31

从样本采集年份（2011 年、2012 年和 2015 年）柔鱼产卵海域产卵月份

(1—4 月）和索饵海域索饵月份（8—11 月）海表面温度分布的对比结果（彩图 1、彩图 2）可以看出：2011 年和 2012 年 1—2 月产卵场海域 20℃等温线较 2015 年纬度更高，且 20℃和 25℃等温线所包围面积较 2015 年更大。3—4 月产卵场海域海表面温度差异不明显。2011 年和 2012 年 8—9 月索饵场海域 25℃等温线较 2015 年纬度更高，且 15℃和 25℃等温线所包围面积较 2015 年更大。11 月索饵场海域海表面温度差异不明显。以上结果表明，柔鱼产卵期 1—4 月，产卵场海域海表面温度升高，柔鱼孵化日期提前，海表面温度降低，柔鱼孵化日期延迟。

三、讨论与分析

（一）日龄组成及孵化日期差异分析

Yatsu 等（1997）研究认为，柔鱼个体的年龄不超过 1 年。本研究选取的 3 年样本中最大日龄为 345，2011 年、2012 年和 2015 年优势日龄组分别为 120～240、120～240 和 95～210，且均占总数的 90%以上。不同年份之间的柔鱼日龄组成不同，从日龄组成分布来看，2011 年柔鱼样本日龄较大，2012 年次之，2015 年最小。各年份柔鱼日龄组成一定程度上会受采集样本的影响，造成不同年份柔鱼样本日龄组成出现差异，也可能是不同年份之间柔鱼栖息海域受气候事件影响，形成不同的海洋环境条件，进而影响柔鱼孵化日期。仅根据不同年间的日龄组成无法判别不同事件发生年，环境变化对柔鱼日龄造成的影响。例如，相同月份捕获的柔鱼样本，该样本可能是 1 月孵化，也可能是 4 月孵化，但两者的日龄结果相差较大。即研究样本的日龄分布可能会对不同年间柔鱼的日龄组成造成影响。若要分析造成不同年份柔鱼样本日龄组成差异的成因，还需要结合柔鱼的孵化日期。柔鱼的孵化日期相对于柔鱼的日龄可看作绝对值，因为柔鱼样本的日龄会随着捕获日期的提前与延后出现对应的减小与增大，即使各年份各月份采集样本数量相同，胴长范围接近，也无法保证柔鱼的日龄组成相同，即采集样本的差异会对日龄组成造成影响。但在柔鱼日龄测量精确的情况下，结合捕获日期就可以计算出柔鱼的孵化日期，该日期为绝对值，不随样本采集时间的变化而变化。孵化日期与日龄的关系是：孵化日期偏早，柔鱼样本日龄组成偏大；孵化日期偏晚，柔鱼样本日龄组成偏小。通过分析不同气候事件发生年，柔鱼孵化日期的年际差异，可以判断气候事件对柔鱼孵化日期的影响。同时，以日龄组成作为验证数据，如果出现上述的孵化日期与日龄的关系，表明研究样本的日龄组成分布合理。结合柔鱼样本捕捞日期和日龄，逆推算出柔鱼的孵化日期，发现 2011 年、2012 年和 2015 年柔鱼孵化日期主要分布在 1 月上半月至 4 月下半月，1—4 月为柔鱼的孵化高峰期。此结果与陈新军等（2011b）关于西北太平洋柔鱼群体年龄与生长的研究结果基本一致，该研究选取 2011 年样本 724 尾，样本数量较多，可在一定程度上排除样本分布不均对研究结果造成的影响。结果的一致性也表明本研究采集样本的合理性。故造成柔鱼不同年份其日龄组成及孵化日期存在差异的原因，作者更倾向于是由不同气候事件发生年引起的柔鱼栖息海域海洋环境差异引起的。从样本采集年份产卵场海域的 SST 组成（彩图 3）可以看出，2011 年和 2012 年 1—2 月产卵场海域 SST 主要分布水温明显高于 2015 年，即 2011 年和 2012 年较 2015 年更早具备柔鱼孵化条件，与结果中 2011 年和 2012 年柔鱼孵化日期早于 2015 年结果一致。2015 年 3—4 月产卵场海域水温与 2011 年和 2012 年水温分布差异较小，满足柔鱼孵化条件，符合 2015 年柔鱼孵化日期主要集中在 3—4 月的结果。综上所述，拉尼娜发生年及正常年，柔鱼孵化日期较早，厄尔尼诺发生年孵化日期偏晚。

（二）不同气候事件发生期生长速度差异分析

不同年份柔鱼生长速度不同，不同生长阶段柔鱼生长速度也存在差异。在 121～180 日龄，柔鱼生长速度随日龄的增长而增加，181～240 日龄柔鱼生长速度缓慢。同年样本，不同阶段生长速度不同，这是因柔鱼自身所处生活史阶段的不同造成的，121～220 日龄柔鱼处于生长阶段，220 日龄以后，生长速度开始变缓，此时柔鱼可能处于性成熟阶段（陈新军，2011b）。在不考虑柔鱼个体生长差异的情况下，相同生长阶段，不同年份，柔鱼生长速度存在差异，121～180 日龄，2015 年生长速度最快，2012 年次之，2011 年生长最慢。181～240 日龄，各年份之间生长速度差异较小，变化趋势大致相同。形成以上结果，一定程度上是由不同年份柔鱼所处栖息海域海洋环境差异造成，从样本采集年份产卵场各月份海域 Chl-a 浓度分布对比（彩图 4）可以看出，2015 年 3—4 月产卵场海域 Chl-a 浓度主要分布范围高于 2011 年和 2012 年。柔鱼早期生活史阶段，其摄食是一个连续过程，摄食模式会随着个体生长而改变，从基于吻部的滤食性摄食到触腕捕食和触手捕食生物阶段（余为，2013）。柔鱼个体处于产卵场海域时，主动性捕食能力较弱，柔鱼个体生长更易受到所处海域海洋环境的影响。2015 年 3—4 月产卵场海域 Chl-a 浓度较高，可以为柔鱼孵化后的生长提供更好的生存条件，稚仔鱼期的能量积累越多，柔鱼进入索饵场后具备竞争条件越好，越利于柔鱼在索饵场的生长。结合柔鱼在索饵场海域各月份海域 Chl-a 浓度分布对比（彩图 5）可以看出，2015 年 8—10 月，柔鱼索饵场海域 Chl-a 浓度较高的海域面积略高于 2011 年和 2012 年。总体而言，不同年份柔鱼生长速度的差异主要由所处海域海洋环境的差异造成，类似结果在其他种类中也存在（刘必林，2011）。

（三）不同生长方程逆推算结果分析

现有研究中，头足类生长模型的建立多是根据耳石日轮数目和胴长的关系，结合生长模型，拟合头足类生长方程。柔鱼的年龄和生长也已通过耳石微结构开展研究（Yatsu et al.，1997；Yatsu et al.，2000b）。柔鱼的年龄和生长易受生物因素（食物、竞争、敌害等）、非生物因素（温度、Chl-a 等）等多方面因素影响（陈新军等，2011b）。本研究主要探究造成柔鱼群体生长年间差异的影响因素，故选取不同气候事件发生年对应的柔鱼样本，进而分析气候事件的发生对柔鱼生长的影响。针对柔鱼生长是否受气候事件影响提出两种假设，分别拟合两种假设条件下的柔鱼生长方程，利用两种假设条件下得到的生长方程对相同年份的样本进行日龄及孵化日期的逆推算，对结果进行分析。结果表明，柔鱼个体的胴长-日龄生长方程用对数方程拟合最佳，体重-日龄生长方程用线性生长方程拟合最佳。在假设一和假设二条件下，选取胴长-日龄和体重-日龄生长方程，对同一年份柔鱼样本的日龄及孵化日期进行逆推算。逆推算结果与研究样本结果基本一致，即厄尔尼诺发生年（2009 年和 2015 年）考虑气候影响的日龄组成较未考虑气候影响的日龄组成偏小，孵化日期偏晚；拉尼娜发生年（2011 年和 2016 年）考虑气候影响的日龄组成较未考虑气候影响的日龄组成偏大，孵化日期偏早；正常年（2012 年和 2017 年）考虑气候影响的日龄组成较未考虑气候影响的日龄组成偏大，孵化日期偏早。相同气候事件发生年，柔鱼日龄及孵化日期逆推算结果基本一致。

大洋性头足类作为一种生态上的机会主义物种，极易受到周围海洋环境变化的影响。已有研究证明（Alabia et al.，2015a，2015b），栖息海域环境（SST 和 Chl-a）是影响柔鱼资源量及补充量的重要环境因子。本研究发现，不同气候事件发生年，柔鱼栖息海域（产卵场和索饵场）的海洋环境因子（SST 和 Chl-a）均存在差异，环境因子的差异会对柔鱼的孵化和生长产生影响，可能会影响柔鱼种群分布、洄游和资源丰度等。故在今后的研究中应当考虑柔鱼生活史阶段栖息海域的海洋环境因子。

四、小结

本章节通过对不同气候事件发生年（2011 年为拉尼娜发生年，2012 年为正常年，2015 年为厄尔尼诺发生年）柔鱼样本的分析，从不同气候事件发生年份，柔鱼的日龄组成、孵化日期、绝对生长速度、相对生长速度以及生长方程等方面进行差异分析，并根据不同假设条件下拟合的柔鱼理论生长方程和实际生长方程对 2009—2018 年柔鱼样本的日龄和孵化日期进行逆推算，对逆推算结果进行差异分析。结果表明，不同气候事件发生年，柔鱼样本的日龄组成、孵化日期和个体生长存在差异，即厄尔尼诺发生年，柔鱼孵化日期晚，日龄组成偏小，前期生长快；拉尼娜发生年和正常年，柔鱼孵化日期早，日龄组成偏大，前期生长慢。此结果在 2009—2018 年柔鱼样本的日龄和孵化日期的逆推算结果中得到验证，同时产卵场和索饵场的海洋环境因子也可作为支撑以上结论的依据。不同气候事件的发生，会对柔鱼的孵化和生长产生影响，具体影响机制主要是引起柔鱼栖息海域局部海洋环境的变化，进而对柔鱼产生影响。

在上述研究过程中，本研究发现气候事件的发生对柔鱼造成的影响往往是引起柔鱼栖息海域的海洋环境变化，进而对柔鱼个体的生长和孵化产生影响。在今后研究气候事件对柔鱼个体生长、种群分布和资源丰度等方面的影响时，可以先分析柔鱼栖息海域的海洋环境在不同气候事件下出现的响应，然后分析栖息海域局部海洋环境与柔鱼种群分布、资源丰度等方面的关系，进而解释不同气候事件的发生对柔鱼的影响。

第二节　海洋环境变化对北太平洋柔鱼耳石形态的影响

柔鱼是大洋性鱿鱼类，主要分布在太平洋、印度洋和大西洋的热带及亚热带海域（陈新军等，2009a；余为等，2016；方舟等，2020）。其资源量巨大，目前的商业性捕捞主要集中于北太平洋海域，是我国远洋鱿钓渔业的主要捕捞种类之一（王尧耕等，2005）。作为一种短生命周期（一年生）鱿鱼种类，柔鱼的生活史较其他长生命周期种类更容易受气候变化的影响（Bower et al.，2005；Nishikawa et al.，2015；Yu et al.，2016b）。已有大量研究表明，海洋环境的变化会对柔鱼的资源量、生长以及渔场重心造成很大影响（Alabia et al.，2015；Xu et al.，2016；Yu et al.，2017a）。相关学者研究发现，柔鱼的资源量与厄尔尼诺/拉尼娜现象、产卵场适宜海表面温度范围、Chl-a 适宜浓度范围、水温垂直结构以及亲潮和黑潮的变化有着密切的联系（Yu et al.，2015a）。耳石是头足类重要的硬组织，具有稳定的结构，且可用来进行种群鉴定（Díaz-Santana-Iturríos et al.，2018）、年龄估算（陈新军等，2011b），以及生活史推算（Sakai et al.，2004）等方面的研究。目前已有柔鱼耳石形态方面的初步研究（马金等，2009a），但在不同年间不同海洋环境对柔鱼耳石形态影响的相关研究还未报道。因此，本研究以我国鱿钓船 2012 年、2015 年和 2016 年 7—10 月在北太平洋海域生产期间采集的柔鱼耳石样本为研究对象，分析在不同气候（环境）的影响下北太平洋柔鱼耳石形态发生的变化，以为西北太平洋柔鱼渔业生物学研究提供进一步的帮助。

一、材料与方法

（一）数据来源

1. 样本数据　选取 2012 年、2015 年和 2016 年的样本进行分析，分别代表不同环境条件年份，其中 2012 年为太平洋年代际涛动（pacific decadal oscillation，PDO）冷期拉尼娜年，2015 年为 PDO 暖期厄尔尼诺年，2016 年为 PDO 暖期拉尼娜年。样本主要采集于北太平洋海域，采样时间为 7—10 月。采集后的柔鱼样本直接在鱿钓船上冷冻，随后通过运输船运回实验室进行实验分析。样本采集时，按胴长大小随机选取样本，保证每年样本数不少于 100 尾，3 个年份累计取样 356 尾（表 2-6）。

表 2-6　不同海洋环境年北太平洋柔鱼样本基本信息

性别	年份	经度	纬度	样本数（尾）	胴长（mm）	
					范围	平均值±标准差
雌性	2012	153°28′—156°37′E	42°01′—45°01′N	53	202～345	264.8±33.1
	2015	150°04′—160°55′E	40°11′—43°28′N	65	197～338	263.6±47.5
	2016	153°04′—158°48′E	40°49′—44°15′N	61	162～352	275.8±39.1
雄性	2012	153°28′—156°37′E	42°01′—45°01′N	78	162～298	263.9±34.4
	2015	150°04′—160°55′E	40°11′—43°28′N	48	191～347	230.1±41.3
	2016	153°04′—158°48′E	40°49′—44°15′N	51	184～322	250.0±26.5

2. 环境数据　PDO 是北太平洋主要的气候事件之一。PDO 指数（PDOI）是反映 PDO 强弱程度的指标（Zhang et al.，1997；Mantua et al.，2002）。2012—2016 年月平均 PDOI 来自大气和海洋联合研究所（Joint Institute for the Study of the Atmosphere and Ocean，http：//research. jisao. washington. edu/pdo/）。PODI 值为正表示 PDO 暖期正相位，与此同时，中太平洋海域海表面温度（SST）较低，美国西海岸 SST 较高；反之，为 PDO 冷期负相位，表现为与 PDO 暖期相反的情况（Mantua et al.，2002；Yu et al.，2016b）。

厄尔尼诺和拉尼娜现象也是北太平洋海域主要的气候事件之一，对西北太平洋柔鱼的生长有很大影响。2012—2016 年，海洋尼诺指数 3.4（Oceanic Niño 3.4 indices，NI），来自美国国家海洋和大气管理局（NOAA，http：//www. cpc. ncep. noaa. gov/products/analysis _ monitoring/ensostuff/ensoyears. shtml）。

柔鱼耳石的生长很大程度上受温度和柔鱼摄食的影响。因此，针对西北太平洋柔鱼主要的产卵场（20°—30°N，130°—170°E）和索饵场（35°—50°N，150°—175°E）的 SST、海表面温度异常以及 Chl-a 浓度进行了统计。数据来源于美国国家海洋和大气管理局。空间分辨率为 0.05°×0.05°。

（二）研究方法

1. 生物学测定和耳石提取　将西北太平洋柔鱼在实验室解冻后进行生物学测定，包括胴长、体重，同时进行性别和性腺成熟度鉴定。测量时，胴长测定精确到 1 mm，体重测定精确到 1 g。性成熟度的划分根据 Lipinski 等(1995) 的方法，根据性腺的特征变化划分为Ⅰ、Ⅱ、Ⅲ、Ⅳ、Ⅴ 5 期，其中Ⅰ和Ⅱ为未成熟，Ⅲ期以上为成熟个体。从头部平衡囊内取出耳石，进行标号放入盛有 75%乙醇溶液的 1.5mL 的离心管内，以便除去耳石表面附着的软膜和有机物质。

2. 耳石外部形态测量 将耳石从离心管内取出，凸面向上置于 Nikon ZOOM645S 体式显微镜（物镜×4，×10，×40；目镜×10）40 倍下进行 CCD 拍照，然后利用 Mshot 专业图像分析软件，分别测量出耳石各形态参数值（图 2-7），具体包括耳石总长（total statolith length，TSL）、最大宽度（maximum width，MW）、翼区长（wing length，WL）、翼区宽（wing width，WW）、吻区长（rostrum length，RL）、吻区宽（rostrum width，RW）、背侧区长（ventral dorsal dome length，DLL）、侧区长（lateral dome length，LDL）和吻侧区长（rostrum lateral dome length，RLL），测量结果精确到 1μm。测量由两人分别进行，若两者测得结果误差超过 5%则重新测量，最终取两者测量的平均值。

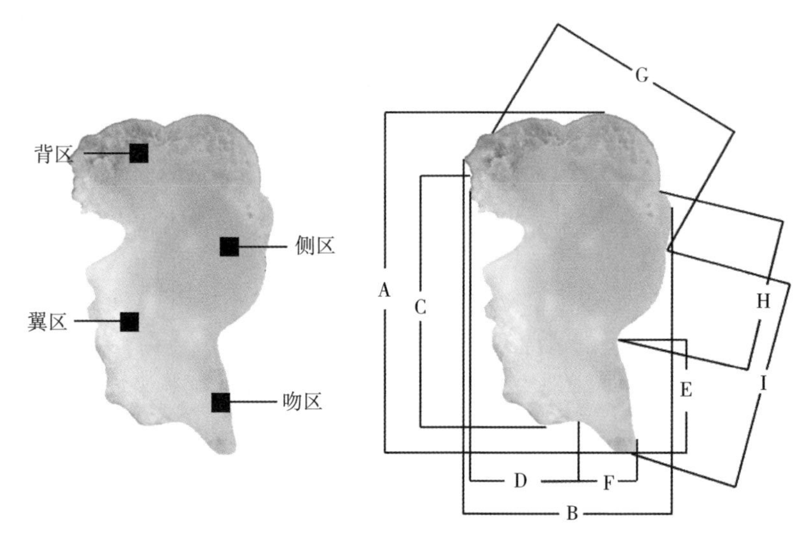

图 2-7 柔鱼耳石各区和形态参数示意

A. 耳石总长 B. 最大宽度 C. 翼区长 D. 翼区宽 E. 吻区长 F. 吻区宽 G. 背侧区长 H. 侧区长 I. 吻侧区长

3. 数据处理方法

（1）不同性别间耳石形态参数差异。分析性别间形态参数差异，拟合不同性别间形态参数与胴长之间的关系。

（2）不同年间耳石形态参数差异。为了消除个体差异对角质颚形态的影响，首先对耳石形态进行标准化（Lleonart et al.，2000），然后利用标准化后的数据，结合气候事件和环境因子综合分析不同气候下耳石形态发生的变化。

（3）利用不同生长模型（线性、幂函数、指数对数、对数函数）拟合耳石形态参数与胴长之间的关系。利用赤池信息量准则（Akaike information criterion，AIC）（Cerrato，1990；韩青鹏等，2017），选取值最小的为最适生长模型。

（4）分析讨论影响柔鱼耳石生长的关键环境因子，并进行讨论。

所有统计分析采用 Excel、SPSS statistics 24 和 R 4.0 软件进行。

二、结果

（一）耳石形态参数

通过观测发现，柔鱼耳石具有明显的吻区、翼区、背区和侧区结构。其中，翼区较大，吻区呈细长状，背侧区分界不明显。通过单因素方差分析发现，雌雄个体间各形态参数均存在显著差异（$P<0.05$）。由表 2-7 可知，不同海洋环境年、不同性别耳石形态各有其特征。其中，PDO 冷期拉尼娜年（2012 年）样本形态参数 MW、WL、WW、RL 和 RW 均为雌性个体较大，TSL、LDL 和 RLL 均为雄性个体较大；PDO 暖期厄尔尼诺年（2015 年）雌性个体所有形态参数值均大于雄性个体；PDO 暖期拉尼娜年（2016 年）形态参数除 WW 外，其他各个形态参数均为雌性个体大于雄性个体。

表 2-7　不同海洋环境年西北太平洋柔鱼 9 个形态参数平均值±标准差

形态参数	性别	年份		
		2012	2015	2016
TSL (mm)	雌	889.6 ± 47.1^{Aa}	880.1 ± 70.8^{Ab}	905.6 ± 64.4^{Ac}
	雄	891.4 ± 62.1^{Aa}	836.1 ± 75.1^{Bb}	863.8 ± 52.2^{Bc}
MW (mm)	雌	568.2 ± 48.1^{Aa}	555.8 ± 54.7^{Ab}	582.0 ± 63.7^{Ac}
	雄	565.1 ± 52.6^{Aa}	523.8 ± 49.7^{Bb}	553.6 ± 42.8^{Bc}
WL (mm)	雌	640.9 ± 53.3^{Aa}	613.0 ± 56.8^{Ab}	659.8 ± 48.6^{Ac}
	雄	634.5 ± 51.3^{Aa}	588.6 ± 50.1^{Bb}	631.6 ± 53.0^{Ba}
WW (mm)	雌	345.8 ± 56.3^{Aa}	316.2 ± 49.8^{Ab}	341.6 ± 45.9^{Aa}
	雄	341.9 ± 48.3^{Aa}	309.9 ± 47.9^{Bb}	347.3 ± 41.9^{Ba}
RL (mm)	雌	312.5 ± 31.5^{Aa}	305.1 ± 31.3^{Ab}	312.0 ± 30.2^{Aa}
	雄	309.5 ± 33.9^{Aa}	283.9 ± 34.5^{Bb}	305.2 ± 31.6^{Ba}

（续）

形态参数	性别	年份		
		2012	2015	2016
RW (mm)	雌	126.6±13.8^{Aa}	126.5±14.5^{Aa}	131.4±18.0^{Ab}
	雄	126.2±16.6^{Aa}	116.1±21.6^{Bb}	125.0±18.4^{Ba}
DLL (mm)	雌	509.4±54.8^{Aa}	500.3±60.6^{Ab}	522.8±52.3^{Ac}
	雄	509.4±52.3^{Aa}	463.1±50.9^{Bb}	504.5±50.1^{Ba}
LDL (mm)	雌	316.2±31.3^{Aa}	310.7±53.8^{Aa}	312.2±44.2^{Aa}
	雄	319.4±43.4^{Aa}	303.5±39.8^{Bb}	300.1±44.5^{Bb}
RLL (mm)	雌	638.3±43.5^{Aa}	644.9±61.8^{Ab}	637.4±50.7^{Aa}
	雄	639.3±51.5^{Aa}	617.6±55.8^{Bb}	615.0±48.9^{Bb}

注：同一形态参数值，同列含有不同大写字母表示雌雄差异显著（$P<0.05$），同行含有不同小写字母表示年间差异显著（$P<0.05$）。

（二）主成分分析

对耳石 9 个形态参数的主成分分析结果显示（表 2-8），第 1～5 个因子解释形态参数的贡献率分别为 53.096%、15.906%、8.928%、7.747% 和 6.498%，累计贡献率约为 92.174%。第 1 主成分中，除 WW 和 LDL 外，各形态参数负载系数均在 0.5 以上。其中，TSL、MW、WL 和 RLL 的负载系数达到 0.8 以上，且均呈正相关。第 2 主成分中，形态参数 WW、LDL 和 RLL 负载系数较大，均在 0.4 以上。第 2 主成分与 WW 呈正相关，与 LDL、RLL 呈负相关。第 3 主成分与 RW 呈较大的负相关，与 WW 和 LDL 呈较大的正相关。第 4 主成分中，形态参数 WW、RL 和 RW 负载系数较大，均在 0.3 以上，其中第 4 主成分与 WW 和 RW 呈较大的正相关，与 RL 呈较大的负相关。第 5 主成分中形态参数 WW、RL 和 DLL 负载系数较大，均在 0.3 以上。

表 2-8　柔鱼耳石 9 个形态参数的 5 个主成分负荷值和贡献率

形态参数	主成分分析				
	1	2	3	4	5
TSL	0.936	−0.077	−0.083	−0.177	−0.109
MW	0.883	0.056	0.105	0.169	−0.202
WL	0.847	0.073	0.208	−0.197	−0.172
WW	0.378	0.662	0.387	0.364	0.354
RL	0.653	0.374	−0.226	−0.443	0.384
RW	0.572	−0.202	−0.631	0.416	0.192

（续）

形态参数	主成分分析				
	1	2	3	4	5
DLL	0.789	0.325	−0.093	0.189	−0.361
LDL	0.466	−0.724	0.354	0.181	0.199
RLL	0.818	−0.411	0.098	−0.169	0.152
贡献率（%）	53.096	15.906	8.928	7.747	6.498
累计贡献率（%）	53.096	69.002	77.930	85.676	92.174

根据主成分载荷，选取较大相关性的形态参数作为表征参数。因此，北太平洋柔鱼耳石长度参数TSL、WL和RLL和宽度参数MW、WW和RW可以代替9个形态参数来描述耳石形态特征。

（三）耳石绝对大小变化

总体上，柔鱼耳石生长过程中，背区、吻区和翼区不断增大。大个体柔鱼的耳石比小个体柔鱼的耳石具有更明显的吻区和翼区。4种模型拟合结果显示，6个表征形态参数中，TSL、MW、WL和RLL与胴长之间关系显著（$P<0.05$），而WW、RW与胴长之间关系不显著（$P>0.05$），通过AIC值选择最适生长模型发现（表2-9、表2-10），PDO冷期拉尼娜年（2012年）除雌性耳石WL与胴长关系最适函数为线性函数外，其余各个形态参数与胴长关系最适函数均为指数函数；PDO暖期厄尔尼诺年（2015年）雌性耳石TSL与胴长关系最适函数为线性函数，雌性耳石MW、WL和RLL与胴长关系最适函数为指数函数，雄性耳石4个主要形态参数与胴长的关系最适函数为对数函数；PDO暖期拉尼娜年（2016年）雌性耳石TSL、MW和WL与胴长关系最适函数为指数函数，雌性耳石RLL、雄性耳石TSL、WL和RLL与胴长关系最适函数为对数函数，雄性耳石MW与胴长关系最适函数为幂函数。

表2-9　不同海洋环境年耳石形态参数与胴长关系的生长模型AIC检测结果

性别	形态参数	年份	AIC			
			线性函数	幂函数	指数函数	对数函数
雌性	TSL	2012	359.618	360.175	359.434	360.560
		2015	452.532	453.114	452.814	454.144
		2016	439.906	441.807	438.945	443.427
	MW	2012	362.902	363.211	362.730	363.732
		2015	446.764	448.298	445.933	449.859
		2016	432.179	433.506	430.243	436.453

（续）

性别	形态参数	年份	AIC			
			线性函数	幂函数	指数函数	对数函数
雌性	WL	2012	_394.670_	394.739	394.680	394.858
		2015	468.862	470.876	_467.955_	472.355
		2016	440.712	442.278	_439.937_	443.129
	RLL	2012	364.315	364.704	_364.137_	365.025
		2015	487.612	489.636	_486.666_	490.988
		2016	431.919	431.468	432.304	_431.269_
雄性	TSL	2012	568.907	570.114	_568.116_	571.025
		2015	376.414	375.552	377.050	_375.115_
		2016	355.377	354.484	356.205	_353.921_
	MW	2012	529.110	529.798	_528.199_	531.029
		2015	355.194	353.983	355.821	_353.414_
		2016	348.685	_348.638_	348.766	348.708
	WL	2012	545.062	546.611	_543.670_	548.148
		2015	343.466	342.498	343.989	_342.063_
		2016	359.587	359.182	360.470	_358.803_
	RLL	2012	548.715	548.799	_548.697_	549.011
		2015	354.545	354.390	354.707	_354.384_
		2016	369.699	369.398	370.013	_369.181_

注：下划线为最小 AIC 值，即最适函数。

表 2-10　不同海洋环境年耳石形态参数与胴长之间的生长模型

形态参数	年份	性别	生长模型	a	b	R^2
TSL	2012	♀	E	637.323	0.001 25	0.622 0
		♂	E	583.394	0.001 60	0.638 4
	2015	♀	L	106.217	0.380 1	0.800 5
		♂	LOG	103.548	0.384 4	0.594 4
	2016	♀	E	598.075	0.001 50	0.694 2
		♂	LOG	67.137	0.463	0.646 1

（续）

形态参数	年份	性别	生长模型	*a*	*b*	R^2
MW	2012	♀	L	1.141	266.013	0.615 4
		♂	E	311.218	0.002 24	0.696 9
	2015	♀	E	347.099	0.001 77	0.699 8
		♂	LOG	84.865	0.334 8	0.414 6
	2016	♀	E	302.141	0.002 36	0.727 4
		♂	P	1.162	263.201	0.519 7
WL	2012	♀	E	1.056	361.185	0.429 6
		♂	E	392.639	0.001 81	0.604 4
	2015	♀	E	408.214	0.001 53	0.606 2
		♂	LOG	89.212	0.347 3	0.538 3
	2016	♀	E	0.830	431.001	0.446 0
		♂	LOG	20.089	0.624	0.626 5
RLL	2012	♀	E	0.946	387.685	0.517 3
		♂	E	46.341	0.471	0.588 8
	2015	♀	E	431.999	0.001 50	0.560 1
		♂	LOG	88.811	0.357	0.516 1
	2016	♀	LOG	263.228	−839.167	0.563 6
		♂	LOG	310.821	−1 099.527	0.516 1

注：表中L表示线性模型，E表示指数模型，P表示幂函数模型，LOG表示对数模型。

（四）耳石的相对大小变化

将TSL、MW、WL和RLL 4个表征形态参数进行标准化，对标准化后的4个形态参数进行比较发现，除雌性个体标准化后的RLL外，PDO冷期拉尼娜年（2012年）和PDO暖期拉尼娜年（2016年）标准化后的形态参数均不存在显著差异（$P>0.05$），PDO暖期厄尔尼诺年（2015年）标准化后形态参数与PDO冷期拉尼娜年（2012年）和PDO暖期拉尼娜年（2016年）均存在显著差异。PDO冷期拉尼娜年（2012年）和PDO暖期拉尼娜年（2016年）雌性个体标准化后的TSL、MW和WL均大于PDO暖期厄尔尼诺年（2015年）雌性个体，而PDO暖期厄尔尼诺年（2015年）雌性个体标准化后的RLL大于其他两年雌性个体（图2-8）。

与雌性个体相同，PDO冷期拉尼娜年（2012年）和PDO暖期拉尼娜年（2016年）雄性个体标准化后的TLS、MW和WL也均大于PDO暖期厄尔尼诺年（2015年）雄性个体。与雌性个体不同，雄性个体标准化后的RLL逐年减小（图2-9）。

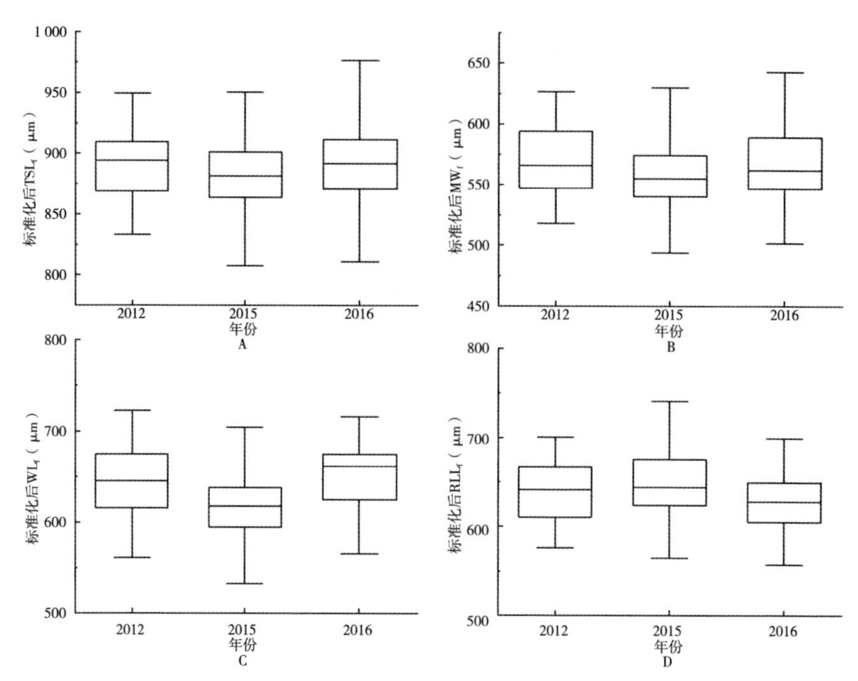

图 2-8　不同海洋环境年间雌性个体的标准化后形态参数

A. 标准化后 TSL　B. 标准化后 MW　C. 标准化后 WL　D. 标准化后 RLL

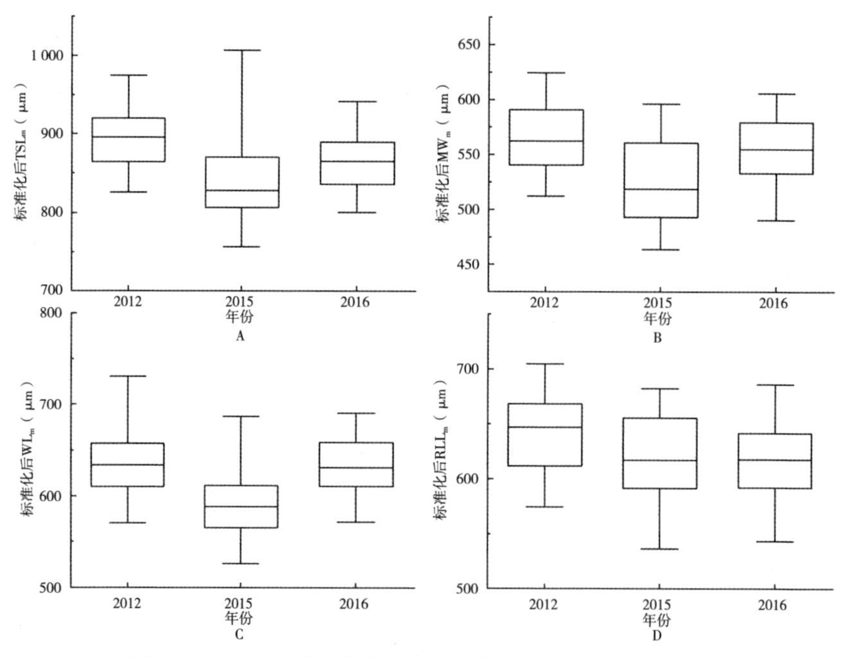

图 2-9　不同海洋环境年间雄性个体的标准化后形态参数

A. 标准化后 TSL　B. 标准化后 MW　C. 标准化后 WL　D. 标准化后 RLL

三、讨论与分析

（一）耳石形态特征

耳石是头足类重要的硬组织之一，其生长与个体生长有着密切的关系，因此可以通过耳石形态来进行头足类个体的生长情况以及资源评估等更进一步的研究。本研究发现，不同性别间耳石存在显著差异。不同海洋环境年雌性耳石各个形态参数均值均大于雄性耳石，说明同一群体雌性柔鱼耳石较雄性生长快。同时有学者认为，由于雌性柔鱼较雄性生长快，进而导致雌性柔鱼的耳石生长也相对较快（Brunetti et al.，2006），这与本研究结果一致。马金等（2009a）认为，在同一环境中，雌性个体由于需要为性腺发育提供更多能量，个体生长缓慢导致雌雄个体耳石形成产生差异。头足类从幼体到成体的过程中，随着胴长增加，耳石外部形态变化逐渐减慢，有学者认为，这可能与耳石调节头足类淋巴液流动和检测游泳加速度有关，头足类在幼体时期活动能力弱，需要更大的耳石感受较小的加速度，因此头足类耳石在幼体期间生长较快；但随着头足类个体发育，活动能力变强，对耳石感知加速度的需求降低，导致耳石相对于胴长的生长速度逐渐减小（刘必林等，2011）。

同时还发现，柔鱼耳石主要形态参数与胴长的生长关系也存在显著差异。马金等（2009b）研究发现，2007 年柔鱼个体 TSL、RL、WL 与胴长为幂函数关系，RW、WW 与胴长没有显著的相关性，这与本研究结果不完全相同，这种最适生长关系的年间差异反映了不同海洋环境年耳石生长过程的差异性。综上所述，年际间柔鱼的生活史过程存在差异，这种差异直接或者间接影响其耳石各个部位的生长，二者的相互关系间接地反映了利用耳石形态特征进行柔鱼生长以及资源评估等方面研究的可行性和科学性。

（二）耳石表征参数差异

本研究主成分分析筛选出 TSL、WL、RLL、MW、WW、RW 等作为西北太平洋柔鱼耳石形态特征的表征参数。其中，TSL、WL、RLL 为长度表征参数，MW、WW、RW 为宽度表征参数，这与其他头足类耳石的表征参数不完全相同。马金等（2009b）以 TSL、WL、RL、WW、RW 5 个形态参数作为 PDO 冷期拉尼娜年（2007 年）西北太平洋柔鱼的表征参数，与本研究不同，说明不同年间头足类耳石形态特征有一定的差异性。同时，分布于不同海域的同种头足类耳石形态表征参数也存在差异性（表 2－11），这也间接反映了耳石形态特征可以用于头足类种群鉴定。

表 2-11　不同头足类耳石形态特征的表征参数

种类	调查海域	年份	表征参数	作者
柔鱼 (*O. bartramii*)	西北太平洋	2012、2015、2016	TSL、WL、RLL、MW、WW、RW	王岩等（2021）
	西北太平洋	2007	TSL、WL、RL、WW、RW	马金等（2009b）
鸢乌贼 (*S. oualaniensis*)	南海南沙、东沙、中沙、西沙群岛	2012、2013	TSL、MW、LDL、WL、DLL	李波等（2019）
	南海中部	2012	TSL、RSL、WL、MW、DLL	江艳娥等（2014）
	印度洋	2004、2005	TSL、MW、LDL、DLL、RLL、WL	刘必林等（2008）
茎柔鱼 (*D. gigas*)	东太平洋赤道	2017	TSL、RSL、LDL、RSW	王韫沛等（2019）
	智利外海		TSL、WL、RLL、MW	陆化杰等（2018）

注：RSL 为吻区长；RSW 为吻区宽。

（三）海洋环境对耳石形态的影响

环境对短生命周期生物的影响明显，尤其是北太平洋柔鱼等一年生头足类，极易受到周围环境变化的影响（方舟等，2020）。因此，柔鱼耳石生长除受个体生长的影响外，还受外界环境间接影响或者直接影响。通过分析消除胴长影响后（标准化）的数据发现，PDO 冷期拉尼娜年（2012 年）与 PDO 暖期拉尼娜年（2016 年）耳石形态参数间不存在显著差异，而 PDO 暖期厄尔尼诺年（2015 年）与 PDO 暖期拉尼娜年（2016 年）耳石形态参数存在显著差异，说明大尺度气候事件 PDO 对于短生命周期柔鱼的影响不显著，而厄尔尼诺/拉尼娜事件会对柔鱼耳石形态造成影响。厄尔尼诺事件发生时，海水温度较低，海洋环境不利于柔鱼耳石的生长，使得该事件发生年份的柔鱼耳石偏小；与之相反，拉尼娜事件发生时，形成较为适宜的生存环境，使得柔鱼耳石生长较好，较厄尔尼诺年份大。方舟等（2020）对不同海洋环境年的北太平洋柔鱼的角质颚形态进行研究后发现，2016 年（拉尼娜年）柔鱼角质颚明显大于 2015 年（厄尔尼诺年）柔鱼角质颚。这与本研究结果一致，说明拉尼娜事件会促进柔鱼的硬组织生长，而厄尔尼诺事件会抑制柔鱼的硬组织生长。

栖息环境和摄食情况是影响柔鱼资源量以及补充量的重要环境因子（Alabia et al.，2015a，2015b），且温度、盐度、溶解氧等环境因素也会对耳石的生长造成直接影响（马金等，2009b）。已有学者发现，柔鱼索饵场适宜的 SST 为 17～22℃（Wang et al.，2015）。本研究发现，同为拉尼娜年的 2012 年和 2016 年 7—9 月索饵场环境较厄尔尼诺年（2015 年）更为适宜，较高的 SST 对应较大的耳石，可以认为 SST 的变化会对耳石的生长造成影响（图 2-10）。同样栖息环境 Chl-a 浓度适宜值为 0.2～0.5 mg/m³（Wang et al.，2015），3 年的 Chl-a 浓度均分布在柔鱼适宜浓度内，且 8—9 月 Chl-a 浓度差异不明显。但 2015 年 Chl-a 浓度在 7—8 月发生骤降，这可能是导致该年耳石较小的原因之一（图 2-11）。而同时期的 2016 年 Chl-a 浓度虽然在 7—8 月发生骤降，但其之后 8—10 月回升较大。2012 年 7—10 月 Chl-a 浓度整体呈上升趋势，且在 9 月之后超过 2015 年。这也可以认为是 2012 年和 2016 年柔鱼耳石较大的原因之一。综上所述，SST 和 Chl-a 浓度对耳石形态会产生较大的影响，7—9 月的环境因素对该年度的影响较大。

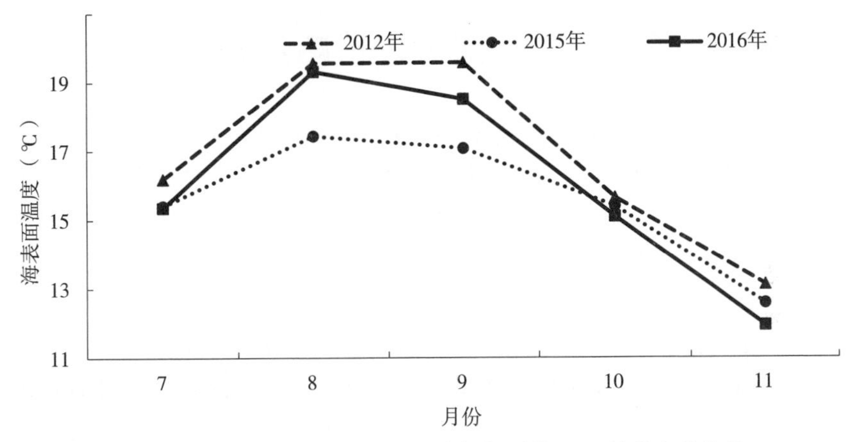

图 2-10　不同海洋环境年柔鱼索饵场平均 SST 的月变化趋势

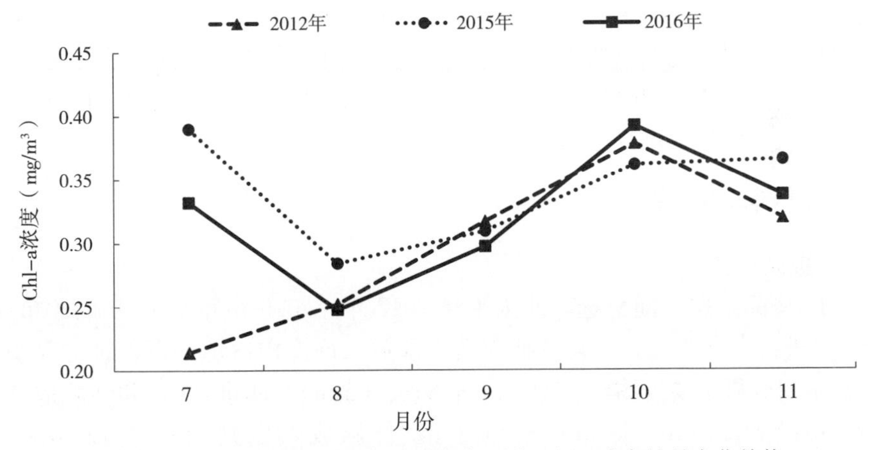

图 2-11　不同海洋环境年柔鱼索饵场平均 Chl-a 浓度的月变化趋势

四、小结

本研究分析了不同性别和不同海洋环境年的柔鱼耳石形态差异，结合SST和Chl-a浓度的变化分析了不同海洋环境影响下耳石形态出现差异的可能原因。本研究发现，耳石的某些形态特征值与柔鱼个体大小之间关系显著，同时发现不同海洋环境影响下，这种关系存在显著的年间差异，因此推断耳石形态研究可用于基于个体生长等方面的研究。同时发现耳石形态与环境变化之间存在某种联系，但由于柔鱼个体所经历的具体生境变化尚未得知，因此不能建立耳石形态参数与环境因子之间的模型。因此，在将来的研究中，需要更为精确地分析环境如何影响耳石形态变化，并建立海洋环境因子与耳石形态参数的模型，以为柔鱼生物学研究提供更多基础资料。

第三节　海洋环境变化对柔鱼日龄生长的影响

北太平洋柔鱼是一种重要远洋经济头足类，主要分布在北太平洋海域，我国于1993年开始进行商业捕捞（王尧耕等，2005；Wakabayashi et al.，2006；陈新军等，2009a；Yu et al.，2015a），是中国远洋鱿钓渔业的主要捕捞对象（Chen et al.，2008a）。前人研究发现，柔鱼最大的胴长，雌性为600mm，雄性为450mm，且寿命均约为一年（Kato et al.，2016）。在以往的研究中，诸多学者基于耳石微结构研究柔鱼的日龄和生长，并取得了良好的研究成果（Yatsu，2000a；Chen et al.，2003）。相关研究表明，耳石在沉积过程中，会受温度变化的影响。Villanueva（2000）研究发现，低温环境下，耳石轮纹数目小于饲养天数，同时轮纹清晰度较差。柔鱼作为短生命周期头足类，主要分布在气候多变的西北太平洋海域，因此其耳石的微结构和日龄生长极有可能受到环境变化的影响。为此，本节拟用不同海洋环境3个年份的柔鱼耳石样本进行微结构分析、耳石轮纹读取，以及日龄和生长的差异性分析，为基于环境变化的头足类生活史分析和资源评估提供重要基础。

一、材料与方法

（一）数据来源

1. 样品数据　随机选取北太平洋2012年、2015年和2016年的柔鱼样本266尾进行本章节试验。柔鱼捕获后立即放入冻库内冷冻，以保证样品质量。实验室内测得主要生物学信息，包括胴长（mm）、体重（g）和性腺成熟度。胴长精确到1 mm，体重精确到1 g。性腺成熟度判别参考Lipiński and Underhill的鉴别方法。具体采样范围如表2-12所示。

表 2-12 北太平洋柔鱼 2012 年、2015 年和 2016 年的采样点范围分布

性别	年份	经度	纬度	数量（尾）
雌性	2012	153°28′—156°37′E	42°01′—45°01′N	44
	2015	150°04′—160°55′E	40°11′—43°28′N	55
	2016	153°04′—158°48′E	40°49′—44°15′N	39
雄性	2012	153°28′—156°37′E	42°01′—45°01′N	53
	2015	150°04′—160°55′E	40°11′—43°28′N	39
	2016	153°04′—158°48′E	40°49′—44°15′N	36

2. 气候和环境数据 北太平洋柔鱼的产卵场分布于 130°—170°E，20°—30°N，对应的温度为 21～25℃（Bower，1994；Ichii et al.，2010）。几个月后向北洄游至索饵场（150°—175°E，35°—50°N）（Murata et al.，1998；Kato et al.，2015；Yu et al.，2016d），随后在 9 月开始向南洄游至产卵场进行繁殖（Ichii et al.，2006）。厄尔尼诺和拉尼娜现象可能会对柔鱼的日龄及生长造成影响，本章节根据 Niño 3.4 区的 3 个月平均 SST 距平值来确定厄尔尼诺和拉尼娜事件。尼诺指数（Oceanic Niño 3.4 indices，NI）来源于 NOAA 气候预报中心（https：//origin. cpc. ncep. noaa. gov）网站。

以海表面温度（SST）和 Chl-a 浓度作为主要的海洋环境因子来分析。选取产卵场 12 月至翌年 5 月和索饵场 7—10 月的 SST 和 Chl-a 浓度作为分析因子。数据来源于 Ocean watch（https：//oceanwatch. pifsc. noaa. gov）网站。空间分辨率为 0.05°×0.05°。

（二）研究方法

1. 耳石微结构和日龄估算 柔鱼耳石取出，并用 75%的乙醇清洗保存。然后将清洗过的耳石样本干燥，使用亚克力粉和硬化剂的混合物将耳石固定在透明模具内。耳石打磨仪器使用的是 Metaserv 250 grinding machine（Buehler，USA），分别用 120-grit、600-grit、1 200-grit 和 2 500-girt 的砂纸进行打磨，最后用粒径 0.3μm 的氧化铝抛光粉进行抛光处理。打磨好的耳石切片放在装配有 CCD（charge-coupled device）Olympus 显微镜下放大 40 倍观察并拍照。照片后期处理使用 Adobe Photoshop CS 5.0（Adobe Systems Inc.，San Jose，CA）。头足类耳石轮纹一轮代表 1d，因此从耳石核心到耳石外边缘的轮纹数量即为柔鱼的日龄（陈新军等，2011b；胡贯宇等，2015）。本试验轮纹计数由两个观察者分别完成，两次读取的生长纹的数量差值小于平均值的 10%时则为有效计数，否则，重新读取（Chen et al.，2013）。孵化日期按照日龄和对应的捕获日期进行推算。为了更好地与前面学者的结论进行对比，本章节将孵化月份分为上半月和下半月（陈新军等，

2011b)。上半月为每个月的1日至15日，下半月为16日至30日或31日（2月上半月为1日至14日，下半月为15日至28日）。

日龄-胴长生长方程使用7种模型分别拟合，包括4种线性回归模型（线性函数、指数函数、对数函数和幂函数）和3种非线性回归模型（Logistic模型、von Bertalanffy模型和Gompertz模型）。最后根据各个模型所得到的R^2和Akaike information criterion（AIC）值来确定，选取R^2最大和AIC值最小的模型作为最适生长方程拟合模型。通过协方差分析（ANCOVA）来研究生长方程的性别间和年间差异。

柔鱼生长率的研究采用绝对生长率（absolute daily growth rate，DGR）和相对瞬时生长率（instantaneous growth rate，IRGR）分析比较，每个日龄分组间距为20d。DGR和$IRGR$的公式分别为：

$$DGR = \frac{ML_2 - ML_1}{T} \tag{2-4}$$

$$IRGR = \frac{\ln(ML_2) - \ln(ML_1)}{T} \times 100\% \tag{2-5}$$

式中，ML_1和ML_2分别为每个日龄组的初始胴长和结束胴长；T为时间间隔，选取20d。

2. 数据处理及分析方法

（1）不同年间个体生长比较。分析胴长和体重的年间差异，并拟合不同的生长方程。

（2）分析耳石微结构情况。根据得到的日龄信息分组分析不同年间差异。同时，根据生长纹推算孵化日期，并讨论年间差异。

（3）生长速率和生长方程差异比较。按照不同日龄组划分求得不同日龄生长速率，并结合环境因子进行分析比较。同时，建立日龄-胴长生长方程，并进行年间差异比较。

本章节数据使用SPSS 24进行处理。

二、结果

（一）个体大小

共收集266尾柔鱼样本进行本章节试验，样本分别采集于2012年、2015年和2016年。北太平洋柔鱼的基础生物学和日龄信息如表2-13所示。柔鱼的胴长和体重具有显著的性别差异（T检验，$P<0.05$），同时也发现不同年间也存在显著差异（ANOVA，$P<0.05$）。雄性个体的胴长和体重在2012年为最大，雌性个体在2016年为最大，雌雄个体在2015年均为最小。

表 2-13　北太平洋柔鱼的基础生物学和日龄信息

年份	性别	胴长范围（mm）	均值±标准差（mm）	体重范围（g）	均值±标准差（g）	日龄范围
2012	雌	202～345	266±33.8	243～1 285	589.1±224.2	115～241
2015	雌	162～334	261.5±45.3	128～1 195	576.9±278.6	105～237
2016	雌	191～347	277.1±37.5	204～1 415	687.9±304.3	128～271
2012	雄	197～338	264.5±37.8	202～1 035	577.9±240.2	108～225
2015	雄	162～319	227.2±42.7	102～976	381.2±223.3	95～210
2016	雄	184～322	249.9±29.5	177～1 099	485.8±200.9	131～264

不同海洋环境年的柔鱼胴长-体重关系如表 2-14 所示。2012 年雌雄胴长-体重关系中参数 b 与系数 3 没有显著差异，为匀速生长（$P>0.05$），而 2015 年和 2016 年雌雄胴长-体重关系中参数 b 与系数 3 有显著差异，为正异速生长（$P<0.05$）。

表 2-14　不同海洋环境年的柔鱼胴长-体重关系

年份	性别	a	b	R^2
2012	雌	2.885×10^{-5}	3.003	0.969
2012	雄	3.125×10^{-5}	2.992	0.965
2015	雌	0.787×10^{-5}	3.232	0.975
2015	雄	0.628×10^{-5}	3.275	0.968
2016	雌	1.434×10^{-5}	3.124	0.965
2016	雄	1.078×10^{-5}	3.177	0.951

（二）日龄组成和孵化日期

北太平洋柔鱼耳石外形及其微结构如彩图 6 所示。耳石的生长纹从核心到外缘明显可见，3 个分区分别为后核心区（post-nuclear zone，PN）、暗区（dark zone，DZ）和外围区（peripheral zone，PZ）。暗区内的生长纹最宽，后核心区其次，外围区最窄。第 1 个完整的“check”为孵化轮（“natal ring”，NR，彩图 6B 和彩图 6C），形成于孵化后（Chen et al.，2013）；第 2 个完整的“check”为 PN 和 DZ 的分界线，标志着仔鱼期结束（check 1，彩图 6B 和彩图 6C）；第 3 个完整的“check”为 DZ 和 PZ 的分界线（check 2，彩图 6B 和彩图 6D）。此外，在 PZ 内还存在一些其他的“check”（check 3，彩图 6B 和彩图 6D）。

根据耳石微结构的生长纹推测的 2012 年、2015 年和 2016 年日龄信息如图 2-12 所示。3 年样本中主要优势日龄组均为 120～210，其中，2016 年的日龄分布较 2012 年和 2015 年大，即偏向于大日龄个体。

根据日龄和捕获时间推算孵化日期，结果如图 2-13 所示。结果显示，不同年间均存在两个孵化高峰期，分别为 1—3 月和 3—5 月，主要高峰孵化期为

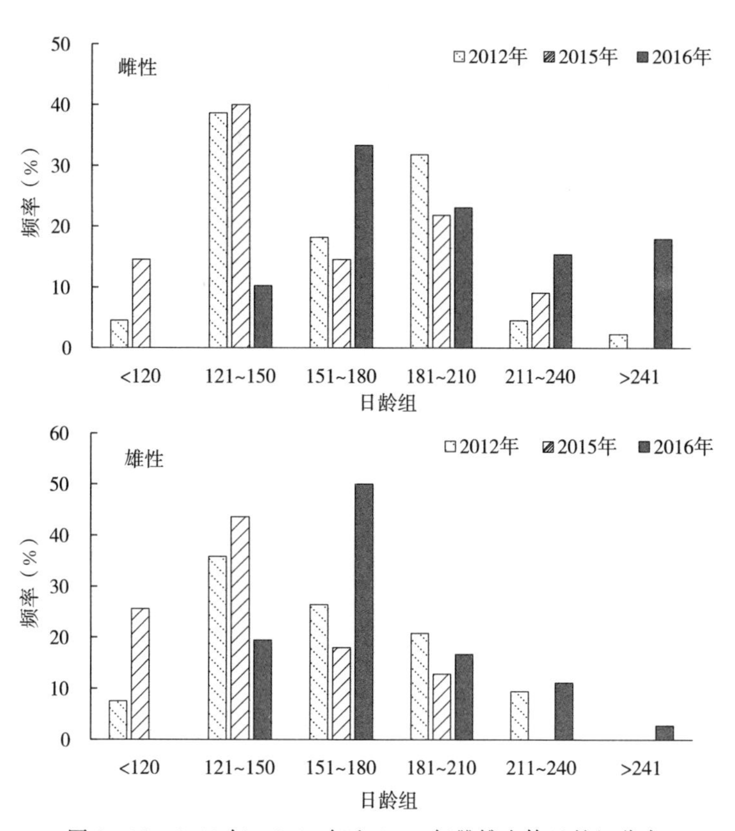

图 2-12　2012 年、2015 年和 2016 年雌雄个体日龄组分布

3—5 月。2012 年和 2016 年主要的高峰孵化期为 3 月上半月至 4 月上半月，而 2015 年的主要高峰孵化期为 3 月下半月至 5 月上半月。2015 年孵化高峰期较 2012 年和 2016 年推迟半个月。

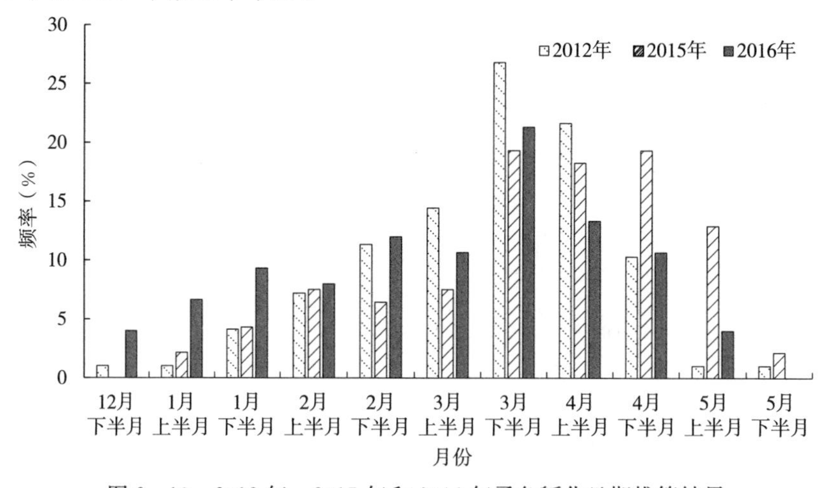

图 2-13　2012 年、2015 年和 2016 年柔鱼孵化日期推算结果

（三）生长模式

通过比较不同日龄组的生长率发现，不同年间生长率变化存在差异。3 年的雌性柔鱼样本的 DGR 分别为 0.52～1.15 mm/d、0.49～1.67 mm/d 和 0.54～1.06 mm/d，IRGR 分别为 0.15～0.42%/d、0.16～0.77%/d 和 0.21～0.37%/d。其中，雌性柔鱼最大 DGR 和 IRGR 出现在 2015 年，分别为 1.67 mm/d 和 0.77%/d。在日龄组 151～180 时，2015 年的 DGR 和 IRGR 较 2012 年和 2016 年快，随后在 211～240 日龄时，两个生长速率均下降，且较 2012 年和 2016 年低。在雄性柔鱼个体中，最大 DGR 和 IRGR 出现在 2015 年，日龄组为 151～180，对应的生长速率分别为 1.83 mm/d 和 0.75%/d（表 2-15）。180 日龄以下时，2015 年的 DGR 和 IRGR 更快，而大于 181 日龄时，2015 年的 DGR 和 IRGR 变慢，低于其他两年。

表 2-15　北太平洋柔鱼胴长的绝对生长率（DGR）和相对瞬时生长率（IRGR）

性别	日龄组（d）	2012			2015			2016		
		平均胴长（mm）	DGR（mm/d）	IRGR（%/d）	平均胴长（mm）	DGR（mm/d）	IRGR（%/d）	平均胴长（mm）	DGR（mm/d）	IRGR（%/d）
雌性	91～120	213.5	—	—	194.5	—	—	—	—	—
	121～150	238.2	0.82	0.36	244.7	1.67	0.77	227.8	—	—
	151～180	270.3	1.07	0.42	281.6	1.23	0.47	254.5	0.89	0.37
	181～210	295.1	0.83	0.29	301.2	0.65	0.22	270.7	0.54	0.21
	211～240	329.5	1.15	0.37	315.8	0.49	0.16	302.5	1.06	0.37
	241～270	345.0	0.52	0.15	—	—	—	329.0	0.88	0.28
雄性	91～120	221.8	—	—	186.2	—	—	—	—	—
	121～150	232.4	0.35	0.16	216.8	1.02	0.51	220.3	—	—
	151～180	276.7	1.48	0.58	271.6	1.83	0.75	241.9	0.72	0.31
	181～210	299.5	0.76	0.26	282.2	0.35	0.13	264.8	0.76	0.30
	211～240	309.2	0.32	0.11	—	—	—	297.5	1.09	0.39
	241～270	—	—	—	—	—	—	322.0	0.82	0.26

根据 ANCOVA 结果显示，日龄-胴长生长方程在不同年间和不同性别间均存在显著差异（$P<0.05$）。因此，本研究将雌雄柔鱼的日龄-胴长生长方程分别进行拟合。通过对 7 种不同的生长方程拟合以及对比 AIC 值和 R^2 得知，2012 年雌性柔鱼样本的最适生长方程模型为对数函数生长方程模型，2015 年雌性柔鱼样本的最适生长方程模型为逻辑斯蒂（Logistic）生长方程模型，

2016 年柔鱼样本的最适生长方程模型为线性生长方程模型（表 2 - 16）。

表 2 - 16　2012 年、2015 年和 2016 年雌性柔鱼的生长方程，R^2 以及 *AIC* 值

年份	模型	生长曲线	R^2	*AIC*
2012	线性	$y=0.949x+108.261$	0.824	234.367
	幂函数	$y=12.179x^{0.604}$	0.836	232.760
	指数	$y=145.882\exp(0.004x)$	0.817	238.765
	对数	$y=159.941\ln(x)-548.852$	0.839	231.386
	Von Bertalanffy	$y=398.9\{1-\exp[-0.008(x-16.961)]\}$	0.837	235.008
	逻辑斯蒂	$y=357.1/[1+\exp(1.397-0.015x)]$	0.839	234.567
	Gompertz	$y=372.3\exp[-2.132\exp(-0.011x)]$	0.838	234.773
2015	线性	$y=1.151x+78.021$	0.743	347.770
	幂函数	$y=5.395x^{0.764}$	0.739	346.740
	指数	$y=123.56\exp(0.005x)$	0.694	355.892
	对数	$y=189.643\ln(x)-696.211$	0.778	339.552
	Von Bertalanffy	$y=334.9\{1-\exp[-0.019(x-69.218)]\}$	0.806	334.115
	逻辑斯蒂	$y=319.9/[1+\exp(3.227-0.032x)]$	0.808	333.665
	Gompertz	$y=325.8\exp[-9.481\exp(-0.025x)]$	0.807	333.790
2016	线性	$y=0.867x+107.31$	0.860	209.026
	幂函数	$y=10.561x^{0.620}$	0.839	209.171
	指数	$y=148.522\exp(0.003x)$	0.828	212.675
	对数	$y=169.954\ln(x)-616.325$	0.858	209.956
	Von Bertalanffy	$y=679.9\{1-\exp[-0.002(x+45.732)]\}$	0.857	211.632
	逻辑斯蒂	$y=479.5/[1+\exp(1.161-0.008x)]$	0.859	211.499
	Gompertz	$y=550.6\exp[-1.693\exp(-0.005x)]$	0.860	211.359

注：下划线的方程为最适生长方程模型：R^2最大和 *AIC* 值最小，y 为胴长，x 为日龄。

2012 年和 2015 年雄性柔鱼生长方程与雌性不同。其中，2012 年雄性样本的最适生长方程模型为逻辑斯蒂生长方程模型，2015 年雄性样本的最适生长方程模型为幂函数生长方程模型。2016 年雄性样本的生长方程与雌性相同，均为线性生长方程模型，尽管选择方程相同，但方程间仍存在显著差异（ANCOVA，$P<0.05$）（表 2 - 17）。

表 2-17　2012 年、2015 年和 2016 年雄性柔鱼的生长方程，R^2 以及 AIC 值

年份	模型	生长曲线	R^2	AIC
2012	线性	$y=1.099x+84.955$	0.780	307.628
	幂函数	$y=8.079x^{0.685}$	0.781	306.902
	指数	$y=1\ 322.425\exp(0.004x)$	0.772	311.486
	对数	$y=179.781\ln(x)-648.693$	0.784	306.798
	Von Bertalanffy	$y=484.7\{1-\exp[-0.005(x-7.231)]\}$	0.787	308.030
	<u>逻辑斯蒂</u>	<u>$y=377.3/[1+\exp(1.533-0.015x)]$</u>	<u>0.792</u>	<u>306.747</u>
	Gompertz	$y=409.5\exp[-2.168\exp(-0.010x)]$	0.789	307.401
2015	线性	$y=1.220x+54.423$	0.710	247.519
	<u>幂函数</u>	<u>$y=4.871x^{0.776}$</u>	<u>0.733</u>	<u>247.141</u>
	指数	$y=105.418\exp(0.005x)$	0.702	250.767
	对数	$y=177.374\ln(x)-647.756$	0.716	246.678
	Von Bertalanffy	$y=446.2\{1-\exp[-0.006(x-18.342)]\}$	0.719	248.307
	逻辑斯蒂	$y=341.9[1+\exp(1.803-0.018x)]$	0.725	247.484
	Gompertz	$y=372.0\exp[-2.559\exp(-0.012x)]$	0.722	247.893
2016	<u>线性</u>	<u>$y=0.842x+104.82$</u>	<u>0.777</u>	<u>192.620</u>
	幂函数	$y=11.688x^{0.595}$	0.742	193.630
	指数	$y=141.638\exp(0.003x)$	0.737	194.076
	对数	$y=152.725\ln(x)-534.356$	0.771	193.630
	Von Bertalanffy	$y=752.4\{1-\exp[-0.002(x+62.825)]\}$	0.777	198.862
	逻辑斯蒂	$y=481.2/[1+\exp(1.152-0.007x)]$	0.777	194.583
	Gompertz	$y=508.3\exp[-1.646\exp(-0.005x)]$	0.777	194.634

注：下划线的方程为最适生长方程模型：R^2 最大和 AIC 值最小，y 为胴长，x 为日龄。

（四）海洋环境因子差异

2012 年、2015 年和 2016 年的产卵场月平均 SST 分别为 22.6～25.1℃、21.8～25.8℃和 23.1～25.7℃（彩图 7）。月平均 SST 在 12 月至翌年 2 月逐渐降低，在 3—5 月逐渐增加。2015 年 12 月至翌年 4 月的 SST 低于 2012 年和 2016 年同时期。对比 20℃和 25℃等温线发现，由北向南分布分别为 2015 年、2012 年和 2016 年，2015 年等温线偏北，2016 年等温线偏南。在 4—5 月，2015 年 SST 的增量超过 2012 年和 2016 年，同时等温线较其他两年偏北，造成 2015 年 5 月的 SST 较其他两年高。2012 年、2015 年和 2016 年的产卵场月平均 Chl-a 浓度分别为 0.067～0.110 mg/m³、0.063～0.138 mg/m³ 和 0.060～0.106 mg/m³。3 年 Chl-a 浓度在 12 月至翌年 2 月逐渐增加，随后在

3—5 月逐渐减小。2015 年 12 月至翌年 3 月均高于 2012 年和 2016 年，随后在 4—5 月下降，并低于其他两年（彩图 8）。

柔鱼索饵场的 SST 和 Chl-a 浓度均较产卵场高。2012 年、2015 年和 2016 年柔鱼索饵场 7—10 月的 SST 分布范围为 15.3～18.9℃、15.3～17.1℃ 和 15.2～18.6℃。产卵场 7—10 月的月平均 SST 变化非常小。2015 年等温线较 2012 年和 2016 年偏南，使得该年的 SST 较其他两年低，索饵场 Chl-a 浓度较其他两年高（彩图 10）。2015 年 7 月和 8 月的 Chl-a 浓度分别为 0.501mg/m^3 和 0.362mg/m^3，较 2012 年和 2016 年高，在随后的 9 月和 10 月降低。

三、讨论与分析

（一）个体大小年间差异

柔鱼的形态学特征可能会为适应环境变化而做出改变（Arkhipkin et al.，2014；Jones et al.，2019；Fang et al.，2021）。许多学者研究发现，雌雄柔鱼个体大小存在显著差异，雌性柔鱼的胴长和体重均大于雄性柔鱼（黄洪亮等，2003；李建华等，2011；杨铭霞等，2012），这一研究结果与本研究一致。同时，本研究发现，柔鱼个体大小存在年间差异，这一结果与方舟等的结论一致（Allen et al.，2007）。本研究还发现，不同年间的胴长-体重方程也存在显著差异，这一结果在对比不同学者关于太平洋褶柔鱼的研究中也有发现（杨林林等，2014；唐峰华等，2015）。Keyl 等（2010，2014）发现，周边环境温度和食物丰富度可能是导致头足类表型变化的主要原因。孵化时处于水温高的海域的头足类个体要比孵化时处于水温低的海域的头足类大，这种现象可能导致头足类胴长组的差异，与本研究一致（Hatfield，2000）。

（二）日龄和生长的年间差异

耳石的微结构特性被广泛用于头足类年龄鉴定（Miyahara et al.，2006）。北太平洋柔鱼的寿命少于 1 年，与本研究中最大日龄为 271 的结论一致。之前学者估算的柔鱼的孵化日期为 12 月至翌年 6 月，即该阶段孵化的柔鱼属于冬春生群体，这一结果与 Fang 等基于角质颚得到的日龄推算孵化日期结果一致（Chen et al.，2003；陈新军等，2011b；Fang et al.，2016）。根据以往学者研究发现，2007 年柔鱼的高峰孵化期为 1—4 月，2011 年柔鱼高峰孵化期为 2—4 月，这一结论与本研究相似。但本研究发现，2012 年和 2016 年柔鱼高峰孵化期较前人研究结果推迟半个月，2015 年柔鱼高峰孵化期较前人的研究结果推迟 1 个月左右。这种现象可能是由适宜的高环境温度使孵化率提高所致，因此 2015 年的孵化推迟现象可能是由于该年 1—4 月的低 SST 造成（Bower，1994）。

本研究发现，雌雄柔鱼在个体发育不同阶段存在不同的生长模式，这一结果与前人研究一致。然而，Fang 等（2016）发现，2011 年雌雄柔鱼个体的生长模式相同。这一结果说明，不同年间不同海洋环境的影响，可能使得柔鱼的生长模式发生改变，因此选取的生长曲线也存在差异。性别间的生长曲线差异可能与周围温度和食物丰度有关（Lipiński，2002；Fang，2016）。柔鱼在产卵场发育直至胴长达到 150～170mm 时离开产卵场进行索饵洄游（Young et al.，1990）。柔鱼的仔鱼和稚鱼的生长率可能受产卵场的 SST 和 Chl-a 浓度影响，2015 年孵化期 4—5 月的低 Chl-a 浓度使其对应的生长率低，从而使该年的柔鱼在到达索饵场时个体较其他两年小。尽管 2015 年 SST 较高，但其幼体发育期间食物丰度较小，使其个体仍然为 3 年之中最小。

本研究发现，雌性柔鱼的生长率在 181 日龄以上时大于雄性柔鱼。雌性柔鱼可能需要将更多的能量用于性腺发育，这可能是导致生长率差异的主要原因（马金等，2009b）。除了性别的差异，本研究还发现，不同年间不同日龄组也存在显著差异。尽管生长率变化有轻微的波动，但仍可以发现两个生长率的变化规律与陈新军等（2011b）的研究一致。然而，本研究中，生长率的拐点对应的日龄分布在 201～220，较陈新军等（2011b）的研究对应的日龄大。陈新军等（2011b）发现，生长拐点的前后差异为个体发育阶段生长率逐渐增大，而在性腺发育阶段生长率逐渐减小。Arkhipkin 等（2014）发现，高温可能会导致茎柔鱼出现性早熟的现象，低温可能会延缓茎柔鱼性腺发育，造成性晚熟的现象。因此，拐点的差异可能是由高 SST 造成的性早熟，使得拐点日龄较小造成的。本研究发现，180 日龄以上时，温度越高，生长速率越大，而在 180 日龄以下时，温度越低，生长速率越小。柔鱼在生长过程中会受到温度和食物的影响（Lipiński，2002；Miyahara et al.，2006）。索饵场育肥阶段，2015 年 7—8 月 Chl-a 浓度高可能使初级生产力和食物丰度更好，使得该年刚进入索饵场的柔鱼的生长速率较大。然而这种适宜的环境持续时间较短，在 8—10 月逐渐减小，并低于其他两年，使得生长速率小于其他两年。

（三）极端天气的影响

气候变化会影响柔鱼个体整个生活史过程（Yu et al.，2015a）。Yu 和 Chen（2021）发现，柔鱼的资源量和空间分布会受气候变化的影响，其中厄尔尼诺和拉尼娜事件影响最为严重。厄尔尼诺事件造成的低温和拉尼娜事件造成的高温对生长速率的影响导致了不同的生长模式，这一结果与 Keyl 等的研究相反，可能是由于调查海域的厄尔尼诺指数不同而导致。2012 年柔鱼育肥期处于正常时期，2015 年处于厄尔尼诺事件期间，而 2016 年处于拉尼娜事件期间。厄尔尼诺事件期间，柔鱼的胴长较小，早期 SST 较高，出现生长速率较大的现象，随着 SST 降低，生长速率也变小；而正常年份和拉尼娜事件期间，柔鱼的胴长较大，同时随着 SST 的升高，生长速率变大（图 2－14），这一结果与 Keyl 等（2010）的研究一致。

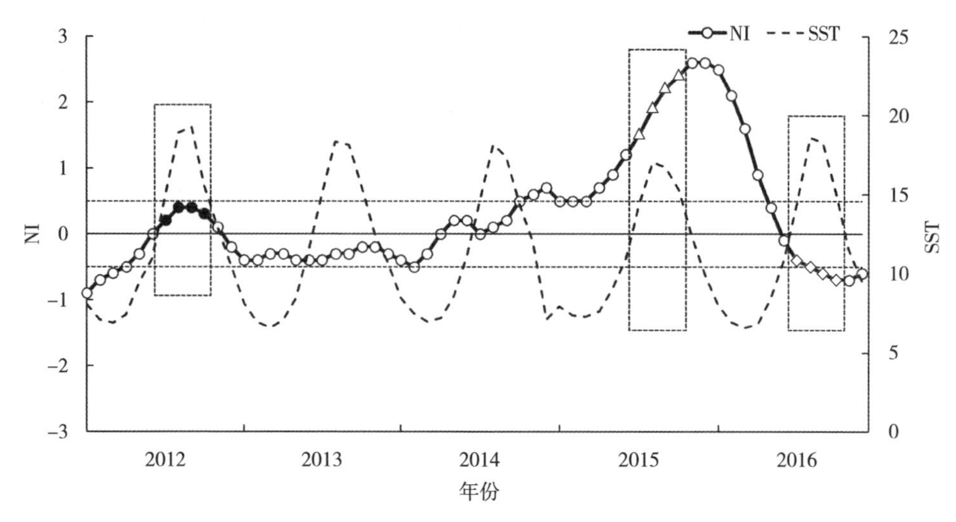

图 2－14　2012—2016 年柔鱼索饵场厄尔尼诺指数值和月平均 SST 值

注：厄尔尼诺事件发生期，2015 年 1 月至 2016 年 5 月；拉尼娜事件发生期，2012 年 1—3 月，2016 年 8—11 月。虚线框表示柔鱼处于索饵场时太平洋发生的气候事件；黑色点对应正常阶段；三角形点对应厄尔尼诺事件发生期；菱形对应拉尼娜事件发生期；虚线波动表示月平均 SST 值变化。

四、小结

本节通过对不同年间的柔鱼耳石微结构的分析，探究其日龄变化、孵化日期、生长速率以及生长模型选取的差异，并综合分析海洋环境因子，如 SST 和 Chl-a 浓度及气候事件可能对其的影响。结果表明，3 年的耳石微结构没有差异，3 个区域明显，标志轮清晰可见；北太平洋柔鱼在不同年间存在日龄差异，不同日龄分组下，3 年优势日龄组分布相同，但 2016 年优势日龄组内大龄个体较多，可能是由于外界环境导致的；推算的 3 年日龄范围分别为 108～241 日龄、95～237 日龄和 128～271 日龄，均小于 1 年，验证了前人柔鱼为一年生头足类的结论；推算的孵化日期范围为 12 月至翌年 5 月，主要高峰孵化期为 3—5 月，较前人研究推迟，可能是由于水温低，造成的孵化推迟；厄尔尼诺事件期间 180 日龄以下的柔鱼的生长速率较正常时期和拉尼娜事件期间的生长速率大，而 180 日龄以上时则相反，可能是由于不同水温和不同食物丰度造成的；生长速率的拐点可能暗示着性腺发育的开始，本研究中生长速率拐点较前人发生早，因此可以推断，SST 和 Chl-a 浓度的变化将导致柔鱼性成熟变化；各年间环境不同，因此对应的生长模型选择也不相同。

第四节　海洋环境变化对柔鱼洄游分布的影响

柔鱼作为北太平洋重要的经济头足类资源，是我国主要的捕捞资源。目前气候变化日益严峻，北太平洋柔鱼作为一种短生命周期的头足类，其生活史和洄游路径可能会随着周围环境的改变而发生变化，因此研究其生活史和洄游变化既有利于我们了解物种的习性及其对栖息地的偏好情况，也可以为高效的捕捞提供基础参考。头足类耳石作为一种良好的信息载体，能够为我们提供良好的分析材料。在前人的研究中，耳石轮纹的沉积过程会受到外界环境，如环境、食物和光周期等环境条件的影响（Campana et al.，1985；Murata，1990），因此耳石上会记录柔鱼所处环境中的各种化学元素。近年来，诸多学者以硬组织（如耳石和角质颚）的微量元素变化和周边环境变化，结合建模分析逆推头足类的各个生活史阶段的栖息环境以及可能的洄游路径，技术逐渐成熟，为本研究试验内容提供了可靠的基础（刘必林，2012；方舟，2016）。本节研究利用前述试验中打磨好的耳石样本，从耳石核心到耳石边缘进行等距离取样，根据 LA-ICP-MS 方法，研究各个取样点的微量元素含量变化和不同年间不同取样阶段的差异及变化规律；利用决策树分析法，对不同取样点进行生活史阶段划分，同时分析微量元素与海表面温度的相关性，建立最适微量元素的比值与海表面温度的关系，分析不同海洋环境年柔鱼的整个生活史过程中经历的海洋环境及可能分布的海域，比较不同气候模态下柔鱼洄游路径的差异。

一、柔鱼耳石不同生长阶段微量元素组成和差异分析

（一）材料与方法

1. 样本数据　随机挑选第二章第三节耳石微结构试验样本，从 2012 年、2015 年和 2016 年分别选取 25 枚打磨抛光好的样本进行本节试验。采样范围及样本基本参数如表 2－18 所示。

表 2－18　采样基本信息（2-为 2012 年样本，5-为 2015 年样本，6-为 2016 年样本）

样本号	捕捞时间	经度 (E)	纬度 (N)	胴长 (mm)	体重 (g)	性别	性腺成熟度	日龄
2-547	2012 年 8 月 17 日	156°03′	42°51′	235	393	♂	Ⅰ	141
2-751	2012 年 8 月 17 日	156°03′	42°51′	303	874	♀	Ⅱ	189
2-771	2012 年 8 月 17 日	155°19′	44°03′	272	588	♀	Ⅱ	158
2-296	2012 年 8 月 18 日	155°01′	45°01′	240	404	♂	Ⅱ	138
2-852	2012 年 8 月 19 日	156°37′	43°00′	228	352	♂	Ⅱ	141

（续）

样本号	捕捞时间	经度（E）	纬度（N）	胴长（mm）	体重（g）	性别	性腺成熟度	日龄
2-53	2012 年 8 月 20 日	155°30′	43°48′	253	459	♂	Ⅱ	138
2-644	2012 年 8 月 28 日	154°11′	43°01′	310	874	♀	Ⅱ	203
2-75	2012 年 8 月 29 日	153°48′	42°50′	312	880	♀	Ⅱ	241
2-243	2012 年 8 月 31 日	153°28′	42°41′	243	519	♂	Ⅰ	153
2-111	2012 年 9 月 2 日	154°43′	43°53′	236	388	♂	Ⅰ	136
2-116	2012 年 9 月 2 日	154°43′	43°28′	234	376	♀	Ⅰ	138
2-131	2012 年 9 月 2 日	154°43′	43°53′	225	333	♀	Ⅰ	121
2-679	2012 年 9 月 2 日	154°43′	43°53′	226	368	♂	Ⅰ	139
2-682	2012 年 9 月 2 日	154°43′	43°51′	240	395	♂	Ⅰ	131
2-783	2012 年 9 月 10 日	155°41′	43°47′	307	824	♂	Ⅱ	219
2-36	2012 年 9 月 26 日	155°01′	43°28′	301	752	♀	Ⅱ	186
2-426	2012 年 9 月 26 日	155°01′	43°28′	277	567	♂	Ⅱ	187
2-459	2012 年 9 月 26 日	155°01′	43°28′	286	710	♂	Ⅱ	194
2-191	2012 年 9 月 28 日	155°39′	43°28′	306	836	♂	Ⅱ	180
2-519	2012 年 9 月 28 日	155°39′	43°28′	345	1285	♀	Ⅱ	222
2-573	2012 年 10 月 2 日	155°19′	44°03′	338	1015	♂	Ⅱ	208
2-582	2012 年 10 月 2 日	155°19′	44°03′	295	795	♀	Ⅱ	205
2-814	2012 年 10 月 2 日	155°19′	44°03′	295	838	♂	Ⅱ	188
2-817	2012 年 10 月 2 日	155°19′	44°03′	274	629	♀	Ⅱ	170
2-823	2012 年 10 月 2 日	155°19′	44°03′	301	796	♂	Ⅱ	173
5-609	2015 年 7 月 28 日	150°37′	40°40′	181	173	♀	Ⅰ	119
5-612	2015 年 7 月 28 日	150°37′	40°40′	185	151	♂	Ⅰ	132
5-619	2015 年 7 月 28 日	150°37′	40°40′	174	143	♂	Ⅰ	100
5-770	2015 年 8 月 3 日	152°39′	40°32′	172	212	♂	Ⅰ	128
5-777	2015 年 8 月 3 日	152°39′	40°32′	180	141	♂	Ⅰ	103
5-600	2015 年 8 月 12 日	152°53′	41°02′	272	550	♀	Ⅱ	143
5-145	2015 年 8 月 20 日	154°17′	41°40′	216	283	♂	Ⅰ	143
5-911	2015 年 8 月 23 日	152°57′	41°54′	252	485	♀	Ⅱ	130
5-405	2015 年 8 月 30 日	155°01′	41°07′	190	192	♂	Ⅰ	122
5-417	2015 年 8 月 30 日	155°01′	41°07′	200	224	♂	Ⅰ	138
5-1 019	2015 年 9 月 5 日	153°49′	42°17′	200	249	♂	Ⅰ	125
5-1 031	2015 年 9 月 5 日	153°49′	42°17′	230	351	♂	Ⅱ	137
5-1 033	2015 年 9 月 5 日	153°49′	42°17′	228	382	♀	Ⅰ	140
5-1 044	2015 年 9 月 5 日	153°49′	42°17′	236	396	♂	Ⅰ	138

（续）

样本号	捕捞时间	经度(E)	纬度(N)	胴长(mm)	体重(g)	性别	性腺成熟度	日龄
5-113	2015年9月6日	150°04′	42°19′	217	339	♀	Ⅰ	138
5-238	2015年9月8日	154°03′	42°30′	310	915	♀	Ⅱ	186
5-954	2015年9月14日	153°48′	42°52′	260	513	♂	Ⅱ	193
5-649	2015年9月18日	154°48′	42°18′	265	529	♀	Ⅱ	138
5-863	2015年9月22日	153°30′	42°16′	278	599	♀	Ⅱ	148
5-718	2015年9月26日	154°40′	42°16′	256	478	♀	Ⅱ	141
5-153	2015年10月19日	155°01′	42°51′	298	764	♂	Ⅱ	180
5-161	2015年10月19日	155°01′	42°51′	293	710	♂	Ⅱ	194
5-59	2015年10月23日	154°43′	42°42′	241	450	♂	Ⅱ	152
5-1 015	2015年10月28日	154°35′	42°47′	162	128	♀	Ⅰ	110
5-986	2015年10月28日	154°35′	42°47′	258	539	♂	Ⅱ	139
6-687	2016年7月13日	153°04′	40°49′	184	177	♂	Ⅰ	131
6-688	2016年7月13日	153°04′	40°49′	191	204	♀	Ⅰ	128
6-738	2016年7月22日	154°21′	43°06′	229	305	♂	Ⅰ	162
6-010	2016年8月23日	157°02′	43°25′	253	432	♀	Ⅰ	165
6-014	2016年8月23日	157°02′	43°25′	235	319	♀	Ⅰ	153
6-33	2016年8月23日	157°12′	43°25′	267	565	♂	Ⅱ	210
6-213	2016年8月25日	156°28′	43°37′	267	614	♀	Ⅱ	193
6-166	2016年8月26日	156°32′	43°26′	262	523	♂	Ⅱ	182
6-251	2016年9月1日	156°55′	44°01′	276	639	♀	Ⅱ	168
6-84	2016年9月1日	156°55′	44°01′	229	356	♀	Ⅱ	130
6-87	2016年9月1日	156°55′	44°01′	271	527	♀	Ⅱ	159
6-536	2016年9月17日	157°50′	43°41′	270	598	♂	Ⅱ	186
6-58	2016年9月19日	157°00′	43°55′	232	348	♀	Ⅱ	158
6-235	2016年9月20日	157°02′	43°57′	318	1015	♀	Ⅱ	249
6-691	2016年9月21日	156°57′	44°15′	274	623	♀	Ⅱ	174
6-191	2016年9月22日	157°20′	43°55′	313	1085	♀	Ⅱ	240
6-571	2016年9月27日	158°10′	43°52′	345	1299	♀	Ⅱ	267
6-572	2016年9月27日	158°10′	43°52′	345	1276	♀	Ⅱ	271
6-596	2016年9月27日	158°10′	43°52′	258	488	♀	Ⅱ	181
6-606	2016年9月27日	158°10′	43°52′	267	500	♀	Ⅱ	182
6-423	2016年9月28日	158°45′	43°45′	258	473	♂	Ⅱ	160
6-434	2016年9月28日	158°45′	43°45′	278	678	♀	Ⅱ	199
6-125	2016年9月30日	156°55′	44°01′	254	515	♂	Ⅱ	187

（续）

样本号	捕捞时间	经度 (E)	纬度 (N)	胴长 (mm)	体重 (g)	性别	性腺成熟度	日龄
6-126	2016年9月30日	156°55′	44°01′	281	651	♀	Ⅱ	166
6-129	2016年9月30日	156°55′	44°01′	254	518	♂	Ⅱ	170

2. 耳石微量元素测定 耳石微量元素含量分析在上海海洋大学大洋渔业资源可持续开发教育部重点实验室内使用LA-ICP-MS完成。从核心到边缘，以70μm为间距进行打点，每个取样点直径30μm，每个取样点测5种元素（^{23}Ca、^{23}Na、^{24}Mg、^{88}Sr和^{137}Ba），共有10～14个取样点。使用的激光剥蚀系统为UP-213，使用的ICP-MS为Agilent 7700x。激光剥蚀的过程中，使用氦气作为载气，氩气作为补偿气来调节灵敏度（Hu et al.，2008）。测定微量元素时，每个取样点包括20s的空白信号和40s的样品信号，详细的仪器设置如表2-19所示。以USGS参考玻璃作为校正标样，采用多外标、无内标法对各个元素含量进行定量计算（Hu et al.，2008）。数据分析使用ICPMSDataCal软件进行（Liu et al.，2008）。

表2-19 LA-ICP-MS工作参数

Up-213		Agilent 7 700x	
波长	193nm	功率	1 350W
能量密度	8.0J/cm^3	等离子气体流速	15L/min
载气	氦气（He，0.65L/min）	辅助气体流速	1L/min
剥蚀孔径	30μm	补偿气体流速	0.7L/min
频率	5Hz	采样深度	5nm
剥蚀方式	等距/单点	检测器模式	Dual

3. 生长阶段划分 采用决策树法对所有样本的不同采样点进行分类，从结果中找出5个概率最大的分支节点，分别表示柔鱼生活史中5个不同的生长阶段：胚胎期、仔鱼期、稚鱼期、亚成鱼期和成鱼期。

4. 微量元素含量差异分析 通过双因素方差分析检验不同年份、不同生长阶段的微量元素差异，同时分析各个微量元素与钙元素的比值的变化规律。使用SPSS 24.0和R 4.0.4进行数据处理和分析，通过Excel和R 4.0.4作图。

（二）结果

1. 耳石微量元素分析 对不同年份的75尾柔鱼的耳石进行等距取点，结果发现，不同年份耳石微量元素中，含量最多的为钙，且3年钙浓度基本保持稳定，均值差距较小，无年间差异（$P>0.05$）。然后是锶，含量值存在年间差异（$P=0.018<0.05$），其中2016年含量最大，其次为2012年，2015年含量最低。其他元素按元素含量从高到低分别为钠（$P=0.00<0.01$）、镁（$P>0.05$）和钡（$P>0.05$），3年的含量分别为：（4 892.3±533.2）mg/kg、（4 556.8±395.3）mg/kg、（4 674.2±413.5）mg/kg；（72.6±66.0）mg/kg、（64.2±47.0）mg/kg、（72.6±61.4）mg/kg；（5.4±1.5）mg/kg、（5.4±1.6）mg/kg、（5.7±5.2）mg/kg（表2-20）。

表2-20 LA-ICP-MS法获得的柔鱼耳石各个微量元素浓度值

微量元素	年份	浓度（mg/kg）		
		最小值	最大值	均值±标准差
钠	2012	3 910	7 906	4 892.3±533.2
	2015	3 347	5 823	4 556.8±395.3
	2016	3 774	6 235	4 674.2±413.5
镁	2012	26	595	72.6±66.0
	2015	24	451	64.2±47.0
	2016	20	561	72.6±61.4
钙	2012	396 575	409 937	408 072.5±1 031.9
	2015	406 846	410 076	408 550.3±539.5
	2016	339 306	409 612	408 083.8±4 151.7
锶	2012	5 316	7 564	6 179.9±443.9
	2015	5 317	7 685	6 157.2±390.9
	2016	3 606	7 448	6 251.3±435.7
钡	2012	3	14	5.4±1.5
	2015	2	17	5.4±1.6
	2016	3	71	5.7±5.2

2. 不同年间各微量元素与钙元素比值差异 基于测得的微量元素组成进行与钙元素比值的分析。结果发现，Sr/Ca值变化趋势在3个海洋环境年中均呈U形，即含量从早期胚胎期到后期成鱼期呈先减小后增大的趋势（图2-15）。双因素方差分析检验结果认为，3年间Sr/Ca值不存在显著差异（$F=2.073$，$P=0.126>0.05$），不同阶段Sr/Ca值存在显著差异（$F=45.895$，$P=0.00<0.01$），二者不具有交互作用（$F=0.409$，$P=0.997>0.05$）。其中，2012年Sr/Ca值变化介于13.0～18.4μmol/mol，平均为（15.13±1.06）μmol/mol，2015年Sr/Ca值变化介于12.9～18.9μmol/mol，平均为（15.0±0.97）μmol/mol，2016年Sr/Ca值变化介于13.1～18.2μmol/mol，平均为（15.34±1.02）μmol/mol。

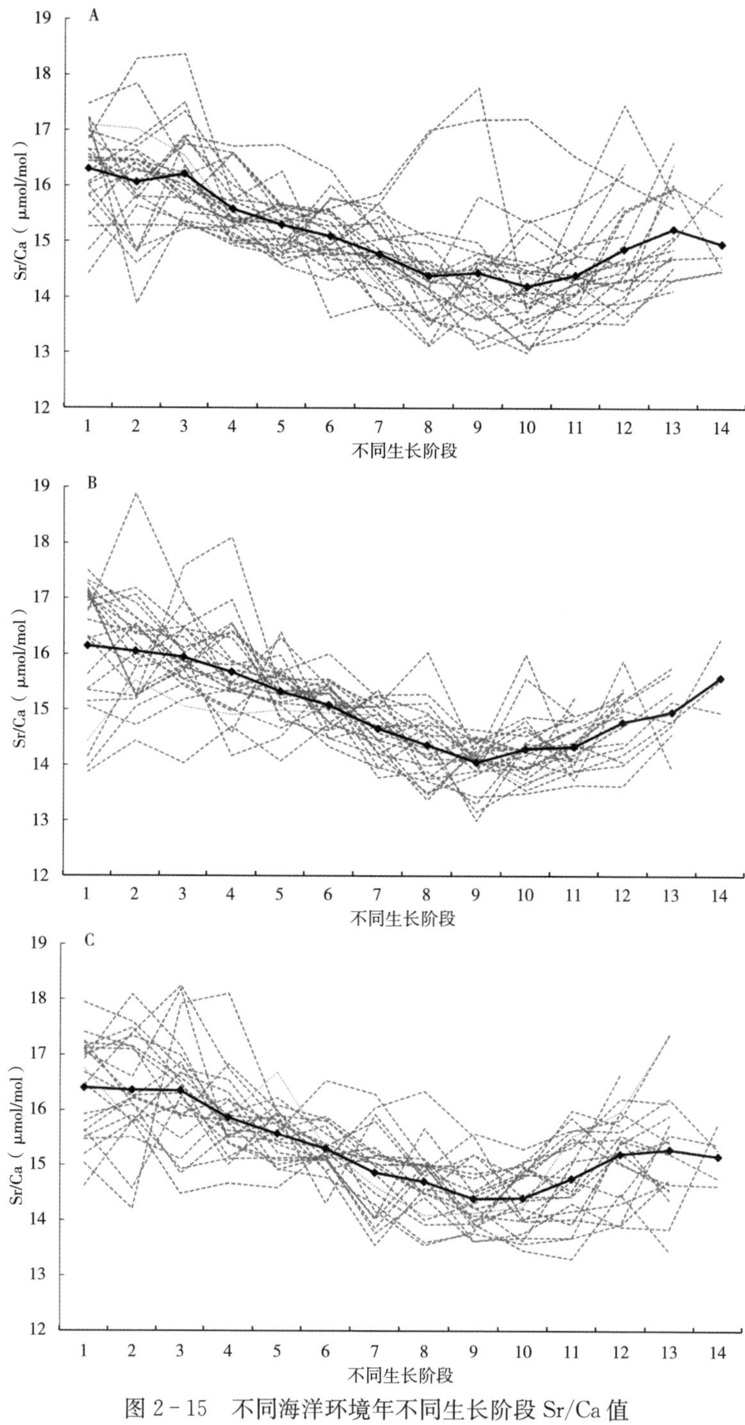

图 2-15 不同海洋环境年不同生长阶段 Sr/Ca 值

A. 2012 年 B. 2015 年 C. 2016 年

Mg/Ca 值在 3 年间呈现减小的趋势（图 2 - 16），在 1～3 阶段，Mg/Ca 值呈现骤减，随后减小趋势变小。双因素方差分析结果显示，3 年间 Mg/Ca 值存在显著差异（F=3.022，P=0.049<0.05），不同阶段 Mg/Ca 值存在显著差异（F=4.360，P=0.00<0.01），二者具有交互作用（F=1.496，P=0.05）。其中，2012 年 Mg/Ca 变化介于 0.06～0.61μmol/mol，平均为（0.151±0.085）μmol/mol，2015 年 Mg/Ca 值变化介于为 0.06～0.76μmol/mol，平均为（0.156±0.099）μmol/mol，2016 年 Mg/Ca 值变化介于 0.06～0.75μmol/mol，平均为（0.170±0.112）μmol/mol。

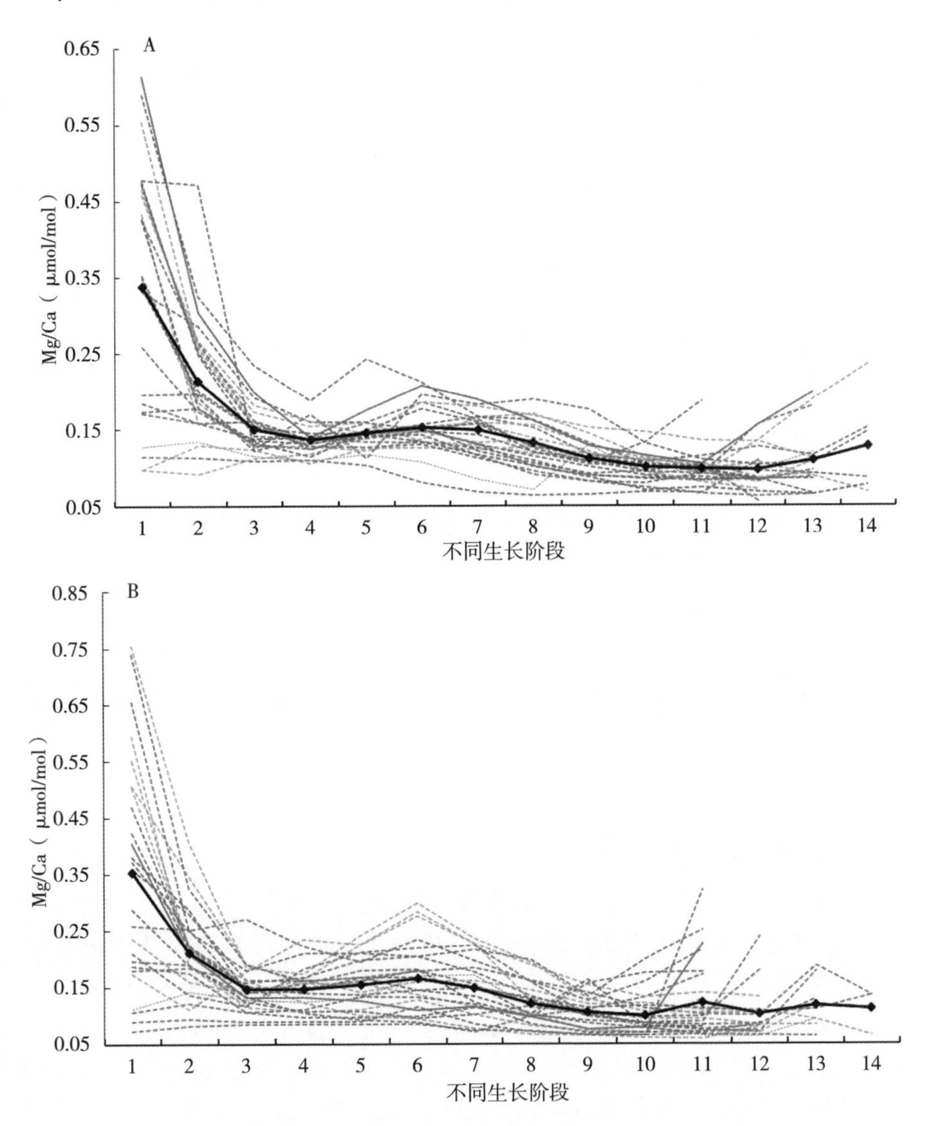

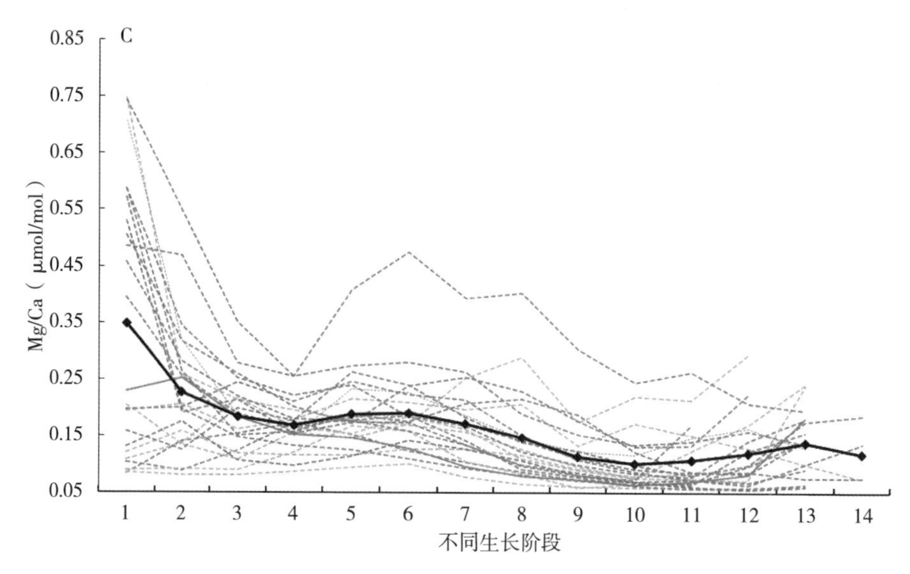

图 2-16　不同海洋环境年不同生长阶段 Mg/Ca 值
A. 2012 年　B. 2015 年　C. 2016 年

Na/Ca 值在 3 年间变化相似（图 2-17），其中 2012 年 Na/Ca 值呈现先增大，再减小，再增大，再减小的波动；2015 年 Na/Ca 值呈先增大，再减小，再增大的平滑波动；2016 年 Na/Ca 值则为先增大，再逐渐减小，在最后阶段突然增大。双因素方差分析结果显示，3 年间 Na/Ca 值存在显著差异（F=19.719，P=0.00<0.01），不同阶段 Na/Ca 值存在显著差异（F=1.721，P=0.038<0.05），二者不具有交互作用（F=0.059，P=0.967>0.05）。其中，2012 年 Na/Ca 值变化介于 9.57～14.99μmol/mol，平均为（11.840±0.986）μmol/mol，2015 年 Na/Ca 值变化介于 8.17～14.30μmol/mol，平均为（11.155±0.979）μmol/mol，2016 年 Na/Ca 值变化介于 9.23～16.69μmol/mol，平均为（11.433±1.022）μmol/mol。

Ba/Ca 值在 3 年间变化相似（图 2-18），在 1～10 阶段，Ba/Ca 值变化较为平缓，在 10～14 阶段则呈上升趋势，其中 2012 年在 14 阶段有下降趋势。双因素方差分析结果显示，3 年间 Ba/Ca 值存在显著差异（F=8.028，P=0.00<0.01），不同阶段 Ba/Ca 值也存在显著差异（F=21.509，P=0.00<0.01），二者具有交互作用（F=4.473，P=0.00<0.01）。其中，2012 年 Ba/Ca 值变化介于（0.007 4～0.034 7）μmol/mol，平均为（0.013 02±0.003 63）μmol/mol，2015 年 Ba/Ca 值变化介于 0.005 7～0.040 5μmol/mol，平均为（0.013 16±0.003 87）μmol/mol，2016 年 Ba/Ca 值变化介于 0.006 5～0.032 7μmol/mol，平均为（0.012 79±0.003 67）μmol/mol。

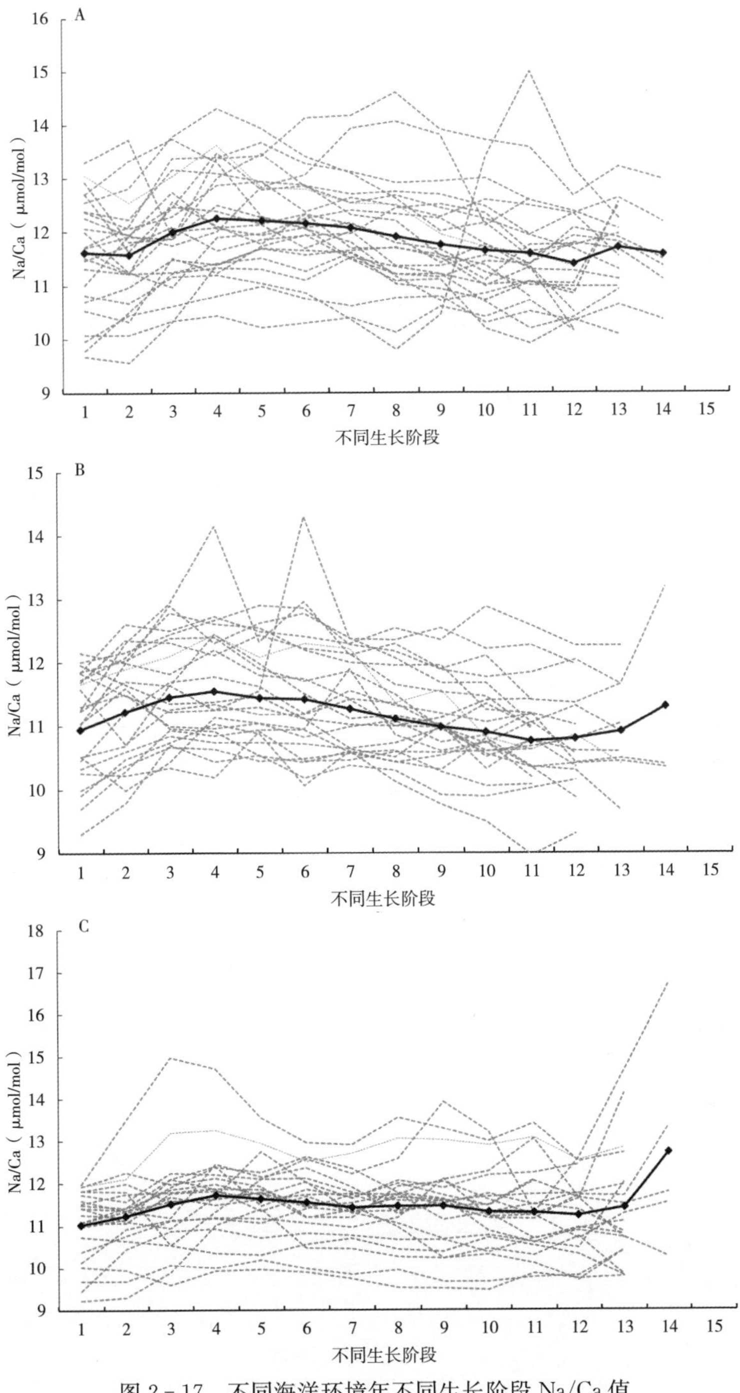

图 2-17 不同海洋环境年不同生长阶段 Na/Ca 值

A. 2012 年 B. 2015 年 C. 2016 年

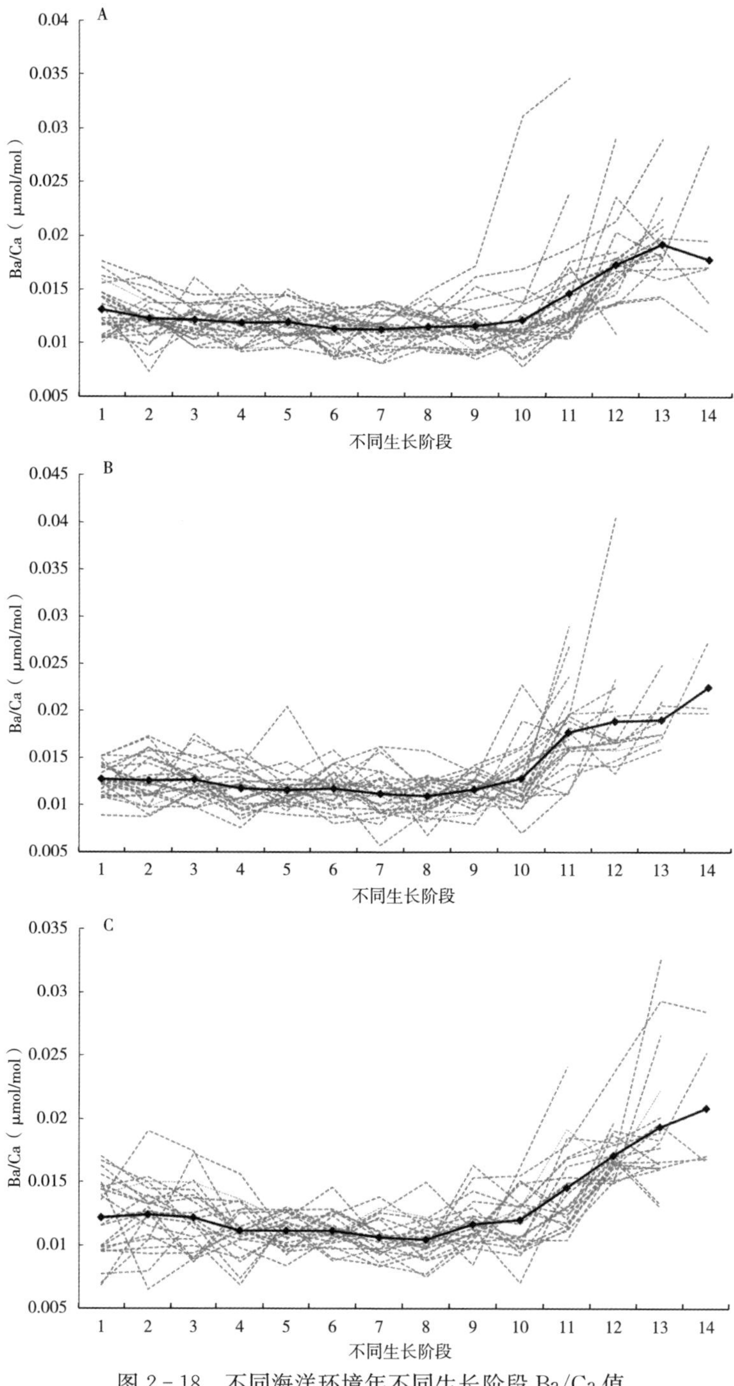

图 2-18　不同海洋环境年不同生长阶段 Ba/Ca 值

A. 2012 年　B. 2015 年　C. 2016 年

3. 生长阶段划分 根据决策树的多元聚类分析结果，将微量元素测定的柔鱼的14个生长阶段划分成5个主要的生活史阶段，图2-19从左到右分别代表5个阶段：第1枝包括1个点，为第1阶段，代表胚胎时期；第2枝包括2个点，分别为第2阶段和第3节阶段，代表仔鱼期；第3枝包括3个点，分别为第4阶段、第5阶段和第6阶段，代表稚鱼期；第4枝包括3个点，分别为第7阶段、第8阶段和第9阶段，代表亚成鱼期；第5枝包括2～5个点，分别为第10阶段、第11阶段、第12阶段、第13阶段和第14阶段，代表成鱼期，从第11个阶段开始，柔鱼陆续被捕获，因此存在阶段差异。

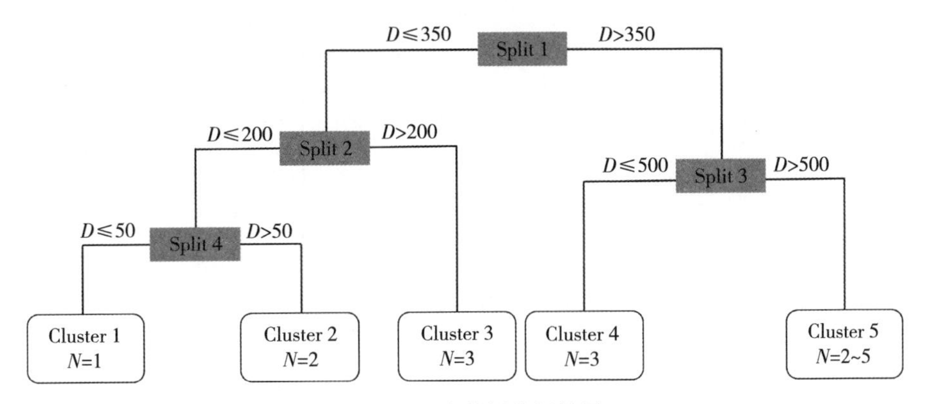

图2-19 决策树分析结果

注：Split为4个分枝，Cluster为5个生活史阶段，*N*为每个生活史阶段包含的阶段点数量。

不同海洋环境年不同生活史阶段4种元素与Ca的比值变化如图2-20所示，不同年间不同生活史阶段各个元素与Ca的比值变化不同。胚胎期时，对应日龄为0。此时，柔鱼耳石Sr/Ca值和Mg/Ca值最高，而Na/Ca值和Ba/Ca值相对较低，其中Sr/Ca值为2016年最高，2012年其次，2015年最低；2015年和2016年的Na/Ca值没有差异（$P>0.05$），均小于2012年；而Mg/Ca值和Ba/Ca值3年差异不明显（$P>0.05$），基本重叠。仔鱼期时，对应的日龄为17～35。此时，柔鱼耳石Mg/Ca值开始下降，而Na/Ca值开始升高。在仔鱼期结束时，2015年和2012年Sr/Ca值重合；Mg/Ca值为2016年最高，2012年和2015年差异不明显（$P>0.05$）；Na/Ca值变化与胚胎时期一致；Ba/Ca值3年差异不明显（$P>0.05$），基本重叠。稚鱼期时，对应的日龄为32～74。此时，Sr/Ca值开始下降；Mg/Ca值有小幅度先增加后减少的趋势；Na/Ca值也开始下降，但下降幅度较Sr/Ca值的小；Ba/Ca值基本无变化。亚成鱼期时，对应的日龄为90～140。此期，Ba/Ca值较平稳，Mg/Ca值处于下降期。此时，Na/Ca值3年间差异最明显（$P<0.05$），2012年最高，2016年其次，2015年最低，而Mg/Ca值、Ba/Ca值差异不明显。成鱼期时，对应的

日龄为125～210。该生活史阶段Ba/Ca值升高幅度较Sr/Ca值大；Mg/Ca值则趋于稳定，年间不明显（$P>0.05$）；Na/Ca值略有上升趋势，年间差异仍然明显（$P<0.05$）。

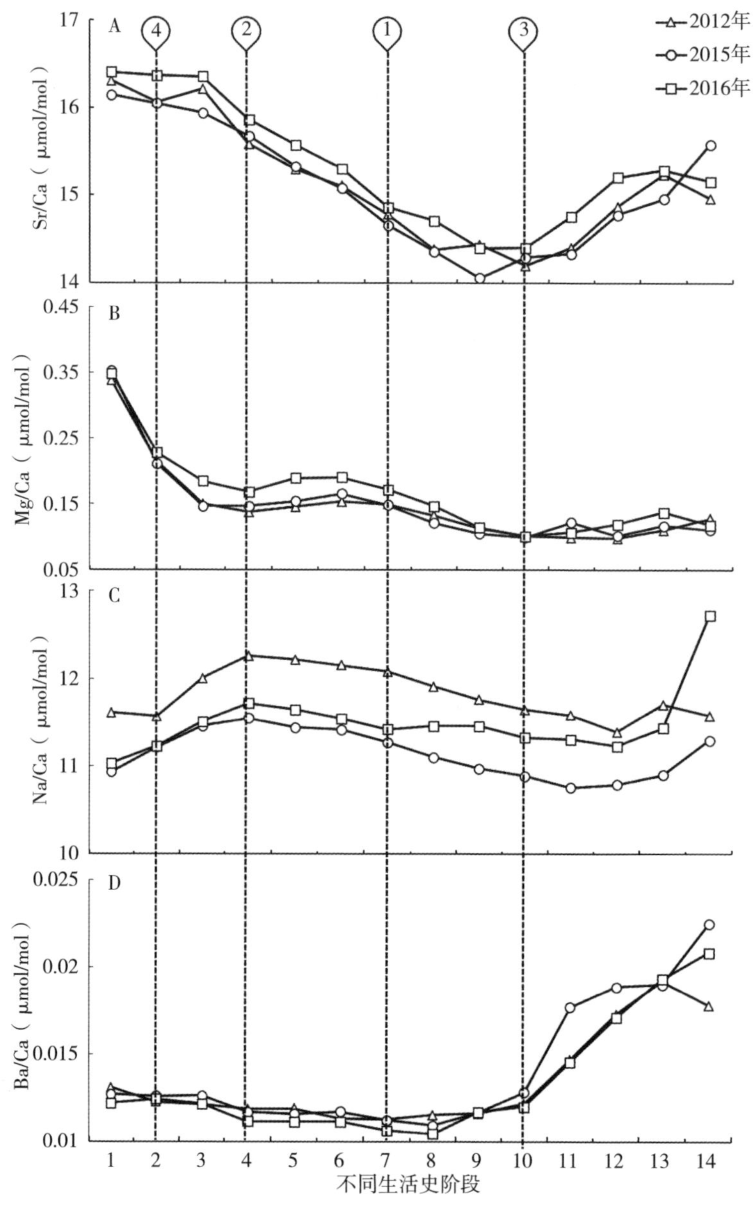

图2-20　不同年间不同微量元素与Ca比值匹配决策树结果

二、气候变化对柔鱼洄游路径的影响

（一）材料与方法

1. 样本数据 本节实验具体生物学信息见表 2-18。

2. 洄游路径的推测 先将生物学实验中测得的 11～14 个阶段的微量元素按照该节中的 5 个生活史阶段划分成组，单独提取出最后一个阶段作为起始时间和站位。建立捕捞站点的海表面温度（SST）与耳石最后一个阶段微量元素的关系。利用此关系与不同生活史阶段对应的温度及其理论的变化范围，从该年的 SST 数据库中找出不同生活史阶段的适宜 SST 与其对应的地理坐标，从而推测柔鱼可能的洄游分布范围，主要假设为：

①将所测得的 4 种微量元素与 Ca 的比值与 SST 进行回归分析，根据显著关系，选出显著性相关的微量元素与 Ca 的比值建立方程，用于估算不同生活史阶段所对应的 SST 值。

②假设不同生活史阶段耳石微量元素与 Ca 的比值与 SST 的关系保持不变。

③本节选用的样本均属于北太平洋柔鱼冬春生群体，因此它们整个生活史过程所经历的栖息环境情况是相近的，洄游时周边 SST 也是相近的。

3. 洄游路径推测方法

（1）孵化日期推算。根据捕获日期和本章第三节中得到的日龄信息推算，得到本节选取的样本对应的孵化日期。

（2）各个取样点日期的计算。根据本节中生长阶段的划分，将不同生活史阶段的采样点合并，并折算各个合并点的日龄，孵化日期与对应的日龄相加就可以得到对应的取样点日期。

（3）建立微量元素与 Ca 的比值与 SST 的关系。SST 数据来源于 OceanWatch 网站数据库（https：//oceanwatch. pifsc. noaa. gov/erddap/griddap/CRW _ sst _ v1 _ 0. html)，时间跨度为 7d，空间分辨率为 $0.5° \times 0.5°$。

（4）根据前人经验，选取柔鱼最大游泳速度（20 km/d）来测算其最大可能的移动范围。根据第 3 步所得的 SST 与微量元素与 Ca 的比值的方程推算不同生活史阶段微量元素所对应的经纬度信息，即每尾柔鱼可能存在的海域。所有样本柔鱼均出现的海域则为最有可能出现的海域，概率为 1，没有样本出现的海域则概率为 0，其他情况介于两者之间。

本节表格用 Excel 制作完成，所有数据处理和分析使用 R 4.0.4 编写。

（二）结果

1. 微量元素与 Ca 的比值与 SST 的关系 根据样本捕获点的经纬度信息，从 SST 数据库中找出对应的 SST，与测得的最后一个阶段的微量元素与 Ca 的比值来建立回归分析，考虑到不同年间的柔鱼受温度影响程度可能不同，在建立回归分析时，分3个不同年份进行，结果显示，不同海洋环境年的4组微量元素与Ca的比值中，均为Mg/Ca值与SST存在显著相关性（$P<0.05$），而Sr/Ca值、Na/Ca值和Ba/Ca值与SST不存在显著相关性（$P>0.05$）（表2-21）。以线性函数、幂函数、指数函数和对数函数进行Mg/Ca值和SST回归分析发现，拟合最好的为对数函数关系。因此，本研究建立的Mg/Ca值与SST的关系分别为（表2-22）：

$$SST_{2012}=22.964+2.179\ln(Mg/Ca) \quad (2-6)$$

$$SST_{2015}=27.219+4.415\ln(Mg/Ca) \quad (2-7)$$

$$SST_{2016}=23.867+1.412\ln(Mg/Ca) \quad (2-8)$$

表2-21 微量元素与Ca的比值与SST的回归分析结果

年份	解释变量	*b*	标准误	*t*	*P*
2012	截距	7.943	8.805	0.902	0.378
	Sr/Ca	0.501	0.606	0.827	0.418
	Mg/Ca	19.169	7.565	2.534	0.020
	Na/Ca	0.007	0.105	0.062	0.951
	Ba/Ca	15.780	101.727	0.155	0.878
2015	截距	21.364	12.987	1.645	0.116
	Sr/Ca	−0.701	0.855	−0.820	0.422
	Mg/Ca	31.947	6.971	4.583	0.000
	Na/Ca	0.407	0.401	1.014	0.322
	Ba/Ca	−78.646	72.541	−1.084	0.291
2016	截距	25.161	5.744	4.380	0.000
	Sr/Ca	−0.562	0.390	−1.441	0.167
	Mg/Ca	24.764	6.166	4.016	0.001
	Na/Ca	−0.005	0.011	−0.498	0.624
	Ba/Ca	−49.764	65.170	−0.764	0.455

表2-22 Mg/Ca值与SST回归分析系数

年份	解释变量	*b*	标准误	*t*	*P*
2012	截距	22.964	1.883	12.196	0.000
	Mg/Ca	2.179	0.829	2.629	0.015

（续）

年份	解释变量	*b*	标准误	*t*	*P*
2015	截距	27.219	1.633	16.670	0.000
	Mg/Ca	4.415	0.777	5.682	0.000
2016	截距	23.867	1.412	16.899	0.000
	Mg/Ca	2.387	0.674	3.540	0.002

2. 不同年份不同生活史阶段对应的 Mg/Ca 值 不同年份不同生活史阶段对应的 Mg/Ca 值如表 2-23 所示，可以看出，3 年柔鱼样本的 Mg/Ca 值均是随着个体发育生长逐渐减小，胚胎期 Mg/Ca 值较仔鱼期 Mg/Ca 值高 50%，较成鱼期 Mg/Ca 值高 3 倍以上。

表 2-23 不同年份不同生活史阶段 Mg/Ca 值变化

生活史阶段	2012 年		2015 年		2016 年	
	范围	平均值	范围	平均值	范围	平均值
胚胎期	0.097～0.614	0.338±0.160	0.073～0.755	0.353±0.204	0.083～0.747	0.349±0.237
仔鱼期	0.093～0.472	0.182±0.069	0.081～0.408	0.178±0.070	0.080～0.549	0.206±0.097
稚鱼期	0.081～0.243	0.145±0.026	0.083～0.299	0.155±0.051	0.086～0.474	0.182±0.064
亚成鱼期	0.064～0.341	0.132±0.044	0.064～0.236	0.125±0.044	0.058～0.403	0.144±0.073
成鱼期	0.063～0.190	0.100±0.023	0.058～0.199	0.095±0.032	0.056～0.264	0.104±0.050

3. 洄游重建 建立不同年间 Mg/Ca 值与 SST 的关系，根据不同年间、不同生活史阶段的 Mg/Ca 值推算该阶段的海表面温度，根据捕获日期和对应的生活史阶段日龄，推算不同生活史阶段所对应的日期。在 SST 数据库中匹配对应的日期和 SST，以找到对应的经纬度信息，从而计算柔鱼不同年间、不同生活史阶段柔鱼可能出现的海域。经计算，不同年间、不同生活史阶段的柔鱼可能出现的海域见彩图 11（胚胎期）、彩图 12（仔鱼期）、彩图 13（稚鱼期）、彩图 14（亚成鱼期）、彩图 15（成鱼期和捕获点）。

（1）胚胎期。如彩图 11 所示，各年柔鱼胚胎期可能出现的海域为 135°—180°E，20°—30°N，对应月份是 1—4 月。其中，2012 年主要集中在纬度 28°N 海域，2016 年主要集中在 26°N 海域，而 2015 年柔鱼胚胎期纬度方向分布较为分散。2012 年柔鱼胚胎期较 2016 年偏西北，而 2015 年柔鱼胚胎期经度方向分布较为集中。

（2）仔鱼期。如彩图 12 所示，各年柔鱼仔鱼期可能出现的海域为 140°—175°E，28°—35°N，对应月份为 4—5 月。其中，2015 年仔鱼分布较其他两年偏北，2012 年和 2016 年在此阶段分布较为相似。与胚胎期相似，2015 年柔鱼仔鱼期在经度方向上的分布也较其他两年集中。2012 年，柔鱼较上一阶段有向东北方向迁移的趋势，而 2015 年和 2016 年则是向北迁移的趋势。

（3）稚鱼期。如彩图 13 所示，在经过 1～2 个月发育后，柔鱼达到稚鱼期，各年柔鱼稚鱼期可能出现的海域为 140°—170°E，30°—35°N，对应月份为 5—7 月。2012 年和 2015 年柔鱼稚鱼分布较仔鱼期更为集中，而 2016 年则相对分散。该阶段柔鱼继续向北洄游，其中 2016 年在向北洄游的过程中偏西。

（4）亚成鱼期。如彩图 14 所示，柔鱼洄游到索饵场附近海域，各年柔鱼稚鱼期可能出现的海域为 140°—170°E，35°—40°N，对应月份为 6—8 月。3 年的亚成鱼期柔鱼分布均较为集中，2012 年纬度分布较其他两年偏北，而 2016 年纬度分布较其他两年偏南。

（5）成鱼期。如彩图 15 所示，柔鱼在索饵场进行索饵育肥，其分布范围再一次变小。各年柔鱼稚鱼期可能出现的海域为 145°—165°E，38°—45°N，对应月份为 7—10 月。该阶段距离捕获日比较接近，2015 年分布范围最小，其次为 2012 年，2016 年分布范围最大。2016 年纬度方向分布较其他两年偏南，而 2012 年和 2015 年纬度分布则较为相似。2012 年和 2015 年捕获点相较于 2016 年较为分散，但分布范围则相反。

三、讨论与分析

（一）微量元素的年间差异

在前人的头足类耳石微量元素研究中，耳石的 Sr/Ca 值研究最多（刘必林等，2011）。大多数学者研究发现，耳石中 Sr 的含量与温度呈负相关关系（Arkhipkin，2004；Yamaguchi et al.，2015）。这一研究结果与本章结果一致，在多元线性回归分析建立的微量元素与 Ca 的比值与 SST 的关系中发现，Sr/Ca 值与 SST 呈负相关关系。不同阶段耳石 Sr/Ca 值变化具有显著差异，可能与水温变化有关。同时，有学者发现，厄尔尼诺和拉尼娜事件发生期间，茎柔鱼的 Sr/Ca 值可能受到影响（胡贯宇，2019）。在本章研究中，耳石的 Mg/Ca 值随着生活史的进程逐渐减小，且胚胎期与其他阶段相差较大，这一研究结果与前人的研究结果一致。同科茎柔鱼的耳石 Mg/Ca 值变化趋势与其相同（Arkhipkin et al.，2011；胡贯宇，2019）。刘必林（2012）研究发现，用 Mg/Ca 值可以区分不同地理种群的茎柔鱼。同样，在本研究中，Mg/Ca 值可以更好地用于洄游路径重建，这与前人的结果相吻合。头足类耳石的生物矿化过程中，Mg 具有重要作用，其含量与耳石中的有机物沉积有关，并且随着个体生长，有机物在耳石中的占比逐渐减小，从而反映在耳石中（Bettencourt et al.，2000）。研究发现，柔鱼耳石的 Na/Ca 值在不同阶段存在显著差异，由于其存在波动，因此不能够直观地分析不同生活史阶段的差异，但在柔鱼的角质颚微量元素研究中，发现同样的 Na/Ca 值变化（方舟，2016）。然而，在不同年间柔鱼耳石的 Na/Ca 值却存在显著差异，这可能与气候事件有关，在前面研究中也发现，2012 年的幼鱼处于拉尼娜事件发生期，而 2015 年和 2016 年处于厄尔尼诺事件发生期，导致 2012 年的 Na/Ca 值较其他两年高，而 2015 年和 2016 年基本没有差异。在随后的几个月，在柔鱼到达索饵场时，2012 年处于正常时期内，而 2015 年依旧处于厄尔尼诺事件发生期，2016 年则由厄尔尼诺事件转为拉尼娜事件，因此使得 2016 年的 Na/Ca 值与 2012 年的接近，且高于 2015 年，说明拉尼娜事件发生和正常年份时，Na/Ca 值偏高，而厄尔尼诺事件发生时，Na/Ca 值偏低，即耳石中 Na/Ca 值与厄尔尼诺/拉尼娜事件有着对应的关系。有研究表明，耳石的 Ba/Ca 值会随着栖息水深增加而增加，因此 Ba/Ca 值被许多学者认为可以表示头足类垂直移动的关键指标（Chan et al.，1977；Arkhipkin et al.，2011）。研究发现，柔鱼的 Ba/Ca 值随着个体生长有先缓慢减小再快速增加的趋势，这可能是由于不同生活史阶段柔鱼栖息水层不同导致的。柔鱼仔稚鱼主要分布在产卵场 25m 水深层，少数仔稚鱼分布在 50～100m 水层（Saito et al.，1993；Murata et al.，1998）。在到达索饵场后，柔鱼出现昼夜垂直移动，夜间栖息在 0～40m 水层，到了白天进入深层水域（150～350 m）。这一变化与本研究结果相对应，同时研究发现，成鱼在厄尔尼诺事件发生期间具有相对较大的 Ba/Ca 值，这可能与食物丰度有关。有研究表明，在营养不充足的海域，柔鱼的分布范围较正常海域深，夜晚分布在 150～350m 水层，到了白天下潜到 400 m 以下水域，从而导 Ba/Ca 沉积值较大（余为等，2013）。

（二）不同海洋环境下的洄游路径重建

随着头足类生长其耳石中各种微量元素也在不断沉积，不同生长阶段的耳石所沉积的元素也不相同，因此耳石微量元素常常用来作为研究栖息地环境和洄游的主要材料（Yamaguchi et al.，2015）。柔鱼在整个生活史中有 2 次长距离洄游，主要目的是觅食和产卵。本研究捕获的柔鱼为索饵场样本，因此均只有 1 次洄游，即索饵洄游。柔鱼在索饵洄游阶段，会受到海洋环境和食物等因素的影响而表现不同的特征（Roper et al.，1975；O'Dor et al.，1993）。Ichii（2009）根据 SST、流速和 Chl-a 浓度等环境因素推测 3 个不同种群的北太平洋柔鱼的洄游路径，发现秋生群体不同性别洄游差异较大，而冬春生群体雌雄洄游路径无差异，即从低纬度到高纬度的索饵洄游和从高纬度向低纬度的生殖洄游。这与本研究推测的洄游路径一致，但不同年间存在显著的分布差异。耳石中除 Ca 外，Sr 的含量居于第 2 位，因此许多学者利用 Sr/Ca 值来推算头足类的洄游路径。在本研究中，不同生活史阶段的 Sr/Ca 值变化呈 U 形，即先减小后增大，这种变化可能与 SST 存在非线性关系，因此在多元线性回归中可能不能很好地拟合，同时本研究采用的 Mg/Ca 值与 SST 的关系也为对数函数关系，因此推测造成这种差异的可能原因是微量元素与 Ca 的比值与 SST 的变化存在非线性关系，因此在今后的研究中需要进一步研究这两者是否是非线性关系。

从整体来看，2012 年洄游分布与方舟（2016）以角质颚微量元素推测的洄游路径基本一致，而 2015 年和 2016 年存在不同阶段的差异。头足类早期游泳能力弱，只能被动地随海流发生位移。本研究发现，柔鱼在 20°—30°N 孵化，在随后的 4 个阶段逐渐向北部的索饵场洄游。余为（2016）研究发现，拉尼娜年份黑潮势力强，亲潮势力弱，亲潮和黑潮的锋区向北偏移，而厄尔尼诺年份黑潮势力弱，亲潮势力强，亲潮和黑潮的锋区向南偏移。当柔鱼处于产卵场时，2015 年和 2016 年在该阶段均处于厄尔尼诺时期，刚孵化的柔鱼可能分布的范围较 2012 年处于拉尼娜时期的柔鱼偏南。本研究发现，2015 年柔鱼主要孵化期晚于其他两年，主要产卵期为 3—5 月，在该范围内，Chl-a 浓度逐渐下降，这可能是造成孵化后柔鱼在纬度上比较分散的原因之一。在随后的仔鱼期，2012 年由拉尼娜时期转为正常时期，2015 年依旧为厄尔尼诺时期，而 2016 年逐渐转为正常年份，因此 2012 年和 2016 年仔鱼期可能分布不存在显著差异，但 2015 年则较为集中。这可能与黑潮有关，黑潮暖流在厄尔尼诺发生期会变弱，可能使得 2015 年柔鱼适宜栖息地变小，但是在正常年份，向东的黑潮和亲潮混合水可能提供更好的环境条件，使得 2012 年和 2016 年柔鱼在经度上分布较广。同时，SST 可能是影响分布的另一个因子，2012 年和 2016 年 SST 较 2015 年高，使得这两年柔鱼的分布范围较 2015 年大。在稚鱼和亚成鱼进行洄游时，会随着黑潮的流向进行洄游（Alabia et al.，2015a）。这与本研究结果相似，在该阶段的柔鱼会从西南向东北洄游。因此，黑潮的强弱直接影响柔鱼分布，2016 年柔鱼向索饵场洄游期间处于拉尼娜时期，余为（2016）发现，拉尼娜事件发生时，黑潮在 43°N 左右海域发生反气旋弯曲，弯曲延伸至 40°N，这可能是导致 2016 年该阶段柔鱼分布偏南的原因。处于成鱼阶段的柔鱼各年份分布范围具有明显的差异，这可能与 SST 有直接关系，2016 年成鱼阶段所处的 SST 最大，然后为 2012 年，2015 年最小，对应的分布范围及其变化也基本一致。即使 2015 年索饵场 Chl-a 浓度高，即饵料生物多，但由于 SST 的限制，使柔鱼分布范围较小。

四、小结

（1）耳石微量元素中，Ca 含量最高，且最为稳定，其次分别为 Sr、Na、Mg 和 Ba。不同年间不同微量元素中，除 Ca 和 Ba 外均存在显著差异。

（2）不同微量元素与 Ca 的比值的变化趋势不同，且部分微量元素与 Ca 的比值存在年间显著差异，且不同生活史阶段变化不同，其中 Sr/Ca 值在 3 个海洋环境年中均呈 U 形，即含量从早期胚胎期到后期成鱼期呈先减小后增大的趋势，且不存在年间差异（$P>0.05$）；Mg/Ca 值呈现骤减，随后减小趋势变小，并存在年间差异（$P<0.05$）；Na/Ca 值基本上呈现先增加再减小再增加的波动趋势，年间差异为 4 组比值中最明显的（$P<0.01$）；Ba/Ca 值变化趋势较为平缓，早期有下降的趋势，后期有微上升趋势，年间差异不明显（$P>0.05$）。

（3）通过对 11～14 个阶段（采样点）进行决策树法分析，筛选出 5 个主要的生活史阶段，分别为胚胎期（点 1）、仔鱼期（点 2、点 3）、稚鱼期（点 4 至点 6）、亚成鱼期（点 7 至点 9）和成鱼期（点 10 至点 14）。

（4）分别对 3 年的微量元素与 Ca 的比值进行多元回归分析，筛选出 Mg/Ca 值作为与 SST 匹配的微量元素比值，且根据不同回归方程的拟合程度，选取出最适的方程为对数关系。

（5）推测柔鱼可能洄游分布的范围，利用 R 语言程序包推算不同生活史阶段可能出现海域的概率，以此推测柔鱼可能的洄游路径，并对比不同年间洄游路径的差异以及可能导致的原因。结果认为，2012 年柔鱼洄游与前人研究结果一致；2015 年柔鱼整年处于厄尔尼诺事件期，SST 和黑潮的共同作用使该年的样本孵化地点偏东南，且随后的生活史阶段分布范围较小；2016 年柔鱼经历了厄尔尼诺转为拉尼娜的时期，因此在黑潮和 SST 的作用下，分布偏南，而后期转为正常，但由于 SST 较高，使得适宜面积变大。

第五节　气候变化对柔鱼摄食生态的影响

角质颚作为头足类特有的重要摄食器官，主要成分为几丁质和蛋白质，其中蕴含着丰富的生物学信息。角质颚的沉积过程是连续且不可逆的，记录着头足类从孵化到死亡整个生活史阶段的全部信息，因其结构单一稳定，角质颚的稳定同位素常用于头足类摄食生态学研究分析。

柔鱼作为一种重要的短生命周期的无脊椎动物，在食物网中对其捕食者和被捕食者有着承上启下的接连作用，在北太平洋的生态系统中占据重要的生态地位。在以往的研究中，主要是对北太平洋柔鱼整个角质颚的稳定同位素进行分析研究，然而短生命周期的种类极易受到外界环境变化的影响。因此，本节通过对不同生长阶段北太平洋柔鱼角质颚稳定同位素进行分析，利用 GAM 模型建立不同生长阶段稳定同位素与海洋环境（SST、Chl-a）、重要气候事件（PDO、厄尔尼诺/拉尼娜事件）的关系，探讨气候变化对北太平洋柔鱼营养模式的影响。同时，对时间序列上不同生活史阶段角质颚进行取样，探究气候变化对北太平洋柔鱼不同生活史阶段的影响。

一、海洋环境对北太平洋柔鱼营养模式的影响

（一）材料和方法

1. 样本数据 从中国商业鱿钓船在北太平洋（151°—159°E，40°—44°N）钓捕的柔鱼中随机挑选60尾，其中2012年样本时间分布为8—10月，2015年样本时间分布为8—11月，2016年样本时间分布为8—9月。样本采集后立即进行冷冻处理，并运回实验室进行生物学测量。不同海洋环境年柔鱼的各项基本生物学数据见表2-24。从柔鱼的口球中取出完整的角质颚，并存放于75%的乙醇中以防止角质颚脱水损坏（Hobson et al.，1997；Ruiz-Cooley et al.，2011）。

表2-24 不同海洋环境年柔鱼的各项基本生物学数据

年份	数量（雌，雄）	胴长（mm）		体重（g）	
		范围	均值±标准差	范围	均值±标准差
2012	20（4，16）	232～329	285.3±27.2	392～1 135	723.7±203.6
2015	20（6，14）	270～330	294.9±14.8	649～1 119	767.7±122.6
2016	20（12，8）	260～366	321.4±25.2	460～1 665	1 052.3±256.0

2. 稳定同位素分析 本实验选用下角质颚进行稳定同位素测量。在进行稳定同位素分析之前，所有的角质颚均用超纯水清洗至少10min，然后保存在装有超纯水的玻璃瓶内备用。用新的手术剪刀减去下角质颚的翼部，代表柔鱼生长的最后阶段（Queirós et al.，2019）。

所有裁剪段均用75%乙醇清洗，去掉表面附着物，并置于−55℃冻库内冷冻24h，再放入冻干机进行冷冻干燥。每个干燥后的样本用自动研磨机研磨2min至粉末状。然后用天平称重，称取1～2mg粉末用0.3mg锡纸胶囊包好。然后利用ISOPRIME 100稳定同位素比例分析质谱仪（IsoPrime Corporation，Cheadle，UK）分析碳、氮稳定同位素含量及比值。

碳元素所用的标准参考物为Pee Dee箭石（V-PDB），以USGS24（−1.604 9% V-PDB）作为$\delta^{13}C$的校准物。氮元素所用的标准参考物为大气中的氮气（N_2），以USGS26（5.37% V-N_2）作为$\delta^{15}N$的校准物。每测定10个样品，均插入3个标准样品对样品进行校准。$\delta^{13}C$和$\delta^{15}N$的分析精确度均小于0.01%。所测得的$\delta^{13}C$和$\delta^{15}N$稳定同位素计算公式如下：

$$\delta X = [(R_{sample}/R_{standard}) - 1] \times 1\,000 \qquad (2-9)$$

式中，X为^{13}C或^{15}N；R_{sample}和$R_{standard}$分别为样品和标准样的$^{13}C/^{12}C$或$^{15}N/^{14}N$。

3. 数据分析

（1）差异性检验。采用单因素方差分析（ANOVA）检验2012年、2015年和2016年碳、氮稳定同位素数值的年间差异；采用Tukey HSD法对3年 $\delta^{13}C$ 和 $\delta^{15}N$ 稳定同位素进行两两比较。

（2）生态位宽度及重叠率。利用标准椭圆法（SEAc）计算生态位的宽度及不同年间重叠率，以评估不同年间柔鱼生态位变化。

（3）模型分析。$\delta^{13}C$ 和 $\delta^{15}N$ 稳定同位素与环境因子间可能存在多元非线性关系，因此本研究使用广义加性模型（generalized additive model，GAM）来建立稳定同位素与SST和Chl-a浓度的关系：

$$SI = s(SST) + s(Chl\text{-}a) + \varepsilon \quad (2-10)$$

式中，SI 为测定的 $\delta^{13}C$ 或 $\delta^{15}N$ 的值；SST 为海洋表面温度（℃）；$Chl\text{-}a$ 为叶绿素a浓度（mg/m^3），ε 为模型的误差。

本节统计分析和制图使用R 4.0.4、SPSS 24.0和Excel完成。

（二）结果

1. 不同年间角质颚稳定同位素差异 本研究对3年的角质颚稳定同位素进行了分析比较。结果显示，2012年（正常年份）、2015年（厄尔尼诺年份）和2016年（拉尼娜年份）柔鱼的角质颚 $\delta^{13}C$ 值分别为（-1.94 ± 0.04）%、（-2.01 ± 0.05）%和（-1.97 ± 0.04）%（表2-25）。其中，正常年份（2012年）最大，拉尼娜年（2016年）其次，厄尔尼诺年（2015年）最小。ANVOA分析结果显示，角质颚 $\delta^{13}C$ 值在不同年间存在显著差异（$P<0.05$，表2-26）。Tukey-HSD结果显示，正常年份（2012年）和拉尼娜年（2016年）角质颚 $\delta^{13}C$ 值不存在显著差异（$P>0.05$），与厄尔尼诺年（2015年）存在显著差异（$P<0.05$）。

表2-25 不同海洋环境年北太平洋柔鱼稳定同位素参数

年份	$\delta^{13}C$（%）		$\delta^{15}N$（%）		C/N	
	范围	均值±标准差	范围	均值±标准差	范围	均值±标准差
2012	−2.00～−1.87	−1.94±0.04	0.50～0.85	0.71±0.09	3.3～6.0	3.7±0.7
2015	−2.15～−1.94	−2.01±0.05	0.44～0.75	0.64±0.09	3.3～5.8	4.0±0.8
2016	−2.06～−1.92	−1.97±0.04	0.59～0.78	0.71±0.06	3.2～4.4	3.5±0.3

表2-26 不同海洋环境年稳定同位素方差分析

稳定同位素	ANOVA	Tukey-HSD		
		2012—2015年	2012—2016年	2015—2016年
$\delta^{13}C$	<0.01	<0.01	>0.05	<0.05

（续）

稳定同位素	ANOVA	Tukey-HSD		
		2012—2015 年	2012—2016 年	2015—2016 年
$\delta^{15}N$	<0.01	<0.05	>0.05	<0.05
C/N	<0.05	<0.05	>0.05	<0.05

注：表中值为显著性参数，其中<0.01 为存在极显著差异，<0.05 为存在显著差异，>0.05 为没有显著差异。

不同年间北太平洋柔鱼角质颚 $\delta^{15}N$ 稳定同位素分别为（0.71±0.09）%、（0.64±0.09）%和（0.71±0.06）%。ANVOA 分析结果显示，角质颚 $\delta^{15}N$ 值在不同年间存在显著差异（P<0.05）。Tukey-HSD 结果显示，正常年份（2012 年）和拉尼娜年（2016 年）角质颚 $\delta^{15}N$ 值不存在显著差异（P>0.05，图 2-21），与厄尔尼诺年（2015 年）存在显著差异（P<0.05）。其中，正常年份（2012 年）和拉尼娜年（2016 年）角质颚 $\delta^{15}N$ 值均大于厄尔尼诺年（2015 年）。

ANOVA 结果显示，显示不同年份 C/N 值存在显著差异（P<0.05），其中厄尔尼诺年（2015 年）最大，正常年份（2012 年）其次，拉尼娜年（2016 年）最小。Tukey-HSD 结果显示，正常年份（2012 年）和拉尼娜年（2016 年）角质颚 C/N 值不存在显著差异（P>0.05），但均与厄尔尼诺年（2015 年）存在显著差异（P<0.05）。

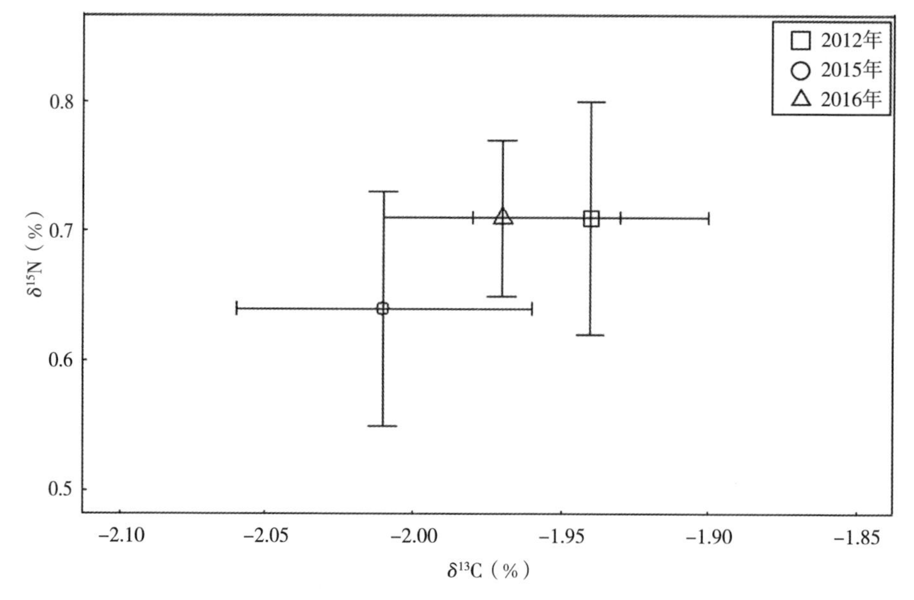

图 2-21　不同海洋环境年北太平洋柔鱼角质颚稳定同位素的均值和标准差

2. 不同年间摄食生态位变化 2012年、2015年和2016年北太平洋柔鱼营养生态位的宽度分别为0.066‰²，0.153‰²和0.072‰²。从图2-22可以看出，2015年柔鱼个体生态位较大，且与2012年和2016年仅有较少部分重叠。在摄食生态位图中发现，各年营养级有部分重叠。其中，正常年份（2012年）和拉尼娜年（2016年）柔鱼营养级更为集中，有着较高的$\delta^{13}C$和$\delta^{15}N$值（图2-23）；相比之下，厄尔尼诺年（2015年）柔鱼个体更为分散，且$\delta^{13}C$和$\delta^{15}N$均低。

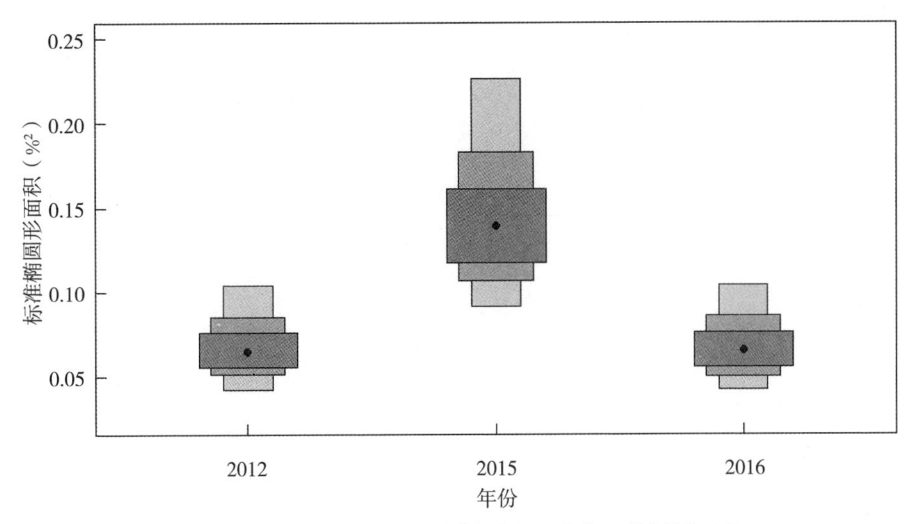

图2-22 不同海洋环境年份柔鱼生态位置信椭圆面积

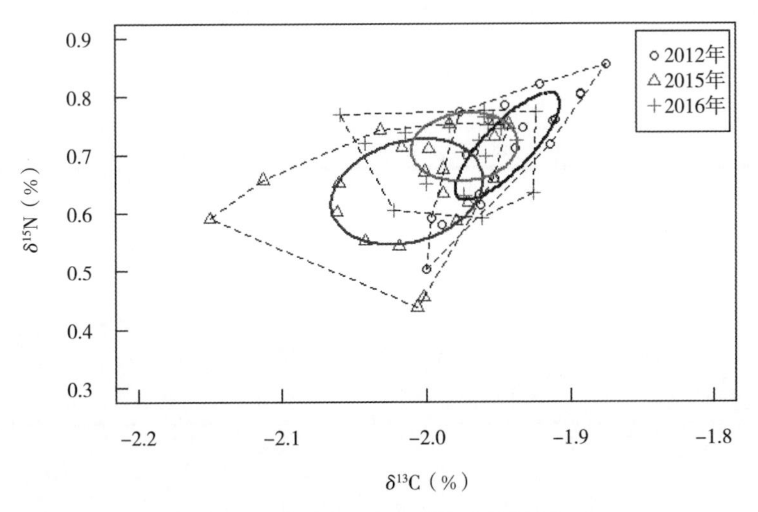

图2-23 不同年份的北太平洋柔鱼生态位图

注：图中椭圆为不同年间不同的营养生态位。

3. GAM 模型的拟合和选择　综合 3 个年份的稳定同位素值与环境数据（SST 和 Chl-a）进行模型拟合，判断环境对柔鱼稳定同位素的影响。结果显示，GAM 模型解释了 $\delta^{13}C$ 残差的 38.8%（表 2-27）。SST 和 Chl-a 浓度均对 $\delta^{13}C$ 具有显著影响（$P<0.05$），SST 在 13℃以下时，$\delta^{13}C$ 值随着 SST 的降低有较快的降低速率；从 13～20℃，$\delta^{13}C$ 值随着 SST 的升高逐渐升高，有一个稳步增加的趋势；到了 20℃以上时，$\delta^{13}C$ 值逐渐下降（图 2-24A）。整体上看。$\delta^{13}C$ 值与 Chl-a 浓度呈线性关系，且随着 Chl-a 浓度降低而降低（图 2-24B）。

GAM 模型解释了 $\delta^{15}N$ 残差的 19.4%。即使解释率较低，但 SST 和 Chl-a 浓度仍然对 $\delta^{15}N$ 值有显著影响（$P<0.05$），且呈相反的趋势。$\delta^{15}N$ 值随着 SST 的增加呈线性增加，随着 Chl-a 浓度增加而线性减少（图 2-24C，D）。

表 2-27　GAM 模型的统计输出结果

参数	解释变量	自由度	F	P	解释率（%）
$\delta^{13}C$	*SST*	5.808	2.525	0.03	38.8
	Chl-a	1	7.596	0.01	
$\delta^{15}N$	*SST*	1	5.282	0.03	19.4
	Chl-a	1	7.215	0.01	

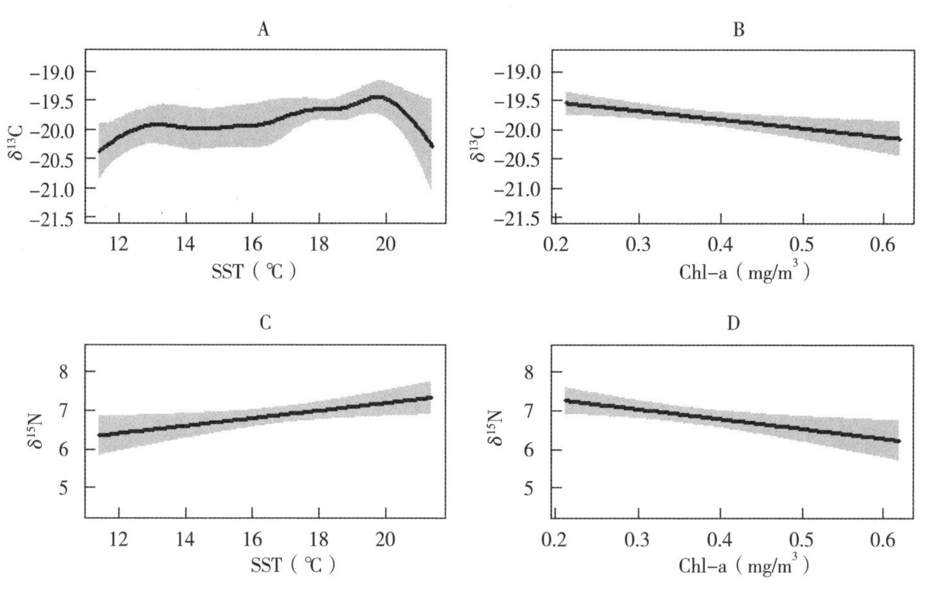

图 2-24　GAM 模型北太平洋柔鱼不同参数的稳定同位素变化规律

注：黑线位代表平均值，灰色区域位代表 95%置信区间。

二、海洋环境对北太平洋柔鱼不同生活史阶段生态位的影响

（一）材料和方法

1. 样品数据 样本采样地点和时间见本章第五节第一部分。

2. 稳定同位素分析 本实验选用下角质颚进行稳定同位素测量。在进行稳定同位素分析之前，所有的角质颚均用超纯水清洗至少 10min，然后保存在装有超纯水的玻璃瓶内备用。用新的手术剪刀沿着图 2-25 所示的方向，将下角质颚按照生长阶段进行裁剪。下角质颚共剪成 3 段，每一小段分别代表仔稚鱼发育期、索饵洄游期和育肥期。裁剪方法依据下脊突长与年龄之间的关系计算获得（Fang et al.，2014，2016）。

所有裁剪段均用 75%乙醇清洗，去掉表面附着物，并置于－55℃冻库内冷冻 24h，再放入冻干机进行冷冻干燥。每个干燥后的样本用自动研磨机研磨 2min 至粉末状。然后用天平称重，称取 1～2mg 粉末用 0.3mg 锡纸胶囊包好。然后利用 ISOPRIME 100 稳定同位素比例分析质谱仪（IsoPrime Corporation，Cheadle，UK）分析碳、氮稳定同位素含量及比值。

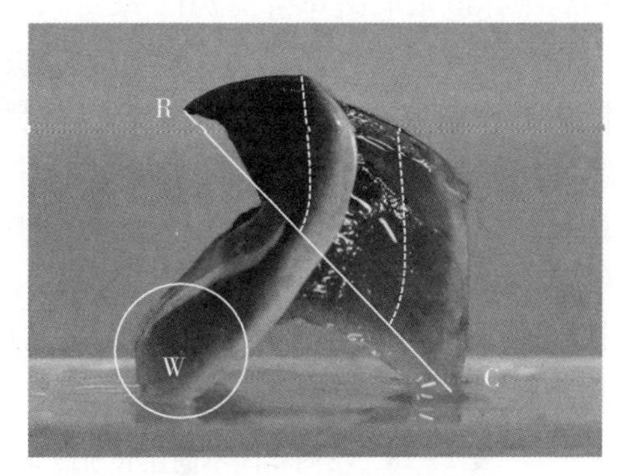

图 2-25 柔鱼下角质颚

R. 喙部 C. 脊突外缘 W. 翼部

注：图中虚线为角质颚裁剪方向。

碳元素所用的标准参考物质为 Pee Dee 箭石（V-PDB），以 USGS24（－1.604 9% V-PDB）作为 δ^{13}C 的校准物。氮元素所用的标准参考物为大气中的氮气（N_2），以 USGS26（5.37% V-N_2）作为 δ^{15}N 的校准物。每测定 10 个样品，均插入 3 个标准样品对样品进行校准。δ^{13}C 和 δ^{15}N 的分析精确度均小于 0.01%。所测得的 δ^{13}C 和 δ^{15}N 稳定同位素计算公式见公式（2-9）。

3. 数据分析

（1）差异性检验。采用单因素方差分析（ANOVA）检验 2012 年、2015 年和 2016 年碳、氮稳定同位素数值的年间差异；采用 Tukey HSD 法对 3 年 δ^{13}C 和 δ^{15}N 稳定同位素进行两两比较。

（2）生态位宽度及重叠率。利用标准椭圆法（SEAc）计算生态位的宽度，基于贝叶斯方法计算不同年间重叠率，以评估不同年间柔鱼生态位变化。

本节统计分析和制图使用 R 4.0.4、SPSS 24.0 和 Excel 完成。

（二）结果

1. 不同年间不同生活史阶段角质颚稳定同位素差异 通过对北太平洋柔鱼不同年间不同生活史阶段下角质颚的稳定同位素进行分析比较发现，2012年（正常年份）$\delta^{13}C$ 值分别为（−1.96±0.04）‰、（−1.94±0.04）‰、（−1.94±0.04）‰；2015 年（强厄尔尼诺年份）$\delta^{13}C$ 值分别为（−2.03±0.04）‰、（−2.01±0.06）‰、（−2±0.04）‰；2016 年（拉尼娜年份）$\delta^{13}C$ 值分别为(−1.98±0.04)‰、(−1.96±0.06)‰、(−1.95±0.04)‰（表 2 - 28)。从Ⅰ至Ⅲ阶段，$\delta^{13}C$ 值呈逐渐递增趋势。ANOVA 结果显示，不同年间同一生活史阶段存在显著差异（表 2 - 29），Tukey-HSD 结果显示，正常年份（2012 年）和拉尼娜年份（2016 年）$\delta^{13}C$ 值不存在显著差异（$P<0.01$），且均高于强厄尔尼诺年份（2015 年）。

ANOVA 结果显示，3 年第 1 生长阶段 $\delta^{15}N$ 值和全部生长阶段的 C/N 值均不存在显著差异（$P>0.05$），但仍可看出正常年份（2012 年）和拉尼娜年（2016 年）不同生长阶段的 $\delta^{15}N$ 值略大于强厄尔尼诺年（2015 年）。在第 2 和第 3 生长阶段 $\delta^{15}N$ 值存在显著差异（$P<0.05$），其中正常年份（2012 年）和拉尼娜年份（2016 年）的 $\delta^{15}N$ 值没有显著差异（$P>0.05$），且均大于强厄尔尼诺年（2015 年）。强厄尔尼诺年（2015 年）的 C/N 值较其他两年略大。

表 2 - 28 不同年间不同生长阶段北太平洋柔鱼下角质颚稳定同位素参数

年份	分段	$\delta^{13}C$（‰）		$\delta^{15}N$（‰）		C/N	
		范围	均值±标准差	范围	均值±标准差	范围	均值±标准差
2012	Ⅰ	−2.05～−1.88	−1.96±0.04	0.41～0.80	0.60±0.11	3.2～4.1	3.4±0.2
	Ⅱ	−2.01～−1.84	−1.94±0.04	0.50～0.82	0.69±0.09	3.2～5.9	3.6±0.6
	Ⅲ	−2.01～−1.85	−1.94±0.04	0.53～0.88	7.0±0.8	3.3～4.9	3.6±0.4
2015	Ⅰ	−2.13～−1.95	−2.03±0.04	0.43～0.69	0.58±0.07	3.3～5.2	3.7±0.5
	Ⅱ	−2.16～−1.92	−2.01±0.06	0.58～0.74	0.67±0.04	3.2～5.2	3.7±0.5
	Ⅲ	−2.12～−1.91	−2.00±0.06	0.48～0.81	0.67±0.09	3.2～4.3	3.6±0.4
2016	Ⅰ	−2.09～−1.89	−1.98±0.04	0.44～0.70	0.62±0.07	3.3～4.3	3.5±0.2
	Ⅱ	−2.10～−1.85	−1.96±0.06	0.52～0.77	0.68±0.06	3.3～6.4	3.7±0.9
	Ⅲ	−2.02～−1.86	−1.95±0.04	0.55～0.76	0.70±0.05	3.2～4.3	3.5±0.3

表 2-29　不同生长阶段海洋环境年稳定同位素方差分析

阶段	稳定同位素	ANOVA	Tukey-HSD		
			2012—2015	2012—2016	2015—2016
Ⅰ	$\delta^{13}C$	<0.01	<0.01	>0.05	<0.01
	$\delta^{15}N$	>0.05	>0.05	>0.05	>0.05
	C/N	>0.05	>0.05	>0.05	>0.05
Ⅱ	$\delta^{13}C$	<0.01	<0.01	>0.05	<0.05
	$\delta^{15}N$	<0.05	<0.05	>0.05	<0.05
	C/N	>0.05	>0.05	>0.05	>0.05
Ⅲ	$\delta^{13}C$	<0.01	<0.05	>0.05	<0.05
	$\delta^{15}N$	<0.05	<0.05	>0.05	<0.05
	C/N	>0.05	>0.05	>0.05	>0.05

注：表中值为显著性参数，其中<0.01为存在极显著差异，<0.05为存在显著差异，>0.05为没有显著差异。

2. 不同年间不同生活史阶段营养生态位差异　在孵化索饵期阶段（第1阶段，图2-26 A，B），正常年份（2012年）、强厄尔尼诺年份（2015年）和拉尼娜年份（2016年）生态位面积分别为 $0.120\%^2$、$0.126\%^2$ 和 $0.097\%^2$。其中，正常年份（2012年）和强厄尔尼诺年份（2015年）生态位重叠率为30.85%，正常年份（2012年）和拉尼娜年份（2016年）生态位重叠率为45.24%，强厄尔尼诺年份（2015年）和拉尼娜年份（2016年）生态位重叠率为42.92%。

在索饵洄游期阶段（第2阶段，图2-26C，D），正常年份（2012年）、强厄尔尼诺年份（2015年）和拉尼娜年份（2016年）生态位面积分别为 $0.115\%^2$、$0.081\%^2$ 和 $0.114\%^2$。其中，正常年份（2012年）和强厄尔尼诺年份（2015年）生态位重叠率为32.75%，正常年份（2012年）和拉尼娜年份（2016年）生态位重叠率为51.44%，强厄尔尼诺年份（2015年）和拉尼娜年份（2016年）生态位重叠率为45.94%。

在索饵育肥期阶段（第3阶段，图2-26E，F），正常年份（2012年）、强厄尔尼诺年份（2015年）和拉尼娜年份（2016年）生态位面积分别为 $0.069\%^2$、$0.163\%^2$ 和 $0.069\%^2$。其中，正常年份（2012年）和强厄尔尼诺年份（2015年）生态位重叠率为36.10%，正常年份（2012年）和拉尼娜年份（2016年）生态位重叠率为51.71%，强厄尔尼诺年份（2015年）和拉尼娜年份（2016年）生态位重叠率为38.05%。

3. 相同年间不同生活史阶段生态位差异　如图2-27所示，北太平洋柔

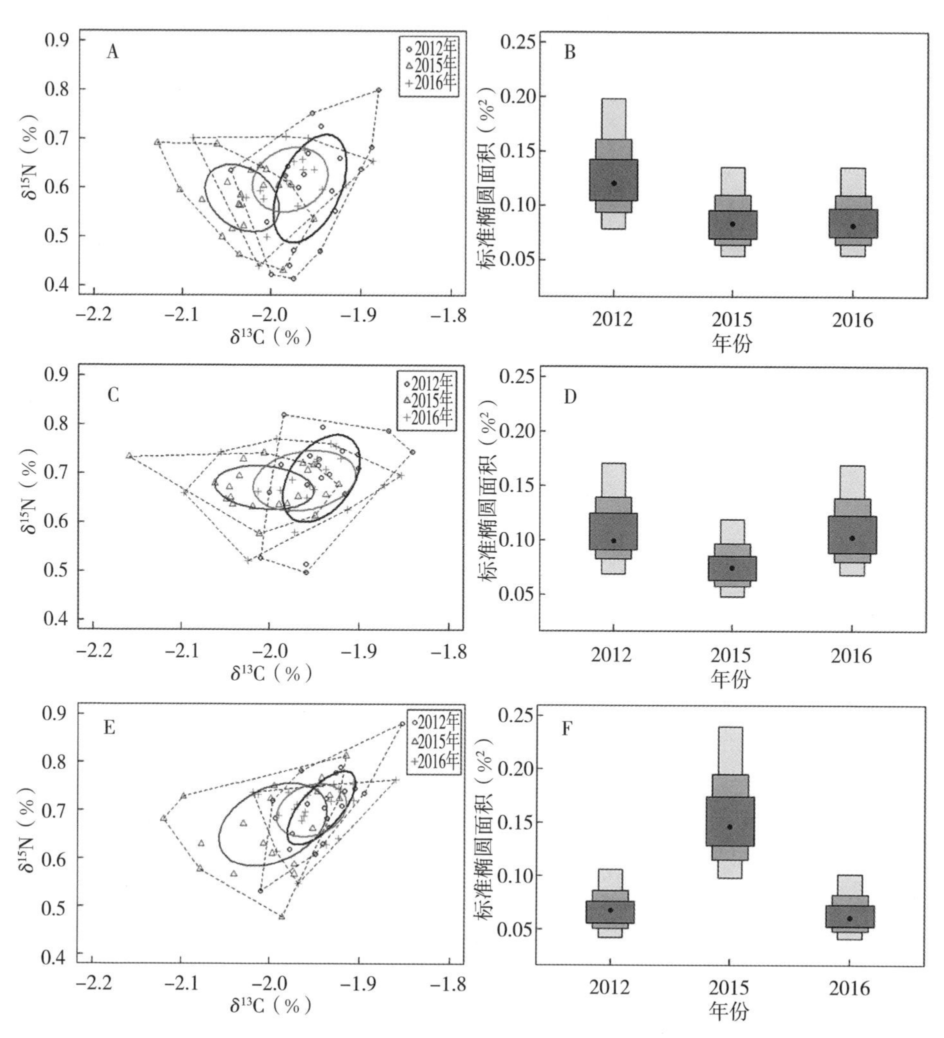

图 2-26　不同年间不同生活史阶段北太平洋柔鱼营养生态位以及生态位宽度差异

注：A、C、E 分别为 3 个阶段营养生态位差异，椭圆区域表示不同年间不同营养生态位；B、D、F 分别为 3 个营养阶段生态位宽度。

鱼的不同生活史阶段营养生态位具有显著差异（$P<0.05$）。从整体来看，超强厄尔尼诺年（2015 年）摄食生态位偏向于低 $\delta^{13}C$ 和低 $\delta^{15}N$ 的趋势，生态位重叠率分别为 34.52%（阶段Ⅰ～Ⅱ）、39.38%（阶段Ⅰ～Ⅲ）和 41.37%（阶段Ⅱ～Ⅲ）。而正常年份（2012 年）和拉尼娜年（2016 年）摄食生态位则相对集中，生态位重叠率较大，分别为 48.36%（阶段Ⅰ～Ⅱ）、37.40%（阶段Ⅰ～Ⅲ）、49.28%（阶段Ⅱ～Ⅲ）和 47.50%（阶段Ⅰ～Ⅱ）、39.88%（阶段Ⅰ～Ⅲ）、47.13%（阶段Ⅱ～Ⅲ）。

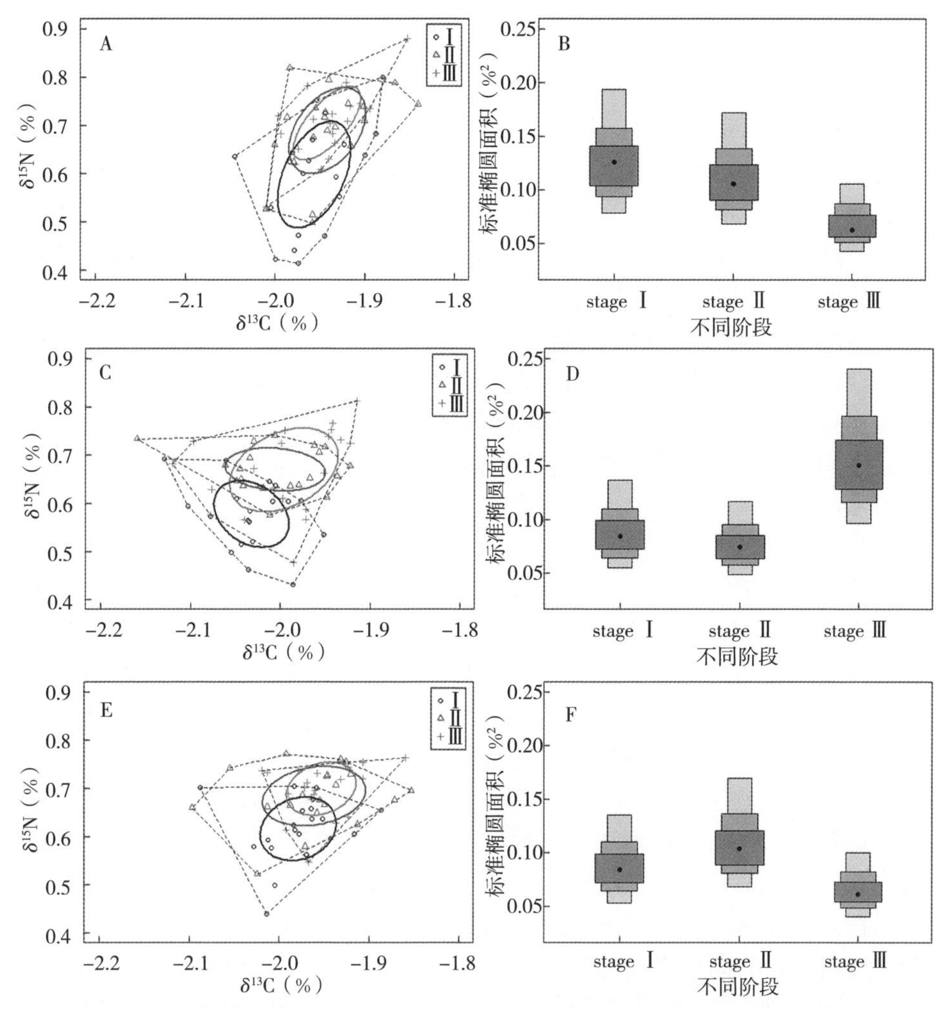

图 2－27　相同年间不同生活史阶段北太平洋柔鱼营养生态位以及生态位宽度差异

注：A、C、E 分别为 3 个阶段营养生态位差异，椭圆区域表示不同年间不同营养生态位；B、D、F 分别为 3 个营养阶段生态位宽度；A 和 B 为 2012 年、C 和 D 为 2015 年、E 和 F 为 2016 年。

三、讨论与分析

（一）角质颚稳定同位素与生态位的关系

近年来，角质颚 δ^{13}C 和 δ^{15}N 稳定同位素技术逐渐成熟，广泛应用于各种头足类的摄食生态研究（Ruiz-Cooley et al.，2006）。北太平洋柔鱼作为太平洋重要的经济头足类，对其摄食生态研究可以更好地了解其生活史过程。北太平洋柔鱼的主要食物来源为浮游动物、浮游甲壳类、头足类以及鱼类（Takahashi et al.，2001；Watanabe et al.，2004）。在海洋生态系统中，δ^{13}C

值代表着浮游生物纬度上、垂直分布上以及离岸距离上的变化，主要表示食物来源信息，而$\delta^{15}N$值则表示消费者营养级水平（Hobson et al.，1992，1994；Cherel et al.，2007）。本研究发现，不同年间$\delta^{13}C$和$\delta^{15}N$值存在显著性差异（$P<0.05$），这一结果在其他柔鱼科种类中也曾发现（胡贯宇，2019）。有研究学者表明，摄食习性差异可能由于生活阶段、洄游路径以及食物组成造成（Crespi-Abril et al.，2012；Arbuckle et al.，2014）。然而除此之外，环境和极端天气对海洋生态系统的影响也可能是造成这种差异的原因。因此，本研究分析柔鱼的摄食生态位在不同影响因素下的差异。

（二）环境因子与角质颚稳定同位素的关系

在前人的研究中，多以胴长、纬度和离岸距离作为主要研究指标，来解释头足类角质颚稳定同位素变化的原因（Hu et al.，2019）。然而，这种影响可能或者间接反映环境因子变化造成的影响。有研究发现，海洋浮游植物的$\delta^{13}C$值有从两极向赤道不断变小的趋势，同时减小程度也存在着南北半球的差异（Rau et al.，1982；Takai et al.，2000）。GAM结果显示，$\delta^{13}C$值会在适宜的SST范围内逐渐增加，低于13℃或高于20℃则下降，而$\delta^{13}C$值会随着Chl-a浓度升高而降低。方舟（2016）的研究发现，冬春生柔鱼角质颚的$\delta^{13}C$值会随着纬度的升高而降低，这与本研究结果间接一致。柔鱼从产卵场向索饵场洄游的过程中会经历从高SST到低SST的过程，对应在$\delta^{13}C$值上则为从高值转变为低值的一个趋势，与前人研究对应。$\delta^{13}C$值的变化同时说明浮游生物在纬度上存在变化，而浮游生物作为初级生产力，其大小也可以反映在Chl-a浓度上。GAM模型结果显示，柔鱼下角质颚$\delta^{13}C$值随着Chl-a浓度的升高而降低。冬春生群体在孵化时处于Chl-a浓度较低的海域，在随后的生活史阶段里，不断向着高Chl-a浓度的北部海域洄游。有研究发现，$\delta^{15}N$值可以反映浮游植物的同位素在纬度上的变化（Wada et al.，1990）。本研究发现，与$\delta^{13}C$值类似，$\delta^{15}N$值与SST呈正相关关系，与Chl-a浓度呈负相关关系。这一变化结果与前人研究间接对应，同位素的分馏作用是影响$\delta^{13}C$和$\delta^{15}N$变化的原因之一，高纬度的渔场存在着严重的分馏作用，导致$\delta^{13}C$值低（Takai et al.，2000）。同时，分馏作用也减少了非有机物利用氮元素进行氮化作用，从而导致高纬度海域的$\delta^{13}C$和$\delta^{15}N$值比低纬度海域低（Zhou et al.，2016）。由此可见，2015年的柔鱼$\delta^{13}C$和$\delta^{15}N$值均较其他两年低，说明该年柔鱼在渔场中处于较低SST和较高Chl-a浓度的环境下，但低$\delta^{13}C$和$\delta^{15}N$值的同时却具有较大的生态位面积，说明柔鱼在该年的柔鱼摄食较低营养级的多种类饵料。

（三）不同年间不同生活史阶段柔鱼生态位的变化

研究发现，不同年份部分生活史阶段柔鱼角质颚$\delta^{13}C$和$\delta^{15}N$值存在显著差异。早期柔鱼幼体在产卵场觅食时，由于食物种类的限制，主要为浮游植物，因此在$\delta^{15}N$值上不存在显著差异（Watanabe et al.，2004）。而造成$\delta^{13}C$值差异的主要原因可能是由于纬度的差异，前人研究关于纬度对$\delta^{13}C$值的影响中发现，纬度越高，$\delta^{13}C$值越低（Zhou et al.，2016）。因此，推断2015年柔鱼幼鱼低$\delta^{13}C$值对应的主要分布的纬度较其他两年高，也验证了推测洄游路径的准确性。同时，2012年柔鱼的生态位较高，且椭圆面积较大，说明拉尼娜事件期间，该渔场的饵料生物较为高级。而在洄游阶段，柔鱼角质颚的$\delta^{13}C$和$\delta^{15}N$值均存在显著差异，从生态位图来看，2012年和2016年的生态位均略高于2015年，可能是由于2015年处于厄尔尼诺期间，洄游路径内初级生产力下降，从而导致该年的同位素基线下降，进而反映到柔鱼身上；而正常年份和拉尼娜事件发生期与之相反。当柔鱼进入索饵场进入育肥阶段时，$\delta^{15}N$值差异最为明显，同时2012年和2016年柔鱼的生态位高度重合，说明拉尼娜事件发生期和正常年份差异不显著，而2015年生态位椭圆面积较大，生态位较低，说明该年柔鱼可能摄食更多种类的低营养级生物。研究发现，不同年间生态位差异明显，其中2012年生态位椭圆面积逐渐减小，说明该年柔鱼的食性从复杂到简单，从低等到高等；2015年幼鱼期和成鱼期的生态位均较低，且生态位椭圆面积大，说明厄尔尼诺发生期间，食物丰度下降，使得该年柔鱼不得已降低食物标准而捕食低营养级生物；而2016年在洄游过程中出现较大的生态位椭圆面积，说明在由厄尔尼诺转换为拉尼娜期间也会对食物丰度造成影响。Cherel等（2009）研究发现，头足类角质颚不同部位的$\delta^{15}N$值随着个体生长而逐渐增加，这一结果与本研究一致。本研究发现，不同年间$\delta^{15}N$值均随着生长而逐渐增加。其中，2012年的变化最为明显，其次为2015年，2016年最小。

四、小结

（1）本研究测定柔鱼角质颚翼部的稳定同位素，代表捕捞近期的摄食生态变化，同时利用GAM模型评估了SST和Chl-a浓度与$\delta^{13}C$和$\delta^{15}N$值的关系。研究发现，在13℃和20℃范围内，$\delta^{13}C$值随SST增加而增加，在范围外则向两端逐渐减小；而与Chl-a浓度为负相关关系。$\delta^{15}N$值与SST和Chl-a浓度的关系分别为正相关和负相关。2015年厄尔尼诺发生期间，柔鱼$\delta^{13}C$和$\delta^{15}N$值均为最低，可以说明该年柔鱼分布海域主要为低SST和高Chl-a浓度，结果与前文研究一致；而拉尼娜（2016年索饵场）发生期间与正常年份（2012年索饵场）没有显著差异。

（2）对不同生活史阶段的$\delta^{13}C$和$\delta^{15}N$值研究发现，正常年份（2012年）的$\delta^{15}N$值在不同生长阶段存在显著差异，可能是由于不同生长阶段摄食的饵料生物不同导致的食性转换。厄尔尼诺发生期，柔鱼角质颚的 $\delta^{13}C$ 和 $\delta^{15}N$ 值均较低，且生态位面积较大，说明该年柔鱼可能会主动摄食营养级较低的多种饵料生物，可能说明厄尔尼诺期间饵料生物的丰度较差。而 2016 年存在气候事件的转换，从厄尔尼诺事件转为拉尼娜事件，因此早期可能造成影响而后期与正常年份没有显著差异。

第三章　西北太平洋柔鱼栖息地和渔汛对气候变化的响应

第一节　基于最大熵模型模拟西北太平洋柔鱼潜在栖息地分布

海洋生态系统中，受全球气候变化和局部海洋环境改变的驱动，海洋物种的时空分布、丰度及资源量等均受到不同程度的影响。寻找海洋物种与海洋环境之间的关系，并建立有效的物种分布预报模式，有助于渔业资源开发和可持续利用。同时，可为未来气候变化背景下资源变动研究提供理论基础，从而对渔业资源进行有效管理和后续评估，提高应对气候变化的能力。

国内外学者研究表明，柔鱼资源年间和季节性波动与海洋环境变动息息相关，如 Igarashi 等（2017）通过回归分析方法分析柔鱼丰度变化，认为柔鱼资源丰度年际变化与太平洋年代际涛动高度相关。Chen 等（2012）采用线性回归模型分析了柔鱼渔场重心的时空分布与黑潮和海洋环境变动之间的关系，认为黑潮的强度和路径变动导致海表面温度异常（SSTA）的变化，从而使柔鱼栖息地南北移动。Chen 等（2007）采用多元线性回归方程建立了柔鱼资源丰度指数与环境变量的关系，认为拉尼娜事件导致柔鱼资源补充量减少，同时使渔场北移；厄尔尼诺事件有利于柔鱼资源补充，同时使渔场南移。Ichii 等（2011）采用多元线性回归分析方法分析认为，通过柔鱼育肥场的 Chl-a 浓度峰所在位置能够对柔鱼资源丰度做出较好的预测。以往研究中的渔场渔情分析大多是基于渔业资源丰度数据（如单位捕捞努力量渔获量或作业船数）进行统计分析并建立预测模式（Tian et al.，2009），使研究的结果局限在渔场区的时空范围内，且由于模型方法的限制，大多数研究均假设各个环境变量对物种种群动态的影响是相同的，且未考虑变量之间的相互作用（Tian et al.，2009）。而 MaxEnt 模型可以从局部的物种实际出现点的经纬度数据和对应的环境变量，结合计算机随机生成的“不出现点”数据，预测整个研究区域目标物种的生境适宜性（Jiménez-Valverde et al.，2008）。因此，本章在以往的研究基础上选取多个影响柔鱼分布的海洋环境因子，并采用 MaxEnt 模型对柔鱼潜在分布进行模拟，并通过模型中输出结果对柔鱼潜在栖息地进行评价，进一步分析影响柔鱼潜在分布的重要环境因子，为柔鱼资源的可持续利用和科学管理提供参考。

一、材料和方法

（一）渔业数据

柔鱼渔业生产数据来源于上海海洋大学鱿钓技术组，渔业统计数据包括作业船名、作业日期（年、月和日）、作业位置（经度和纬度）、日产量（t）等。该研究利用 2011—2015 年 7—10 月每天渔船作业的经纬度数据，并将该数据按月输入最大熵模型中进行建模。海洋环境数据选取 SST、Chl-a 浓度、SLA、MLD、NPP 5 个环境因子进行综合分析，其中 SST、Chl-a 浓度数据来源于 NOAA CoastWatch ERDDAP 数据库（https：//coastwatch. pfeg. noaa. gov/erddap/index. html），SLA 数据来源于法国国家空间研究中心卫星海洋学存档数据中心（AVISO：https：//www. aviso. altimetry. fr/en/data. html），MLD 数据来源于美国夏威夷大学国际太平洋研究中心（http：//apdrc. soest. hawaii. edu/las/v6/dataset? catitem＝0），NPP 数据来源于美国俄勒冈州立大学网站（http：//www. science. oregonstate. edu/ocean. productivity/index. php）。所有环境数据时间为 2011—2015 年 7—10 月，时间分辨率为月，空间范围为 35°—50°N，140°—180°E，空间分辨率为 0. 5°×0. 5°。

（二）MaxEnt 模型应用

MaxEnt 模型在 2004 年开始应用于物种分布模型（species distribution model，SDM），目前已被广泛应用于物种分布研究（Elith et al. ，2011；Jones et al. ，2015；张路等，2015；陈芃等，2016；孔维尧等，2019）。模型运算使用最新的软件 MAXENT3. 4. 1（http：//biodiversityinformatics. amnh. org/open _ source/maxent/），该软件输入层（samples）中的柔鱼分布数据为捕捞当月各渔船每天渔获物所在经纬度（即 2011—2015 年 7—10 月各月渔船每天渔获物所在经纬度数据，按月以 CSV 格式进行存储，包括物种名、经度、纬度，去除渔获为 0 的数据记录）。环境图层（environmental layers）为捕捞当月 SST、MLD、NPP、SLA 及 Chl-a 浓度数据（即 2011—2015 年 7—10 月各月环境变量取平均值后输入对应捕捞月份的环境图层，且以 ASCII 格式进行存储）。在设置中随机将柔鱼样本中 70%的出现点设置为训练集，剩余的 30%的出现点作为测试集，重复运算设定为 10 次，以消除随机性，并去除重复数，结果以 Logistic 格式输出，其余选项默认模型的自动设置。

利用受试者工作特征曲线（receiver operating characteristic curve，ROC）

下的面积（area under curve，AUC 值）大小来评价各月模型的精度（Phillips，2019）。将不同月份的 MaxEnt 模型模拟的柔鱼出现点概率结果分别导入 ArcGIS 中进行可视化分析，将模拟的概率值定义为栖息地适宜性指数（habitat suitability index，HSI），并进行人工划分，当 HSI>0.6 时，该海域被认作柔鱼最适宜区，当 0.4<HSI≤0.6，该海域被认作柔鱼较适宜区，当 0.2<HSI≤0.4，该海域被认作柔鱼一般适宜区，当 0<HSI≤0.2 时，该海域被认作柔鱼不适宜区。最后采用模型中的刀切法（Jackknife）模块对影响柔鱼潜在分布的重要环境因子进行分析（Phillips，2019）。

二、结果

（一）柔鱼渔场时空分布

7—10 月柔鱼渔场经纬度分布存在季节性差异。渔场经度分布方面，7—8 月柔鱼渔场广泛分布在 150°—175°E，集中分布在 150°—160°E，9—10 月柔鱼渔场主要分布在 150°—162°E，162°E 以东地区几乎没有渔场作业（图 3-1）。渔场纬度分布方面，7 月柔鱼渔场主要出现在 37°—44°N，8 月柔鱼渔场向北移动，主要出现在 40°—44°N，9 月柔鱼渔场向东北移动，柔鱼渔场主要出现在 42°—46°N，10 月向南移动，柔鱼渔场主要出现在 40°—44°N。

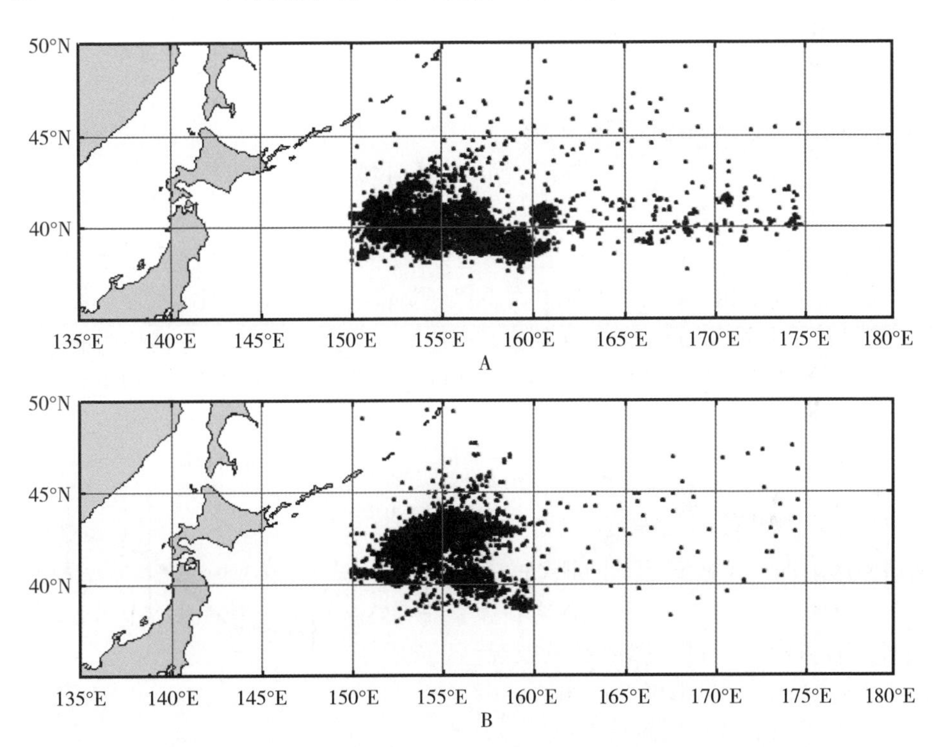

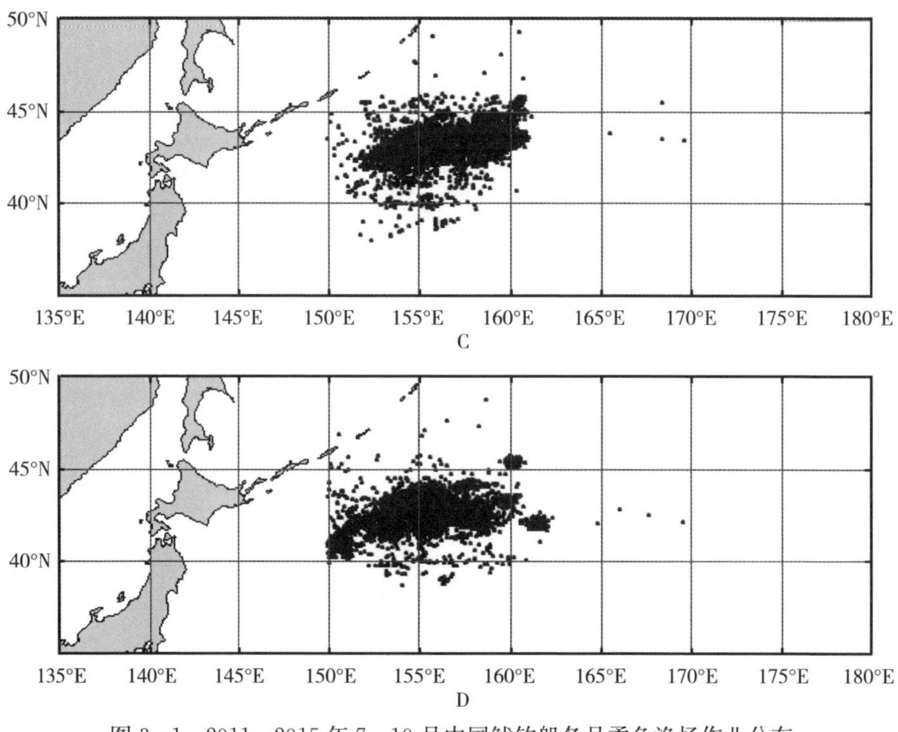

图 3-1 2011—2015 年 7—10 月中国鱿钓船各月柔鱼渔场作业分布

A. 7 月 B. 8 月 C. 9 月 D. 10 月

（二）柔鱼渔场环境因子变化规律

2011—2015 年西北太平洋柔鱼渔场海洋环境变化明显（图 3-2）。7—10 月 Chl-a 浓度和 SLA 呈逐月递增趋势。7 月和 8 月捕捞月份早期时 SST 较高，在随后月份中递减。7—10 月 NPP 呈波动趋势，7 月和 9 月 NPP 几乎相等，8 月和 10 月 NPP 几乎相等，且 7 月和 9 月 NPP 明显高于 8 月和 10 月 NPP。7 月和 8 月捕捞月份早期时 MLD 偏低，在随后月份中呈上升趋势，且上升趋势明显，9 月 MLD 与 8 月相比上升了 50%，10 月 MLD 与 8 月相比上升了 160%以上。

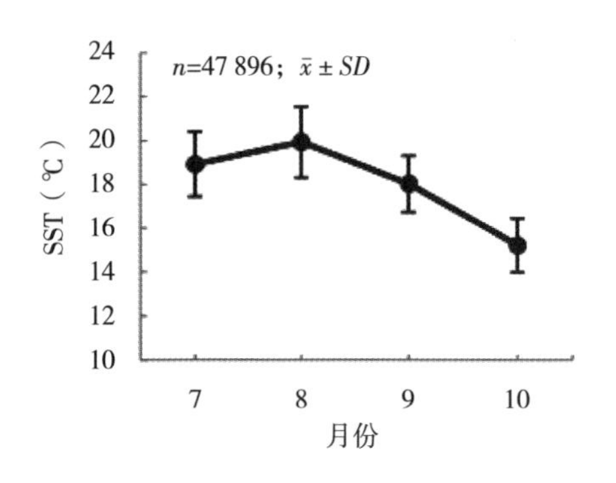

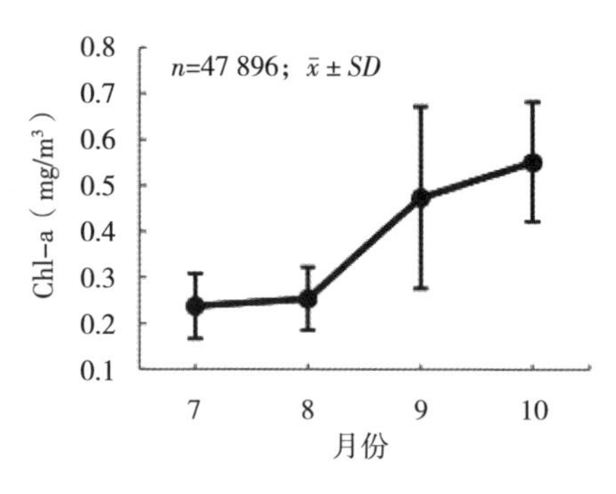

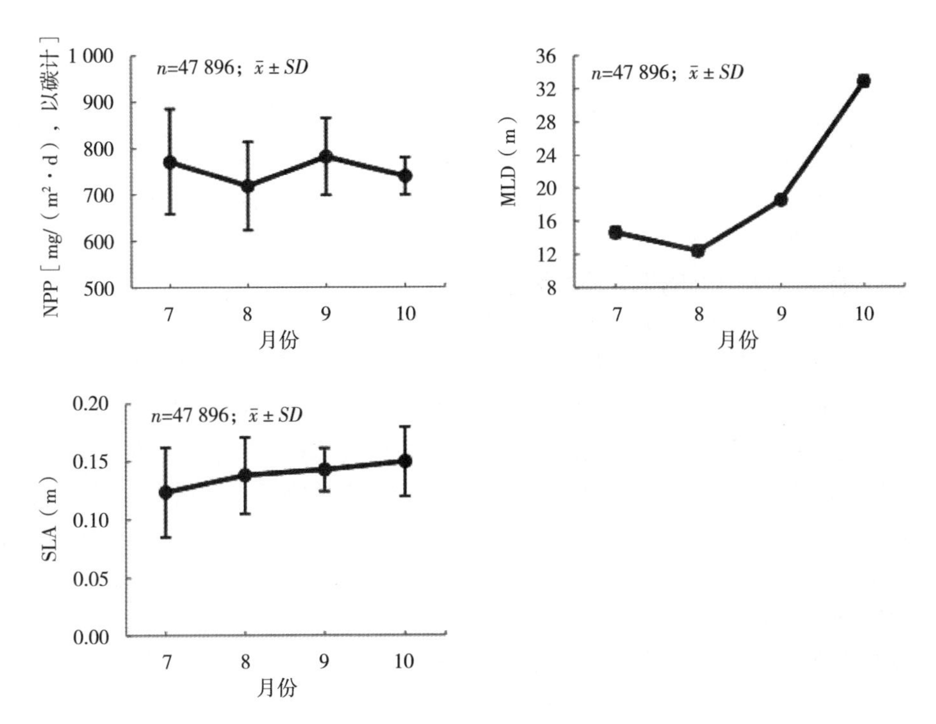

图 3-2　2011—2015 年 7—10 月柔鱼渔场海洋环境变化

注：包括海表面温度、Chl-a 浓度、净初级生产力、混合层深度及海平面异常。

（三）最大熵模型结果精度检验

ROC 曲线分析法是通过计算曲线下方面积，即 AUC 值来判断模型模拟的精度。AUC 值介于 0.5～1，AUC 值数值越大，表明模拟的精度越高，AUC>0.9 时，表明模拟精度非常高。2011—2015 年 7—10 月柔鱼 MaxEnt 模型的测试集 AUC 值均大于 0.9（表 3-1），表明 MaxEnt 模型对西北太平洋柔鱼潜在分布的模拟效果非常好。

表 3-1　2011—2015 年 7—10 月柔鱼 MaxEnt 模型统计结果（$n=10$；$\bar{x}\pm SD$）

月份	*AUC* 值
7	0.954±0.004
8	0.944±0.003
9	0.969±0.003
10	0.970±0.003

（四）柔鱼潜在栖息地分布特征

利用 MaxEnt 模型对西北太平洋柔鱼各月潜在分布的模拟，结果显示，

2011—2015 年 7—10 月各月柔鱼潜在栖息地分布变化较大（彩图 16）。7 月柔鱼最适宜区主要分布在 39°—43°N，150°—163°E，最适宜区和较适宜区广泛分布在 38°—44°N，150°—180°E，呈长条状分布。8 月柔鱼最适宜区向东移动，较适宜区向北扩张至 46°N。9 月柔鱼最适宜区和较适宜区面积向西急剧缩小，主要集中在 40°—46°N，150°—160°E。10 月最适宜区和较适宜区向南移动，主要分布在 40°—45°N，150°—165°E。

（五）影响柔鱼分布的重要环境因子

2011—2015 年各月柔鱼潜在分布的 MaxEnt 模型中环境变量重要性刀切法结果显示（图 3-3），7 月和 8 月，在仅包含单个因子获得的增益中，仅包含 SST 时，模型能获得最大增益，不含 SST 时，模型增益减少最大，说明 SST 是影响 7 月和 8 月柔鱼潜在分布的重要环境因子。9 月，当仅包含 MLD 时模型增益最大，不包含 MLD 时模型增益减少最多，然后是 SST，说明 MLD 和 SST 是影响 9 月柔鱼潜在分布的重要环境因子。在 10 月，当仅包含 NPP 时模型增益最大，不包含 NPP 时模型增益减少最多，然后是 SST，说明 NPP 和 SST 是影响 10 月柔鱼潜在分布的重要环境因子。在所有的月份中，相比于其他环境变量，当仅包含 SLA 时，模型增益最小，说明 SLA 在各月模型模拟中对柔鱼潜在分布的影响最小。

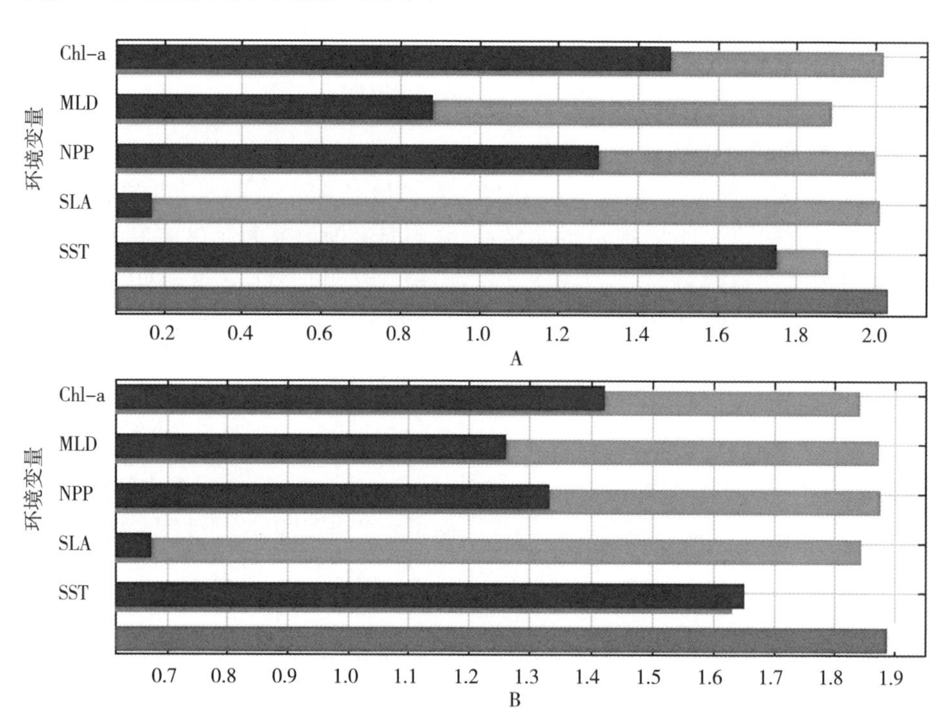

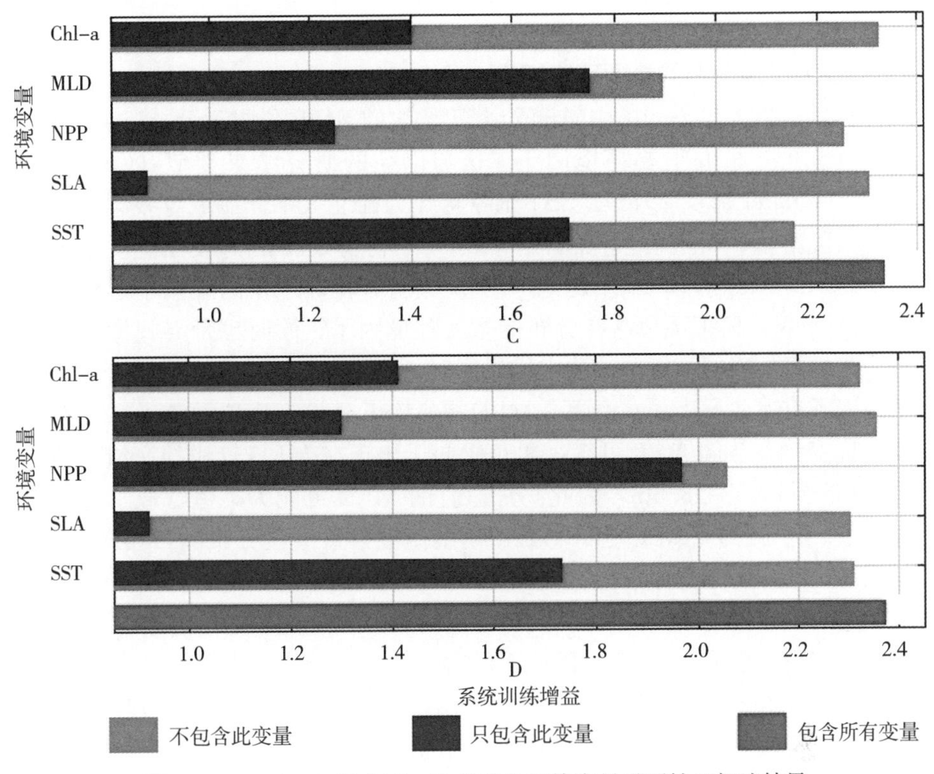

图 3-3　2011—2015 年 7—10 月柔鱼环境变量重要性刀切法结果

A. 7 月　B. 8 月　C. 9 月　D. 10 月

三、讨论与分析

(一) MaxEnt 模型应用及其优势

采用 MaxEnt 模型模拟西北太平洋柔鱼潜在栖息地分布精度非常高。基于模型模拟或预测精度，MaxEnt 模型通常优于其他方法（Merow et al.，2013），同时 MaxEnt 软件易于使用，使 MaxEnt 软件包成为物种分布和环境生态位建模较广泛的工具之一。以往的研究中，通常基于渔业统计数据对渔情进行分析（Tian et al.，2009），使研究局限于一定的时空范围内，而 MaxEnt 模型适应于分布数据有限的物种，只需获取物种出现点的位置信息和环境背景数据，就可以推测其时空分布（李文庆等，2019）。如该研究中尽管渔业数据采样范围为 35°—50°N，150°—175°E，而当环境背景数据范围有所扩大（35°—50°N，140°—180°E）时，同样可以模拟渔业采样范围以外的分布概率，从研究结果可以看出，在 140°—150°E 以及 175°—180°E，存在柔鱼最适宜区和较适宜区，说明柔鱼可能分布于传统作业区域以外的海域，这也验证了商业性渔业集中作业的特点，导致在作业海域以外尽管可能有柔鱼存在但并未出现渔船作业的现象。

（二）影响柔鱼分布的重要环境因子

2011—2015 年 7—10 月 MaxEnt 模型输出的刀切图结果显示，SST 是各月影响柔鱼潜在分布的重要环境因子，这与以往的研究结果类似（Chen et al.，1999；Gong et al.，2012）。SST 通常可作为西北太平洋海域寻找柔鱼渔场的指标（陈新军，1995）。陈新军等（2009b）利用 SST 和海表面温度水平梯度（gradient of SST，GSST）建立 HSI 模型能够较好地预测柔鱼中心渔场，因此 SST 不仅是模拟柔鱼潜在分布的重要环境因子，同时也是寻找渔场以及预报中心渔场的重要指标。该研究结果同时表明，各月影响柔鱼潜在分布的重要环境因子有所差异，如在 9 月，MLD 是 MaxEnt 模型模拟柔鱼潜在分布的重要环境变量，从图 3-3 可知，柔鱼倾向于出现在 MLD 较浅的海域，最适宜 MLD 介于 15.5～18.5m，因此 9 月适宜的 MLD 可能为柔鱼营造了适宜的生存环境。在 10 月，NPP 是 MaxEnt 模型模拟柔鱼潜在分布的重要环境变量，从图 3-3 可知，10 月柔鱼渔场平均 NPP 为（739.2±40.2）mg/（m^2 · d）（以碳计）。以往的研究表明，NPP 变化对柔鱼资源的空间分布和丰度大小具有调控作用（余为，2016），因此 NPP 在 10 月可能成为限制柔鱼分布的关键因子。各月 MaxEnt 模型模拟柔鱼潜在分布中，当使用单变量构建的 MaxEnt 模型时，使用 SLA 的模型输出增益明显低于使用其他变量的模型输出增益，说明 SLA 对模型的贡献较小；且在不包含 SLA 的模型输出增益与包含所有变量的模型输出增益基本一致，说明 SLA 与其他环境因子可能存在交互作用，因此在建立柔鱼分布模型时可以考虑忽略该因子。

四、小结

本节结果表明 MaxEnt 适应于柔鱼栖息地分布模拟，模拟精度非常高，且 SST 在各月柔鱼栖息地分布中都是非常重要的环境影响因子，这为下一步的研究奠定了基础。MaxEnt 模型可以有效处理环境变量间的复杂交互关系（Elith et al.，2011），因此本节研究中并未考虑各环境变量的交互作用，但这会给环境变量重要性评估方面带来困难，故该研究仅分析了各月对模型影响重要的环境因子，并未对环境变量的贡献率以及重要性排列进行深度分析。同时，由于影响物种分布的因子很多，基于已有的数据构建的模型往往不能反映物种的生态本质，甚至基础生态位（Wintle et al.，2004；Tian et al.，2009），因此建议在今后的研究中应尽可能地将影响物种潜在分布的环境因子考虑进来。此外，针对在海洋环境中的物种建模中常见的数据质量和数量问题，应尽可能选择适用于目标物种的分布模式，由于模型的算法以及相对适宜性之间的差异，有研究认为（Jones et al.，2012），在采用不同的方法或模型进行模拟或预测时，不建议使用统计数据比较模型和选择“最佳”模型，建议采用多模式方法，以尽量减少因数据和模型公式的不确定性造成的偏差。

第二节　水温升高对柔鱼潜在栖息地分布的影响

气候变化导致全球变暖已经对陆地、淡水和海洋生态系统造成直接或间接的影响，在海洋环境中，许多物种已经改变了其地理分布范围、丰度、物种间的交互作用（Jones et al.，2015），甚至导致一些海洋物种栖息地范围转变，海洋物种灭绝概率升高，从而改变海洋物种生态位和生态系统功能，进一步影响海洋渔业中依赖于渔业的经济的发展和食物的供给。寻找海洋物种与海洋环境之间的关系，并建立有效的物种分布预报模式，有助于渔业资源开发和可持续利用，提高应对气候变化的能力。

气候变化对海洋物种分布格局和种群数量的影响研究越来越受关注。柔鱼是西北太平洋渔业重要的经济种类之一，分布在北太平洋西部海域的柔鱼冬春生群是我国传统的捕捞对象（王尧耕，2005），我国在该海域内每年的柔鱼产量占北太平洋柔鱼总产量的80%以上。其资源丰度和分布受全球气候变化和局部海洋环境变动的影响（Ichii et al.，2011；Yu et al.，2016c），其中SST被认为是影响柔鱼栖息地分布重要的环境指示因子之一（Gong et al.，2012）。近20年来，利用遥感环境数据，以水温为主要环境因子对柔鱼的资源丰度和渔场分布进行近实时预报研究已取得重要进展（Cao et al.，2009），但针对气候变化背景下，柔鱼潜在栖息地分布的中长时期（至21世纪末）预测研究较少，因此本节利用IPCC第5次评估报告中采用的全球耦合模式比较计划第5阶段CMIP5模式中的SST数据，结合柔鱼生产数据、MaxEnt模型分析未来不同气候变化情景下，柔鱼种群潜在栖息地分布的变化情况，为渔业生产和管理提供理论依据。

一、材料和方法

（一）渔业数据

柔鱼渔业生产数据来源于上海海洋大学鱿钓技术组，时间为1996—2005年7—10月，为柔鱼主要渔汛月份。空间分布介于35°—50°N、143°—170°E，为西北太平洋传统作业渔场。数据包括作业日期（年、月和日）、作业船数、作业位置（经度和纬度）、日产量（t）等。本研究利用中国鱿钓渔船渔捞记录，经去除日产量为0的数据记录，最后获得1996—2005年7—10月的渔业数据样本数量分别为5 353尾、9 009尾、8 531尾和7 530尾，并将该数据按月输入 MaxEnt 模型中进行建模。

（二）气候变化数据

本研究采用CMIP5 模式中的全球海气耦合气候模式 CESM1（Community Earth System Model version 1）。该模式是由美国国家大气研究中心（National Center for Atmospheric Research，NCAR）在 CCSM4 基础上开发的地球气候系统模式。CESM1 包含 RCP4.5 和 RCP8.5 两种情景，SST 数据来源于美国国家环境预报中心（http：//apdrc.soest.hawaii.edu/las/v6/dataset? catitem=0），时间尺度为月，空间分布为 30°—60°N、135°—180°E，空间尺度为 1°×1°（Long et al.，2013）。

研究利用 CESM1 中 1996—2005 年 7—10 月的历史试验 SST 数据，并计算 10 年月平均 SST 值作为 2000 年 7—10 月的基准环境数据。在 RCP4.5 和 RCP8.5 两种情景下，CESM1 输出的未来气候变化 SST 数据分别分为 3 个时间段，计算 2021—2030 年 7—10 月、2051—2060 年 7—10 月、2091—2100 年 7—10 月的平均 SST 值分别作为 2025 年 7—10 月、2055 年 7—10 月、2095 年 7—10 月的 SST 数据。

（三）MaxEnt 模型应用

MaxEnt 模型是由 Phillips 在 2004 年构建并开始应用的物种分布模型（Phillips et al.，2006）。模型运算使用最新的软件 MAXENT3.4.1（http：//biodiversityinformatics.amnh.org/open _ source/maxent/），该软件输入层（samples）中的柔鱼分布数据为 1996—2005 年主要渔汛月份（7—10 月）每日渔获所在渔场经纬度（即所有年份 7 月、8 月、9 月和 10 月渔业数据，共 4 个数据集，且以 CSV 格式进行存储，包括物种名、渔获所在经度、渔获所在纬度），环境图层（environmental layers）为 2000 年汛期作业海域的基准 SST 数据（即 7 月、8 月、9 月和 10 月的 SST 数据，且以 ASCII 格式进行存储）。预测图层为 RCP4.5 和 RCP8.5 两种情景下 2025 年、2055 年及 2095 年捕捞期（7—10 月）的 SST 数据（以 ASCII 格式进行存储），在设置中随机将柔鱼渔捞数据样本中 70%的出现点设置为训练集，剩余的 30%的出现点作为测试集，重复运算设定为 10 次，以消除随机性，结果以 Logistic 格式输出，其余选项默认模型的自动设置。

利用 ROC 以下的面积，即 AUC 值大小来评价各月模型预测的准确性（Phillips，2019）。AUC 值为 0.5～1，AUC 值越大，表明模拟的精度越高，AUC>0.9 时，表明模拟精度非常高，MaxEnt 适用于对该物种进行潜在栖息地分布预测。将不同情景下各年月的 MaxEnt 模型预测的柔鱼潜在栖息地分布概率结果分别导入 ArcGIS 中进行可视化分析，将预测的概率值定义为 HSI。当 HSI≥0.6 时，该海域被认作柔鱼栖息最适宜区；当 0.4≤HSI<0.6 时，认

作较适宜区；当 0.2≤HSI<0.4 时，认作一般适宜区；当 0≤HSI<0.2 时，认作不适宜区。

二、结果

（一）柔鱼渔场季节性分布

1996—2005 年柔鱼渔场分布存在季节性差异。在经度上，7—8 月渔场广泛分布在 145°—170°E，9—10 月渔场向西移动，主要分布在 145°—165°E，集中分布在 150°—160°E。在纬度上，7 月渔场主要出现在 38°—43°N，8 月渔场向北移动，主要出现在 40°—45°N，9 月渔场继续向北移动，主要出现在 42°—45°N，10 月渔场向南移动，主要出现在 40°—44°N（图 3-4）。

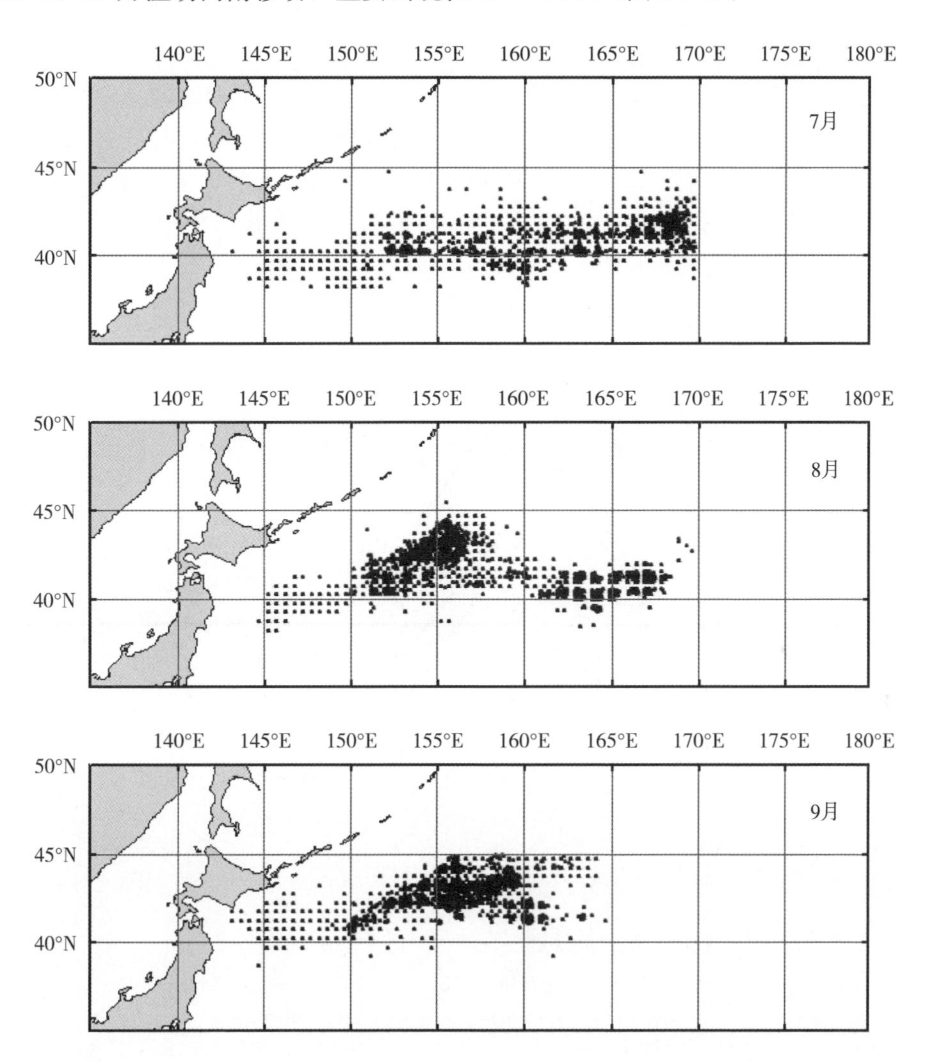

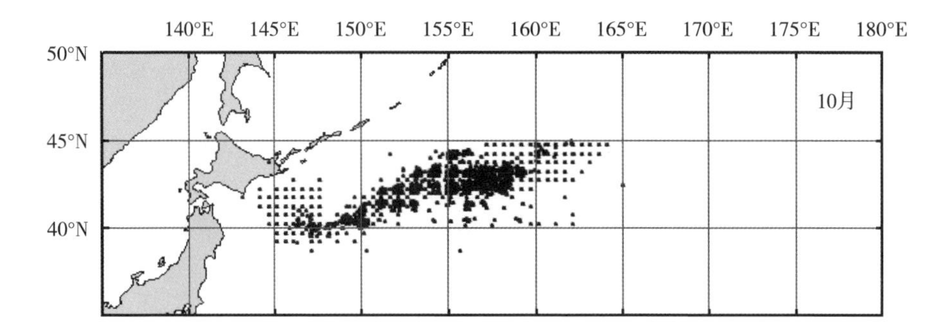

图 3-4　1996—2005 年 7—10 月中国鱿钓船各月柔鱼渔场作业分布

（二）柔鱼渔场水温变化

柔鱼渔场水温季节性变化明显。2000 年 7 月渔汛早期时较高，渔场平均 SST 为 17.78℃；8 月升高到 18.67℃；9 月降低到 17.44℃，与 7 月相近；10 月继续降低，平均为 15.96℃。在 RCP4.5 和 RCP8.5 两种情景下，2025 年、2055 年和 2095 年 7—10 月柔鱼渔场各月平均 SST 变化趋势与 2000 年 7—10 月渔场各月平均 SST 变化一致（图 3-5）。

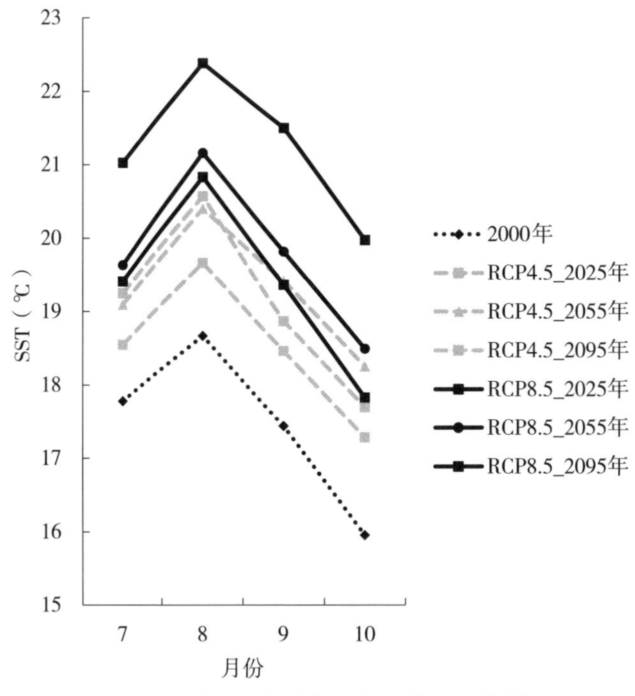

图 3-5　柔鱼渔场月均 SST 年代际变化预测

（三）MaxEnt 模型精度检验

1996—2005 年 7—10 月柔鱼潜在栖息地分布 MaxEnt 模型统计测试结果中 AUC 值均大于 0.9（表 3－2），表明 MaxEnt 模型对西北太平洋柔鱼潜在栖息地分布的预测效果非常好。

表 3－2　1996—2005 年 7—10 月柔鱼潜在栖息地分布的 MaxEnt 模型统计测试结果

月份	样本总数（*N*）	AUC 值	标准差（*SD*）
7	124	0.938	0.006
8	97	0.943	0.008
9	88	0.950	0.006
10	87	0.949	0.006

（四）柔鱼潜在栖息地适宜水温变化

1996—2005 年各月柔鱼潜在栖息地分布 MaxEnt 模型训练结果显示，柔鱼潜在栖息地各月适宜的 SST 范围发生改变（彩图 17）。7 月和 10 月最适宜 SST 较低，8 月和 9 月较高。7—10 月最适宜 SST 范围分别为 14～19℃、17～22℃、16～21℃和 13～19℃，峰值分别出现在 15℃、20℃、20℃和 15℃。

（五）未来气候变化的柔鱼潜在栖息地分布

未来气候变化情景下，柔鱼各月潜在栖息地的适宜面积（最适宜区和较适宜区面积之和）发生改变。相比于 2000 年 7—10 月柔鱼潜在栖息地的适宜面积，在 RCP4.5 下，2025 年、2055 年、2095 年均有所增加，新增面积变化幅度为 3%～13%。在 RCP8.5 下，除 2025 年 8 月和 10 月以及 2055 年 10 月适宜面积略有减少，减少面积为 1%～3%；其他年月的适宜面积均有所增加，特别是到 2095 年，7—10 月柔鱼潜在栖息地分布的适宜面积显著增加，新增面积变化幅度为 42%～80%（图 3－6）。

2000 年柔鱼潜在栖息地最适宜区纬度为 39°—45°N（彩图 18A）。在 RCP4.5 下，最适宜区随着年份的增加缓慢向北移动，到 2095 年向北移动到 40°—46°N（彩图 18B）；在 RCP8.5 下，柔鱼潜在栖息地分布最适宜区向北移动明显，到 2095 年最适宜区向北移动并扩张到 42°—51°N（彩图 18C）。

三、讨论与分析

1996—2005 年 7—10 月柔鱼渔场在经度方向上呈现从 170°E 逐步向西移动的趋势，纬度方向上在 38°—43°N 南北移动。水温影响柔鱼生理、生长和生存，使柔鱼对栖息环境中的水温变化高度敏感（Ichii et al.，2009），本节 MaxEnt 模型结果显示，1996—2005 年各月柔鱼潜在栖息地适宜的 SST 范围

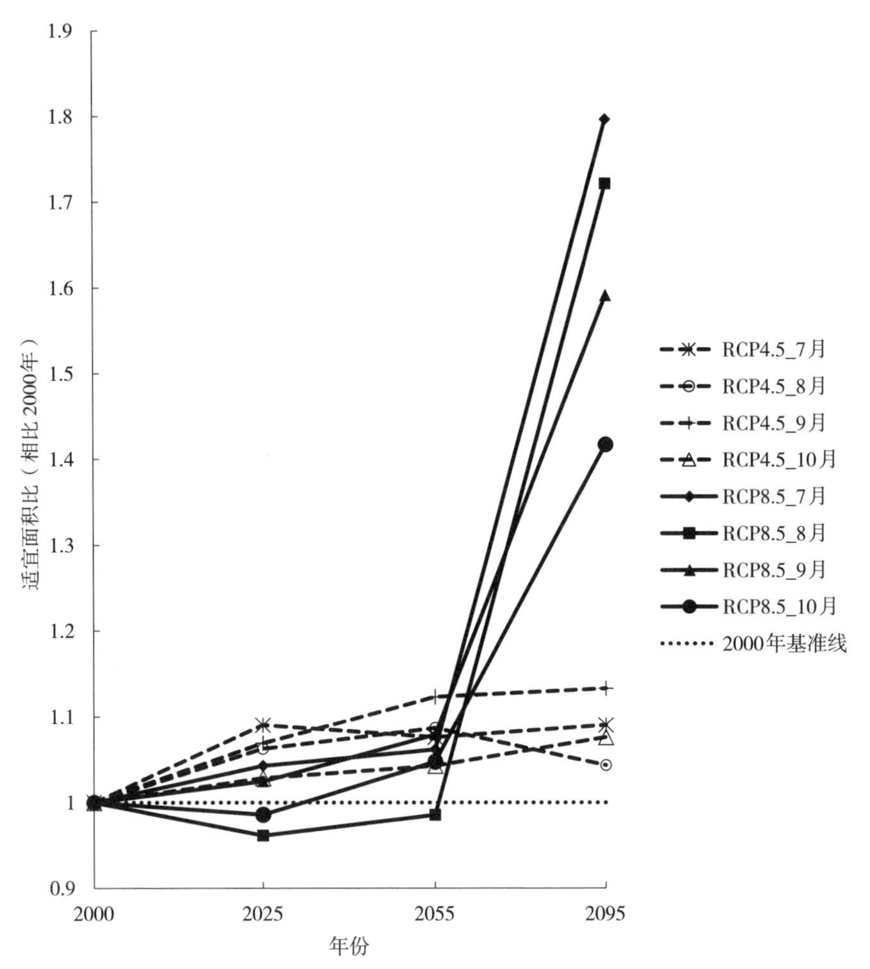

图 3-6　柔鱼潜在栖息地适宜面积比年代际变化预测（相比于 2000 年）

发生改变，这可能是导致柔鱼渔场在纬度方向上呈现季节性分布变化特征的原因之一，这与前人研究结果一致（陈新军等，2005）。余为（2016）研究认为，柔鱼渔场纬度重心的南北移动主要与 PDO 以及 SST 和 SSH 有关，但本节仅利用 SST 进行了分析，柔鱼渔场经纬度方向的季节变化可能还受其他环境因子的影响，今后需进一步结合其他环境因子进行分析。

气候变化背景下，水温升高使西北太平洋柔鱼潜在栖息地分布范围整体向极地移动和扩张。未来柔鱼渔场水温存在明显的年变化，进一步分析表明，在 RCP4.5 下，2025 年、2055 年和 2095 年各月柔鱼渔场平均 SST 分别升高 1.03℃、1.83℃和 1.63℃；在 RCP8.5 下，2025 年、2055 年和 2095 年各月柔鱼渔场平均 SST 分别升高 1.90℃、2.32℃和 3.76℃。推测到 21 世纪末，当柔鱼渔场平均 SST 值上升不超过 1.63℃时，柔鱼潜在栖息地分布范围向北移动不超过 2°（纬度）；当柔鱼渔场平均 SST 上升达到 3.76℃时，柔鱼潜在栖息地分布将大范围向北移动和扩张，最适宜区北缘最北可达到 51°N。气候变化下柔鱼渔场 SST 升高，柔鱼潜在栖息地向北移动可能是其适宜水温向北扩张后的反映。从海洋物理过程来看，在西北太平洋海域，SST 上升不仅与气候变暖有关，而且与黑潮有关，未来气候变化下，黑潮延伸体可能向北移动并得到加强，且其海域表面增温远大于周围海域（刘娜等，2014），而柔鱼渔场主要分布在黑潮延伸体海域以及与亲潮交汇区（范江涛等，2010；Chen et al.，2012），这给未来柔鱼栖息地向北移动提供了可能。从营养供给来看，气候变化下北太平洋浮游生物向北扩张，且黑潮增强将丰富的饵料向北输送，这也给柔鱼栖息地向北移动提供了支持（图 3－7）。

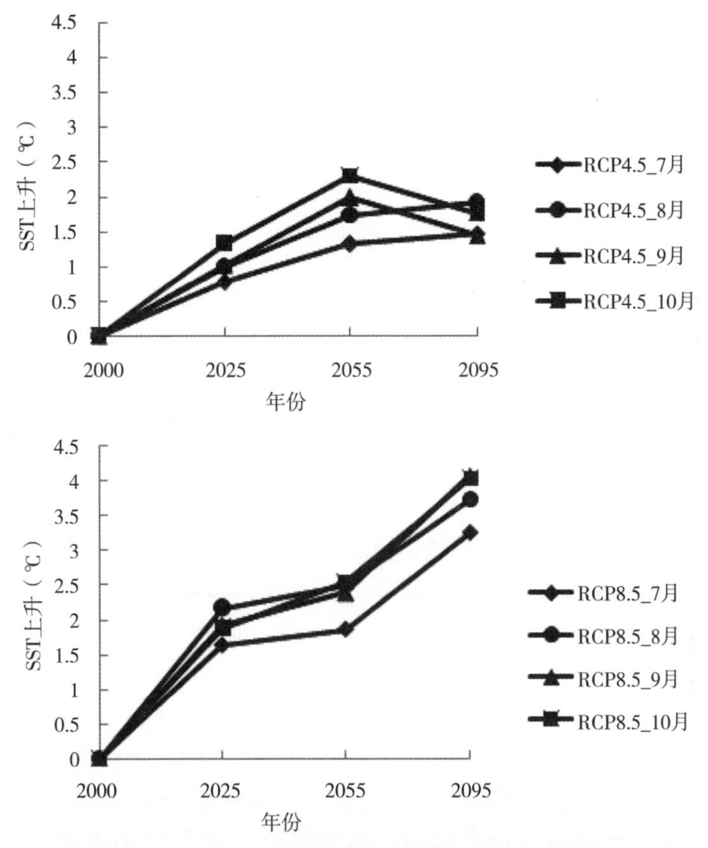

图 3－7　气候变化情景下柔鱼渔场 SST 上升情况

为应对气候变化，有的物种能够很好地适应环境变化，成为优势物种；有的物种不能适应新的环境，栖息地减少甚至丧失（Jones et al.，2015）。相同的物种在不同的海域中对气候变化的响应可能不同（王尧耕，2005），这可能与不同海洋生态系统中生物、物理、化学环境变化有关。本研究结果表明，水温上升使西北太平洋柔鱼潜在栖息地面积有不同程度的增加，但 Alabia 等（2016）研究认为，海洋变暖使中西部太平洋柔鱼潜在栖息地适宜面积减少。尽管北太平洋海域 SST 预测整体呈现上升趋势，但西北太平洋柔鱼渔场主要分布在黑潮和亲潮交汇区，而中西太平洋柔鱼渔场主要分布在亚北极边界至亚北极锋区，两个海域不同的物理过程和生物生产力变化可能造成柔鱼潜在栖息地预测结果差异。此外，本节中仅考虑了 SST 变化对柔鱼潜在栖息地的影响，也可能给研究结果带来偏差。不同的物种在相同的海域中对气候变化的响应也可能不同，这可能与物种本身生理特特性及其对环境的适应性有关，如亚热带物种对气候变暖的反映差异显著（Shultz et al.，2014）。相同的物种在同一海域栖息地变化也可能由于模型原理不同而导致结果出现差异（Jones et al.，2012）。因此，在今后的研究中，应结合柔鱼在西北太平洋生态系统的功能和本身生理反应特征采用多模式方法进一步研究其对气候变化的响应，以减少研究中的不确定性。

四、小结

本节尝试从寻找柔鱼渔场的重要指标——SST 着手，分析水温变高对柔鱼潜在栖息地的影响，结果显示，水温变高使柔鱼潜在栖息地分布范围整体向北移动，且适宜栖息地范围扩张。但西北太平洋柔鱼渔场时空分布可能受到海洋环境的综合影响，本节仅分析了单因素 SST 的变化对柔鱼潜在栖息地分布的影响，下一节将结合多个海洋环境因素，进一步分析气候变化情景下柔鱼潜在栖息地的时空分布以及渔汛变化情况。

第三节　未来气候变化对柔鱼潜在栖息地和渔汛的影响

柔鱼在早期生活史阶段（仔稚鱼）具有浮游性，其生长和死亡主要依赖于产卵场的环境条件，如 SST、Chl-a 浓度等（Young et al.，2000；Ichii et al.,2009）。柔鱼在幼鱼阶段游泳能力逐渐增强，到成鱼阶段具有较强的活动性，能够通过对环境变化的适应选择合适的育肥场和索饵场，并在性成熟后主动选择合适的产卵场产卵，该阶段柔鱼资源分布也与环境条件存在显著关系（Chen et al.，1999；余为等，2013）。柔鱼整个生活史阶段均受到不同海洋环境的影响，成年后的柔鱼有可能根据气候变化表现出快速的丰度和分布变化，因此研究索饵场柔鱼在未来气候变化下潜在栖息地范围的变化情况，有助于柔鱼资源的有效管理和后续评估，尽早制订应对气候变化的策略。

因此本节在本章第二节的基础上，选取多个影响柔鱼栖息地分布的海洋环境因子，结合 IPCC 未来气候变化数据进行分析，由于 MaxEnt 模型能够输出各个环境变量的贡献率以及有效处理变量之间的相互作用（Wintle et al.，2004)，故本节继续采用 MaxEnt 模型对柔鱼潜在分布进行预测，并通过模型中输出结果对柔鱼潜在栖息地进行评价，并量化分析柔鱼适宜栖息地面积变化情况，在此基础上分析未来柔鱼渔汛可能的变化情况。

一、材料和方法

（一）数据来源

1. 渔业数据 柔鱼渔业生产数据来源于上海海洋大学鱿钓技术组，时间为 1996—2005 年 7—11 月，空间分布范围为 35°—50°N，143°—170°E，为西北太平洋传统作业渔场，主要捕捞对象为柔鱼冬春生西部群体，我国在该海域内每年的柔鱼产量占北太平洋柔鱼总产量的 80%以上。渔业统计数据包括作业日期（年、月和日）、作业船数、作业位置（经度和纬度）、日产量（t）等。本节利用 1996—2005 年 7—11 月每日渔船作业的经纬度数据，去除产量为 0 的数据记录，将该数据按月输入最大熵模型中进行建模。

2. 气候变化数据 气候变化数据本节采用 CMIP5 中的全球大气-海洋耦合气候模式（CESM1），该模式由美国国家大气研究中心开发。CESM1 包含 RCP4. 5 和 RCP8. 5 两种情景，历史数据时间跨度为 1850—2005 年，未来气候变化情景（RCP4. 5 和 RCP8. 5）下的气候预测数据时间跨度为 2006—2100 年，时间尺度为月，空间尺度为 1°×1°。根据以往的研究和 CESM1 模型输出变量选取影响柔鱼分布的重要环境因子，包括 SST、SSS、SSHAG、POCP，并按月计算 1996—2005 年 7—11 月的历史环境变量在每个研究海域的平均值，作为 2000 年 7—11 月的基准环境数据，RCP4. 5 和 RCP8. 5 两种情景下的未来气候数据分别分 3 个时间段，同样选取 2021—2030 年、2051—2060 年和 2091—2100 年 7—11 月中 SST、SSS、SSHAG 和 POCP 4 个环境因子，并计算每 10 年的月平均值，分别代表 2025 年、2055 年和 2095 年各月环境情况。

（二）研究方法

1. 模型模拟当前柔鱼潜在栖息地分布 MaxEnt 模型在 2004 年开始应用于物种分布模型（SDM），成为海洋保护和管理的重要工具。模型运算使用最新的软件 MAXENT3. 4. 1（http：//biodiversityinformatics. amnh. org/open _ source/maxent/），该软件输入层（samples）中的柔鱼分布数据为 1996—2005 年主要渔汛月份（7—11 月）捕捞当月每日渔获所在经纬度（即所有年份 7 月、8 月、9 月、10 月和 11 月渔获经纬度数据，共 4 个数据集，且以 CSV 格式进行存储，包括物种名、经度、纬度），环境图层（environmental layers）为2000年捕捞当月的基准环境数据，包括SST、SSS、SSHAG和POCP（即7月、8月、9月、10月和11月每个月份均有4个环境变量数据，2000年各月环境变量输入对应捕捞月份的环境图层，且以ASCII格式进行存储）。在设置中随机将柔鱼样本中70%的出现点设置为训练集，剩余的30%的出现点作为测试集，重复运算设定为10次，以消除随机性，结果以Logistic格式输出，其余选项默认模型的自动设置。

利用ROC下面积，即AUC值大小来评价各月模型模拟的精度（Phillips，2019），AUC值大小为0.5～1，AUC值数值越大，表明模型模拟的精度越高，AUC>0.9时，表明模拟精度非常高，MaxEnt模型适用于对该物种进行潜在分布预测（Phillips et al.，2006）。将不同月份的MaxEnt模型模拟的柔鱼出现点概率结果取10次运算平均值后分别导入ArcGIS中进行可视化分析，将模拟的柔鱼分布概率值定义为HSI，并对比柔鱼潜在栖息地适宜性指数分布与柔鱼渔场分布情况。

2. 未来柔鱼潜在栖息地预测方法

（1）未来气候模式下柔鱼潜在栖息地分析。使用2000年7—11月环境数据（SST、SSS、SSHAG及POCP）模拟的柔鱼潜在栖息地作为各月最终的栖息地基础模型，RCP4.5和RCP8.5两种情景下，利用2025年、2055年和2095年7—11月各月气候预测环境数据（同样使用SST、SSS、SSHAG、POCP 4个环境数据），来分别预测2025年、2055年和2095年7—11月各月柔鱼潜在栖息地的分布情况。为进一步评价柔鱼潜在栖息地优劣情况，将预测的HSI值划分为4个等级，即当HSI≥0.6时，该海域被认作柔鱼最适宜区；当0.4≤HSI<0.6，该海域被认作柔鱼较适宜区；当0.2≤HSI<0.4，该海域被认作柔鱼一般适宜区；当0≤HSI<0.2时，该海域被认作柔鱼不适宜区。分析柔鱼潜在栖息地最适宜区、较适宜区、一般适宜区及不适宜区受气候驱动的变化情况。

（2）柔鱼潜在栖息地纬向变化。分别计算研究区域内2025年、2055年和2095年7—11月各月柔鱼HSI在不同纬度方向上的平均值，并分别与2000年7—11月各月柔鱼HSI在不同纬度方向上的平均值进行对比，分析柔鱼潜在栖息地在纬度方向上变化情况。

（3）柔鱼适宜栖息地面积量化分析及渔汛推断。将HSI≥0.4的海域作为柔鱼潜在适宜栖息地，分别计算未来不同气候变化下2025年、2055年和2095年7—11月各月柔鱼潜在分布HSI≥0.4的海域面积，并分别与2000年7—11月各月柔鱼潜在分布HSI≥0.4的海域面积进行对比，分析柔鱼潜在栖息地适宜面积变化情况，以确定柔鱼潜在适宜栖息地相比于当前适宜栖息地的空间分布变化。同时分析柔鱼潜在适宜栖息地（HSI≥0.4）面积相比2000年同期减少60%的变化情况，并假设当柔鱼潜在适宜栖息地面积减少60%时，渔汛发生改变，依此推测未来气候变化背景下柔鱼渔汛情况。

二、结果

（一）当前柔鱼潜在栖息地分布

2000年7—11月各月柔鱼潜在栖息地分布与渔场分布基本一致，季节性分布明显（彩图19）。MaxEnt模型结果显示，2000年7—11月各月柔鱼潜在分布预测效果非常好，各月AUC值均大于0.9，分别为0.971、0.973、0.976、0.962和0.920，说明各月MaxEnt模型模拟精度非常高。7月柔鱼潜在栖息地广泛分布在38°—43°N，143°—170°E；8月柔鱼潜在栖息地向北移动，主要分布在39°—45°N，143°—168°E；9月柔鱼潜在栖息地进一步向北移动，主要分布在40°—45°N，143°—165°E；10月柔鱼潜在栖息地南北方向均有所扩张，广泛分布在39°—46°N，143°—180°E；11月柔鱼潜在栖息地纬度方向略向南移动，经度方向向西移动，靠近日本沿岸，集中分布在39°—44°N，143°—165°E。

（二）未来柔鱼潜在栖息地分布

相比于2000年7—11月各月柔鱼潜在栖息地分布，在未来不同气候变化情景下MaxEnt模型预测2025年、2055年及2095年7—11月各月柔鱼潜在栖息地分布结果显示，未来各月柔鱼潜在栖息地分布变化明显（彩图20）。相比于2000年，在RCP4.5和RCP8.5两种情景下，除10月以外，各月柔鱼潜在栖息地分布范围随年份的增加呈缩小趋势，到2055年，柔鱼最适宜栖息地几乎消失，到2095年，柔鱼较适宜和最适宜栖息地均几乎消失。相比于2000年10月柔鱼潜在栖息地分布，在RCP4.5和RCP8.5两种情景下，各年月柔鱼潜在适宜栖息地范围有向北扩张的趋势，总的适宜栖息地面积变化不大。到2095年，柔鱼最适宜栖息地几乎全部消失，但柔鱼较适宜栖息地和一般适宜栖息地范围仍较大；且在RCP8.5情景下，到2095年，柔鱼较适宜栖息地和一般适宜栖息地范围明显向北扩张，柔鱼适宜栖息地面积明显增加。

（三）柔鱼潜在栖息地的纬向分布变化

相比于2000年7—11月各月不同纬度下柔鱼潜在栖息地平均适宜性指数分布，气候变化下柔鱼潜在栖息地呈现从低纬度向高纬度移动的趋势（图3-8）。在RCP4.5情景下，2025、2055和2095年8—10月柔鱼潜在栖息地向北极移动明显（图3-8A）；在RCP8.5情景下，2025、2055和2095年7—11月柔鱼潜在栖息地向北极移动明显（图3-8B）。

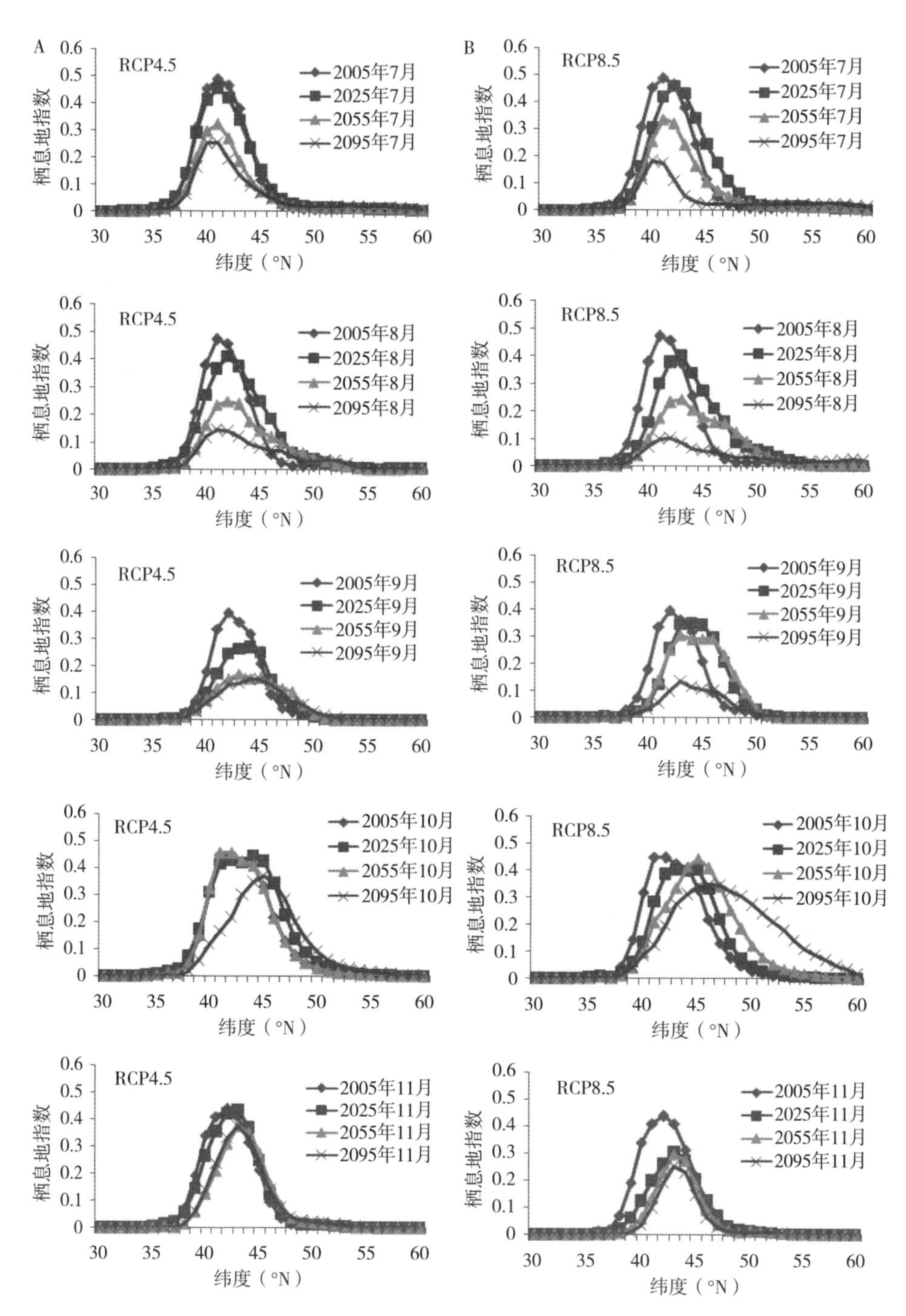

图 3－8　气候变化下 2025 年、2055 年及 2095 年 7—11 月各月不同纬度下柔鱼潜在栖息地平均适宜性指数分布

A. RCP4.5 情景下　B. RCP8.5 情景下

(四) 柔鱼潜在适宜栖息地面积及渔汛变化

相比于 2000 年柔鱼潜在栖息地分布，在 RCP4.5 和 RCP8.5 两种情景下，柔鱼潜在适宜栖息地面积（HSI≥0.4）整体呈下降趋势（图 3-9）。在 RCP4.5 情景下，除了 2025 年 10 月和 2055 年 10 月柔鱼潜在适宜栖息地面积分别增加 23.0%和 5.6%以外，其他各年月柔鱼潜在适宜栖息地面积均减少，且随着年份的增加呈下降趋势，到 2095 年，7—9 月柔鱼潜在适宜栖息地面积几乎消失，10 月柔鱼潜在适宜栖息地面积减少约 23%，11 月柔鱼潜在适宜栖息地面积减少约 43%。在 RCP8.5 情景下，7 月、8 月和 11 月柔鱼潜在适宜栖息地面积随着年份的增加逐渐减少，到 2095 年，各月柔鱼潜在适宜栖息地面积几乎消失；9 月柔鱼潜在适宜栖息地面积在 2025 年和 2055 年略有增加，分别约为 15%和 11%，但到 2095 年，柔鱼潜在适宜栖息地面积锐减，几乎为 0；10 月柔鱼潜在适宜栖息地面积在 2025 年和 2055 年略有减少，分别约为 11%和 2%，但到 2095 年，柔鱼潜在适宜栖息地面积显著增加，约为 34%。

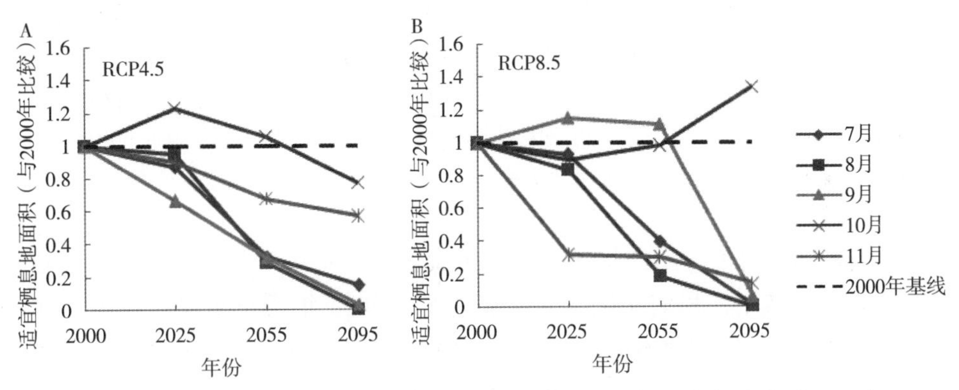

图 3-9　相比于 2000 年 7—11 月柔鱼潜在适宜栖息地面积，气候变化下 2025 年、2055 年及 2095 年 7—11 月柔鱼潜在适宜栖息地面积变化

A. RCP4.5 情景下　B. RCP8.5 情景下

在 RCP4.5 情景下，到 2055 年，7—9 月各月柔鱼潜在适宜栖息地面积均减少约 70%；到 2095 年，7—9 月各月柔鱼潜在适宜栖息地面积均减少 85%以上。在 RCP8.5 情景下，到 2025 年 11 月，柔鱼潜在适宜栖息地面积减少了约 68%；到 2055 年，除 9—10 月以外，其他各月柔鱼潜在适宜栖息地面积均减少 60%～80%；到 2095 年，除 10 月以外，其他各月柔鱼潜在栖息地面积均减少 90%以上。依据本节假设（柔鱼潜在适宜栖息地面积减少 60%以上时，渔汛发生改变），推测未来气候变化背景下柔鱼渔汛将推迟和缩短。在 RCP4.5 情景下，到 2055 年和 2095 年柔鱼渔汛均将集中在 10—11 月；在 RCP8.5 情景下，到 2025 年柔鱼渔汛将集中在 7—10 月；到 2055 年柔鱼渔汛将集中在 9—10 月；到 2095 年柔鱼渔汛将高度集中在 10 月（表 3-3）。

表 3-3　气候变化下柔鱼渔汛变化情况

年份	渔汛月份（当前）	渔汛月份（RCP4.5 情景下）	渔汛月份（RCP8.5 情景下）
2000	7—11 月		
2025		7—11 月	7—10 月
2055		10—11 月	9—10 月
2095		10—11 月	10 月

三、讨论与分析

本节利用 MaxEnt 模型综合柔鱼渔业生产数据和气候环境数据（包括 SST、SSS、SSHAG 和 POCP）模拟了 2000 年 7—11 月各月柔鱼潜在栖息地分布，在各环境因子的综合影响下，柔鱼潜在栖息地分布具有季节性南北移动和东西移动特征。纬度方向上，柔鱼潜在适宜栖息地主要在 38°—46°N 南北移动，柔鱼季节性南北移动可能是受各月柔鱼最适环境因子的影响，这与前人的研究结果基本一致（Alabia et al.，2015a）。经度方向上，7 月、10 月和 11 月柔鱼潜在适宜栖息地广泛分布在 143°—180°E，8—9 月柔鱼潜在适宜栖息地分布在 170°E 以西海域。以往的研究认为，西北太平洋柔鱼冬春生西部群体主要分布在 170°E 以西海域，而西北太平洋柔鱼冬春生中东部群体主要分布在 170°E 以东海域（Nagasawa et al.，1998），而本节中，7 月、10 月和 11 月柔鱼冬春生西部群体很可能会移动至 170°E 以东海域，从而与中东部群体存在交叉分布。本节采样中，我们实际也发现在 1996—2005 年柔鱼个体存在于 170°—180°E 海域，但由于尚未准确界定该海域内柔鱼样本是否为柔鱼冬春生西部群体和中东部群体，因此本节取样范围为 143°—170°E，这可能给柔鱼潜在分布和未来预测结果带来一定的偏差。

未来气候变化影响海洋生物空间分布使其发生改变，已有多项研究表明，世界各大洋中许多商业目标海洋鱼种和无脊椎动物将向极地移动（Pörtner et al.，2001，2010；Dulvy et al.，2008；Doney et al.，2012）。如在英国水域，主要商业性海洋物种以平均每 10 年 27km 的速度向北移动（Jones et al.，2013）。东南太平洋秘鲁外海茎柔鱼预计因海洋变暖将向东南移动（Yu et al.，2018）。东北大西洋 120 种已开发的底栖鱼类和无脊椎动物从 2005—2050 年平均分布重心以每 10 年 52km 的速度向北移动（Cheung et al.，2011）。该研究中，柔鱼通过改变其地理分布来应对气候变化，适宜栖息地范围南北界均向北移动。从海洋物理过程来看，在西北太平洋海域，SST 上升不仅与气候变暖有关，而且与黑潮有关，未来气候变化下，黑潮延伸体可能向北移动并得到加强，且其海域表面增温远大于周围海域，而柔鱼渔场主要分布在黑潮延伸体海域以及与亲潮交汇区（范江涛等，2010；刘娜等，2014），这给未来柔鱼栖息地向北移动提供了可能。从营养供给来看，气候变化下北太平洋浮游生物向北扩张，且黑潮增强将丰富的饵料向北输送，这也给柔鱼栖息地向北移动提供了支持。柔鱼作为北太平洋重要的无脊椎动物，是该生态系统中重要的捕食者和被捕食者，今后很可能在一定时期内成为北方入侵物种，从而在一定程度上可能改变北太平洋生物群落结构和多样性，影响海洋生态系统服务功能。

为应对气候变化，有的物种能够很好地适应环境变化，成为优势物种；有的物种不能适应新的环境，栖息地减少甚至丧失（Scott et al.，2012）。西北太平洋柔鱼冬春生西部群体一般在每年的 7 月开捕，8—10 月进入渔汛旺季，11 月渔汛逐渐结束，少数年份渔汛会延迟到 12 月。随着气候变化发展，柔鱼潜在适宜栖息地面积发生较大的变化，柔鱼适宜分布范围可能会缩小，甚至丧失。随着柔鱼潜在适宜栖息地面积变化，我们推测柔鱼渔汛可能推迟，总的捕捞作业时间可能缩短。随着柔鱼渔汛发生改变，柔鱼渔业可能发生转变，如渔船功率、船舶数量、作业时间等均可能需要进行调整，这可能会给柔鱼渔业生产和经济带来重大变化。

柔鱼对气候变化能做出快速的响应，通过改变其地理分布适应海洋环境的变化，本节采用最大熵模型预测了柔鱼潜在栖息地分布情况，进一步推测了柔鱼渔汛的变化，但并未对柔鱼产量或资源量进行研究。有研究表明，气候变化可能导致全球捕捞潜力的大规模再分配（Cheung et al.，2010）。因此，今后应结合柔鱼产量和作业渔船的分布、柔鱼生长特性、柔鱼早期生活史等相关信息，采用多模式方法，进一步分析气候变化背景下，柔鱼产量及资源量的变化情况，为柔鱼渔业资源的管理提供科学依据。

四、小结

本节结果显示未来气候变化情景下，综合海洋环境影响柔鱼时空分布，柔鱼潜在栖息地向北极移动，柔鱼适宜栖息地面积减少，可能导致柔鱼渔汛推迟及总的捕捞时间缩短，促使北太平洋柔鱼渔业发生改变。综合上一节的结论，我们可以得出未来气候变化情景下，柔鱼潜在栖息地向北极移动，这可能是水温升高导致海洋生物物理化学环境发生改变后柔鱼对气候变化的响应结果。单因素（SST）影响下，柔鱼适宜栖息地面积有所扩张，这与本研究的结论相反，这可能是由于受到其他海洋环境因素（SSS、SSHAG、POCP）的影响限制，使柔鱼适宜栖息地集中在综合环境较好的海域。针对未来柔鱼适宜栖息地可能减少以及渔汛变化，我们建议应尽早建立北太平洋渔业应对气候变化的适应策略，以最大限度地减少气候变化对渔业及其生态系统造成的影响。

第四章　气候变化情景下西北太平洋柔鱼资源补充量预测与管理建议

第一节　气候变化情景下西北太平洋柔鱼资源补充量预测

气候变化导致海洋物理生物化学环境发生改变，水温变高、海洋酸化、含氧量变化等使海洋物种分布和丰度发生改变，进一步导致生态系统生物多样性变化以及全球生物量或捕捞潜力的重新分配（Cheung et al.，2011；Fernandes et al.，2013）。未来气候变化背景下，世界渔业资源发生改变，有些物种适应气候变化将成为“赢家”，而有些物种不适应气候变化则成为“输家”。柔鱼为短生命周期种类，一生只产卵一次，产卵后即死去（王尧耕等，2005），因此每一代的资源量多少都完全取决于上一代亲体所产生补充量以及补充量在进入渔业之前的存活率（曹杰，2010c）。未来气候变化情景下柔鱼资源补充量变动与柔鱼资源养护及渔业生产息息相关，因此本节结合柔鱼历史渔业生产数据和 IPCC 气候变化数据，分析柔鱼资源补充量与产卵场和索饵场环境关系，建立预报模型，并对未来柔鱼资源补充量进行预测，以便得知柔鱼将在北太平洋生态系统中成为气候“赢家”还是“输家”。

一、材料和方法

（一）数据来源

1. 渔业数据　柔鱼渔业生产数据来源于上海海洋大学鱿钓技术组，时间为 1996—2005 年，数据包括年份、产量（t）、作业船数（艘）（图 4-1）。

根据前人的研究结果，标准化 CPUE 与名义 CPUE 相差不大，变化趋势基本一致，故本研究采用名义 CPUE 作为柔鱼资源度指标。*CPUE* 计算公式如下：

$$CPUE_y = \frac{\sum Catch_y}{\sum Effort_y} \tag{4-1}$$

式中，$CPUE_y$ 为名义 CPUE；$\sum Catch_y$ 为所有渔船的总产量（t）；$\sum Effort_y$ 为作业渔船总数（艘）；y 为年份。

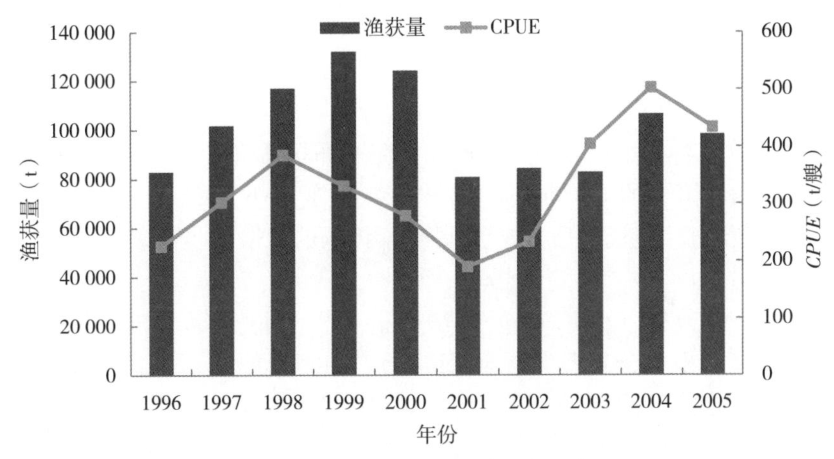

图 4-1　1996—2005 年西北太平洋柔鱼渔获量和 CPUE

2. 气候变化数据　研究采用 CMIP5 模式中的全球海气耦合气候模式 CESM1，该模式是由美国国家大气研究中心在 CCSM4 基础上开发的地球气候系统模式（Gent et al.，2011）。CESM1 包含 RCP4.5 和 RCP8.5 两种情景，SST 数据来源于美国国家环境预报中心（http：//apdrc. soest. hawaii. edu/las/v6/dataset? catitem=0），时间尺度为月，空间尺度为 1°×1°（Long et al.，2013）。

前人通过渔业调查及经验认为（Bower et al.，2005），西北太平洋柔鱼产卵场位置为 20°—30°N、130°—170°E，时间为 1—4 月，在此定义为经验产卵场；后有人在此基础上通过理论统计推算认为，柔鱼最适产卵场位置为 20.5°—27.5°N、136.5°—167°E，时间为 1—3 月，在此定义为推测产卵场，为便于与经验产卵场各月进行对比分析，研究中将推测产卵场时间扩大到 1—4 月；索饵场位置为 35°—50°N、143°—170°E，时间为 7—10 月。根据产卵场和索饵场时空分布范围，研究利用 CESM1 中 1996—2005 年 1—4 月和 7—10 月的历史试验 SST 数据，同时计算 10 年平均 SST 值作为 2000 年对应月份的 SST 数据，以及在 RCP4.5 和 RCP8.5 两种情景下，CESM1 输出的未来气候变化 SST 数据分别分为 3 个时间段，计算 2021—2030 年、2051—2060 年、2091—2100 年 1—4 月以及 7—10 月的 10 年平均 SST 值分别作为 2025 年、2055 年、2095 年对应月份的 SST 数据。

（二）研究方法

以往的研究表明（Boyle et al.，1995），柔鱼补充量的大小取决于产卵场适合水温的范围，且柔鱼在索饵场的分布与 SST 密切相关（陈新军，1995），在一定程度上影响 CPUE，因此本节结合产卵场和索饵场的环境变动来分析 CPUE 的变化。根据前人的研究结果（Waluda et al.，2001），柔鱼经验产卵期（1—4 月）适宜 SST 为 21～25℃，推测产卵场适宜 SST 为 22.5～26℃。第三章研究结果表明，柔鱼索饵期（7—10 月）适宜 SST 分别为 14～19℃（7 月），17～22℃（8 月），16～21℃（9 月），13～19℃（10 月）。分别计算 1996—2005 年各月柔鱼经验产卵场和推测产卵场适宜 SST 范围占总面积的比例（P_s）和索饵场的 P_s，同时计算未来气候变化下 2025 年、2055 年、2095 年各月柔鱼经验产卵场和推测产卵场及索饵场的 P_s，并与 2000 年对应月份的 P_s进行对比。

利用方差分析（ANOVA）方法分析 1996—2005 年 P_s的年际和季节变动，利用相关系数分析各月经验产卵场、推测产卵场与索饵场 P_s，以及经验产卵场、推测产卵场平均 P_s与 CPUE 之间的关系。根据方差分析和相关系数分析的结果，选取在统计学上有意义的 P_s作为预报因子，建立柔鱼资源量预报模型：

$$\ln(CPUE_i+1)=\alpha_0+\alpha_1 P_1+\alpha_2 P_2+\varepsilon_i \qquad (4\text{-}2)$$

式中，$CPUE_i$ 为第 i 年的名义 CPUE；P_1 为经验产卵场或推测产卵场的 P_s；P_2 为索饵场的 P_s；ε_i 为误差项（均值为 0，方差恒定且服从正态分布）。

采用上述预报模型对 2000 年柔鱼 CPUE 进行模拟，同时对未来气候变化下 2025 年、2055 年、2095 年的柔鱼 CPUE 进行预报，并与 2000 年柔鱼 CPUE 值进行对比。

二、结果

（一）P_s 变化

1. 产卵场 P_s变化　1996—2005 年 1—4 月柔鱼经验产卵场 P_s的变化介于 40.27%（2003 年 3 月）～68.45%（1997 年 1 月），推测产卵场 P_s介于 43.07%（2003 年 3 月）～85.30%（2000 年 1 月）。经验产卵场和推测产卵场 1—4 月平均 P_s均呈逐渐降低趋势，且推测产卵场各月平均 P_s比经验产卵场对应月份的平均 P_s均高约 10%（图 4－2）。经验产卵场 P_s季节变动不显著（$F_{3,36}=2.06$，$P>0.05$，ANOVA），年际变动显著（$F_{9,30}=3.60$，$P<0.01$，ANOVA）；推测产卵场 P_s季节变动不显著（$F_{3,36}=1.46$，$P>0.05$，ANOVA），年际变动显著（$F_{9,30}=2.66$，$P<0.05$，ANOVA），表明不管是经验产卵场还是推测产卵场，P_s季节变动显著小于年际变动。

2. 索饵场 P_s变化　1996—2005 年 7—10 月索饵场 P_s的变化介于 13.19%（2003 年 7 月）～29.30%（1997 年 8 月）。10 月平均 P_s最高，为（23.13±

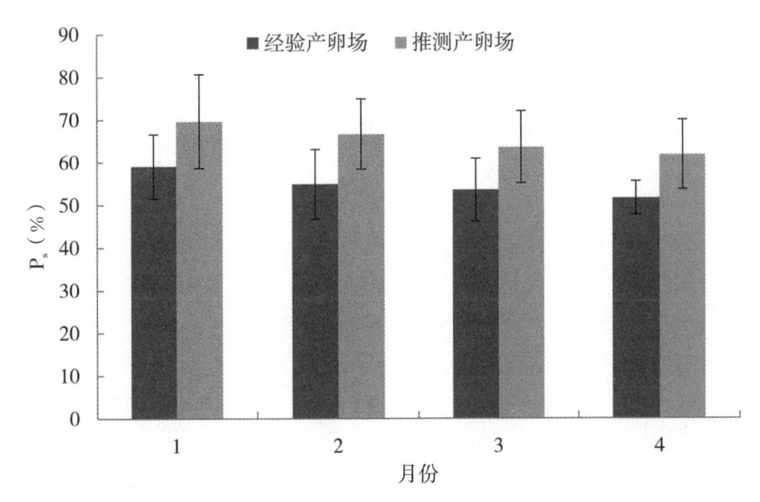

图 4-2　1996—2005 年 1—4 月西北太平洋柔鱼经验产卵场和推测产卵场的平均 P_s

注：误差线为标准差。

2.98)%；7 月平均 P_s最低，为（18.72±3.16%）（图 4-3）。索饵场 P_s季节变动显著（$F_{3,36}=5.68$，$P<0.01$，ANOVA），年际变动不显著（$F_{9,30}=1.22$，$P>0.05$，ANOVA），表明季节变动显著大于年际变动。

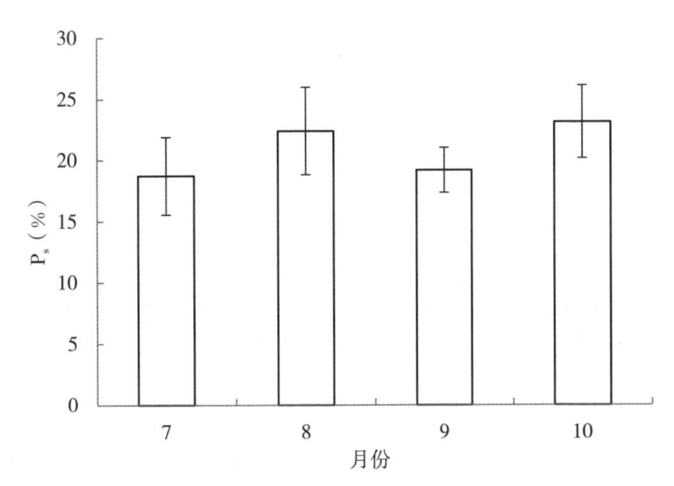

图 4-3　1996—2005 年 7—10 月西北太平洋柔鱼索饵场的平均 P_s

注：误差线为标准差。

3. 未来产卵场 P_s变化　未来气候变化下，西北太平洋柔鱼经验产卵场 1—4 月的平均 P_s年代际变化整体均呈下降趋势（图 4-4A），但变化不明显。ANOVA 分析结果表明，在 RCP4.5 和 RCP8.5 两种情景下，2000 年、2025 年、2055 年和 2095 年经验产卵场平均 P_s年代际变化均不显著（$P>0.05$），最大下降 5.74%（RCP8.5 情景下，2095 年）。柔鱼推测产卵场 1—4 月的平均 P_s 年代际变化整体均呈下降趋势（图 4-4B），变化明显。ANOVA 分析结果表明，在 RCP4.5 和 RCP8.5 两种情景下，2000 年、2025 年、2055 年和 2095 年推测产卵场平均 P_s 年代际变化均显著（$P<0.05$），P_s 最大分别下降 11.63%和 27.17%（2095 年）。

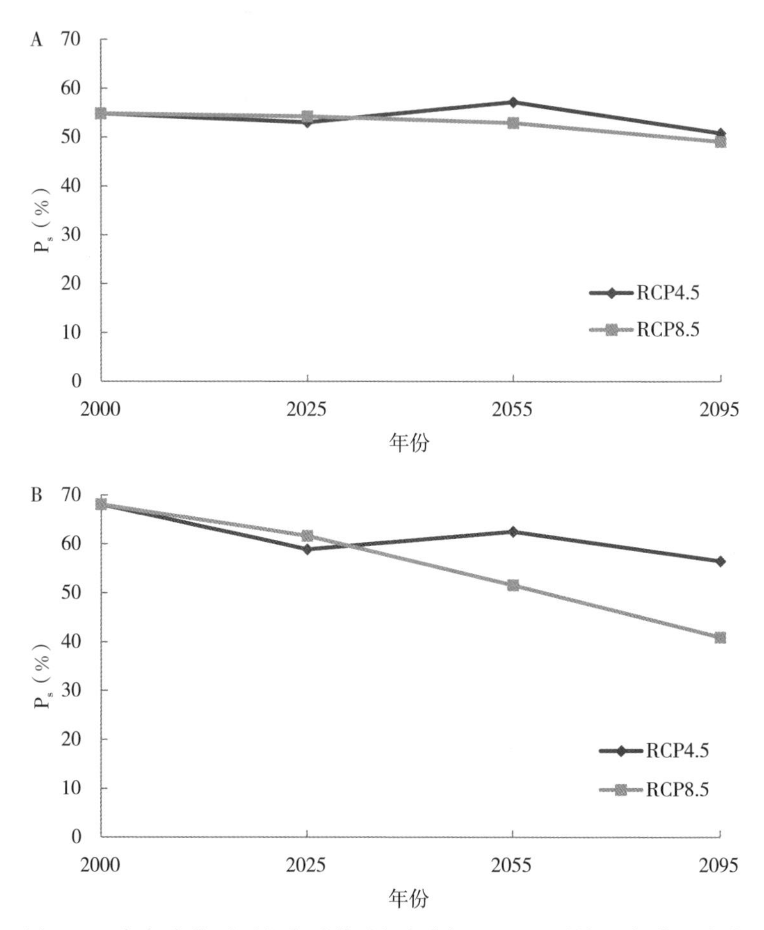

图 4-4　气候变化下西北太平洋柔鱼产卵场 1—4 月平均 P_s 年代际变化

A. 经验产卵场　B. 推测产卵场

4. 未来索饵场 P_s 变化　在 RCP4.5 情景下，西北太平洋柔鱼索饵场 7—10 月的平均 P_s 年代际变化不明显（图 4-5）。ANOVA 分析结果表明，在 RCP4.5 情景下，2000 年、2025 年、2055 年和 2095 年索饵场平均 P_s 年代际变化不显著（$P>0.05$）。在 RCP8.5 情景下，相比于 2000 年，2095 年索饵场平均 P_s 明显增加，约 8.55%。ANOVA 分析结果表明，在 RCP8.5 情景下，2000 年、2025 年、2055 年和 2095 年索饵场平均 P_s 年代际变化显著（$P<0.01$）。

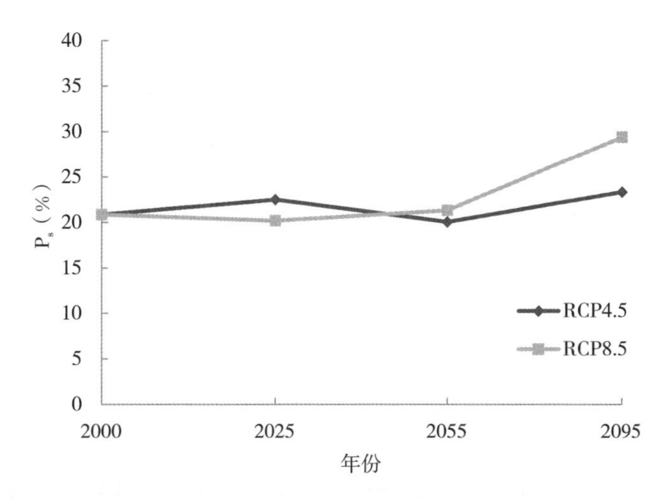

图 4-5　气候变化下西北太平洋柔鱼索饵场 7—10 月平均 P_s 年代际变化

（二）柔鱼 CPUE 预测

1. CPUE 和 P_s 的相关性分析　相关系数分析表明，柔鱼经验产卵场 1—4 月各月 P_s 与 CPUE 均无显著相关性（1 月，$r=-0.39$，$P>0.05$；2 月，$r=-0.03$，$P>0.05$；3 月，$r=-0.10$，$P>0.05$；4 月，$r=-0.48$，$P>0.05$）；经验产卵场 1—4 月各月 P_s 与 CPUE 均无显著相关性（1 月，$r=-0.39$，$P>0.05$；2 月，$r=0.26$，$P>0.05$；3 月，$r=0.14$，$P>0.05$；4 月，$r=0.06$，$P>0.05$）。柔鱼索饵场 7—10 月各月 P_s 与 CPUE 均无显著相关性（7 月，$r=-0.01$，$P>0.05$；8 月，$r=-0.16$，$P>0.05$；9 月，$r=-0.33$，$P>0.05$）。进一步分析发现，除 2003 年以外，推测产卵场 2 月和 3 月 P_s 与 CPUE 均呈显著相关性（$P<0.05$，图 4-6）。

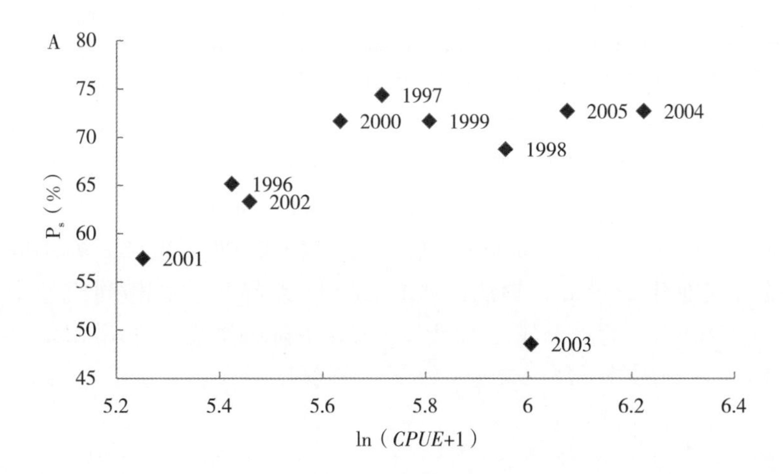

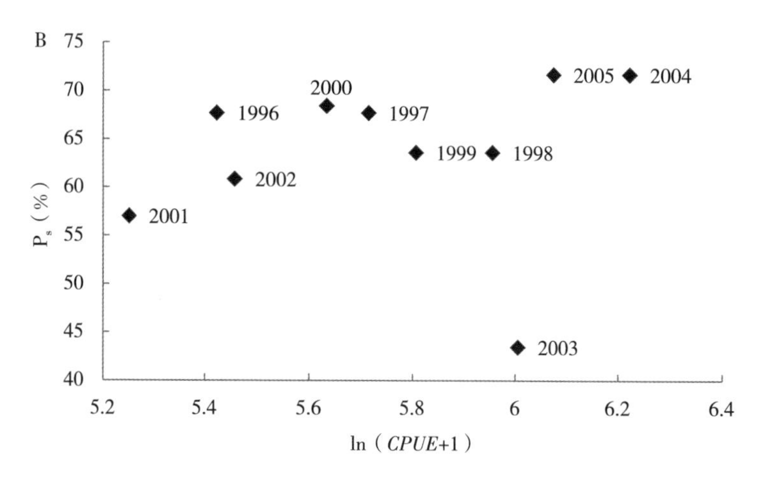

图 4－6　1996—2005 年西北太平洋柔鱼推测产卵场 P_s与 CPUE 之间的关系
A. 2 月　B. 3 月

2. CPUE 和 P_s的回归分析　根据 ANOVA 和相关性分析的结果，分别建立 2 个预报模型，第 1 个模型（M1）选取 2 月推测产卵场的 P_s作为自变量；第 2 个模型（M2）选取 3 月推测产卵场的 P_s为自变量，CPUE 作为因变量建立式 4-2。结果 M1 和 M2 在统计学上显著（$P<0.05$，表 4－1），说明推测产卵场 2 月和 3 月 P_s均与柔鱼 CPUE 呈正相关。

表 4－1　柔鱼产卵场 P_s和 CPUE 的回归模型结果

模型	线性回归方程	回归参数
M1	$\ln(CPUE+1)=2.66+4.46P_1$	$r=0.79$，$F=10.68$，$P=0.01$
M2	$\ln(CPUE+1)=2.70+4.59P_1$	$r=0.71$，$F=6.98$，$P=0.03$

3. 未来气候变化下柔鱼 CPUE 预测　利用 M1 和 M2 分别对 2000 年、2025 年、2055 年和 2095 年 CPUE 进行模拟和预测，结果表明，未来气候变化情景下，柔鱼 CPUE 整体呈下降趋势（图 4－7）。到 2025 年，柔鱼 CPUE 为（208.87±5.46）t/艘；到 2055 年，为（198±47.92）t/艘；到 2095 年，为（154.35±48.72）t/艘。到 2055 年和 2095 年，在不同模型和不同的气候变化情景下，预测的柔鱼 CPUE 差异较大；相同模型中，柔鱼 CPUE 在 RCP8.5 情景下比在 RCP4.5 情景下降幅度大。在 RCP8.5 情景下，到 2095 年，利用 M1 预测柔鱼 CPUE 下降幅度最大，与 2000 年柔鱼资源量相比，下降 60.08%。

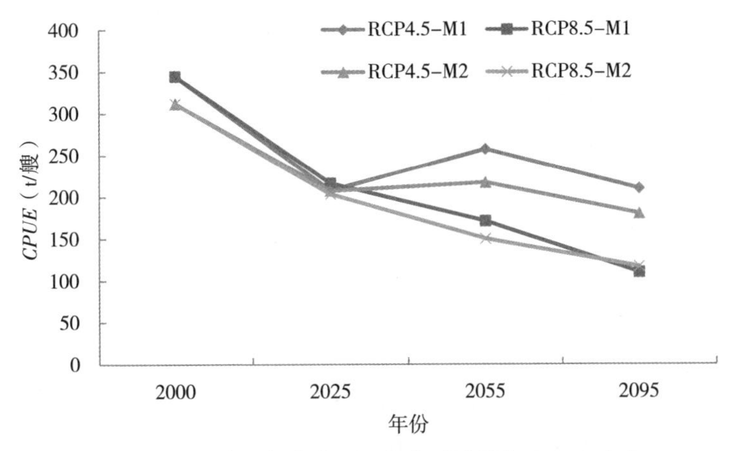

图 4-7 未来气候变化下西北太平洋柔鱼 CPUE 变化

三、讨论与分析

西北太平洋柔鱼为短生命周期种类，通常寿命只有一年，具有产卵后即死亡等特点，其种群资源量的大小很大程度上取决于补充量的多少，补充量主要取决于早期生活史阶段的孵化和摄食条件（余为等，2013）。本节对柔鱼产卵场 P_s与 CPUE 关系进行了验证，研究表明，经验产卵场各月 P_s与 CPUE 无显著关系，但推测产卵场 2 月和 3 月 P_s与 CPUE 存在正相关关系，这与王易凡、余为等研究结果相似。但 Cao 等（2009）研究认为，经验产卵场 2 月 P_s与 CPUE 存在正相关关系，且索饵场 8—11 月 P_s乘积的四次方根与 CPUE 有显著的负相关性。本节研究结果表明，经验产卵场和索饵场各月 P_s及其平均值，以及索饵场各月 P_s乘积的四次方根均与 CPUE 无显著关系，这可能与所选择的数据和方法不同有关。假设 Cao 等（2009）研究的关系成立，根据本节经验产卵场和索饵场 P_s变化结果，未来经验产卵场 P_s呈下降趋势，而索饵场 P_s呈上升趋势，则在经验产卵场和索饵场环境的共同作用下，未来柔鱼 CPUE 预测结果仍然呈下降趋势，这与本节研究结果一致。

未来柔鱼索饵场 P_s呈上升趋势，这可能是由于未来索饵场适宜 SST 面积向北扩张所致（彩图 21），这与本书第三章研究结果一致。气候变化下，经验产卵场 1—4 月 P_s年代际变化不明显，而推测产卵场 1—4 月 P_s年代际变化显著，这可能与产卵场适宜 SST 面积向北移动有关，到 2095 年，经验产卵场适宜 SST 范围已达到研究区域的最北缘，而推测产卵场由于空间范围缩小，导致适宜 SST 范围已超过研究区域的最北缘，所以推测产卵场 P_s下降明显。

气候变化可能导致全球捕捞潜力的大规模再分配，高纬度地区平均增长 30%～70%，热带地区下降高达 40%（Cheung et al.，2010），在柔鱼产卵场和索饵场适宜SST面积均向北移的驱动下，未来柔鱼资源可能向北移动成为北方物种，从而在一定程度上增加高纬度地区的渔业资源量。第三章研究结果表明，未来柔鱼适宜栖息地范围可能缩小，这可能是导致柔鱼资源下降的原因之一。

四、小结

本节基于柔鱼产卵场 P_S 变化分析了未来柔鱼CPUE变化，预测结果显示，柔鱼资源补充量将减少。但柔鱼资源补充量变化还与仔稚鱼对环境的适应能力、摄食条件有关，也与非气候因素，如捕捞活动等相关，在北太平洋生态系统中，未来柔鱼资源的变动还与物种之间相互作用相关，如捕食者与被捕食者的变化等，因此未来柔鱼资源补充量的变动可基于生态系统模式进行预估。

第二节　气候变化情景下西北太平洋柔鱼渔业资源管理建议

一、气候变化对柔鱼的影响机理和途径

每年全球渔获物几乎有一半来自北太平洋，包括以下不同的海洋生态系统：西北太平洋、东北太平洋、太平洋北极、中太平洋（FAO，2018）。观测和预测到的海洋环境影响，包括物理化学变化：温度升高、海冰减少、西边界上升流加强、亚热带西边界流以3倍速度变暖、海平面上升、海洋化学 O_2 和pH改变。生物和生态变化：相比于1956—2005年水平，鄂霍次克海和白令海初级生产力将上升5%～8%，东北太平洋和中太平洋初级生产力下降10%～20%（IPCC，2014）。生物量变化：温度直接影响鱼类代谢要求、分布、生长，鱼和贝类分布发生转变等。

由此可见，气候变化通过改变海洋生物、物理、化学等方面的生态环境，将直接或间接扰动生活在海洋中的鱼类和贝类，以及影响渔业。例如，在北太平洋海域，鳀（*Engaulis mordax*）和沙丁鱼（*Sardinops sagax*）随温度的变化（Peck et al.，2013），以及白令海一些鱼类和蟹类向更深水层和极地移动（Wyllie-echeverria et al.，2002）。另外，现有渔业还面临一系列非气候压力，包括渔业依赖性和多样性、污染、过度捕捞等。柔鱼作为北太平洋生态系统中重要的经济种类，也受到气候和非气候变化的影响。前人研究结果及本研究第三章、第四章的结果表明未来柔鱼潜在栖息地将向北移动，适宜栖息地面积减少，渔汛延迟并缩短，资源补充量有所下降等，这些改变与海洋环境的变化息息相关。

1. 水温上升影响柔鱼生理学过程　水温上升可能使柔鱼生理代谢速率和

物理耐受限度发生改变，水温的改变会影响柔鱼生长、性成熟等。本研究第三章研究结果表明，柔鱼生存在适宜的水温范围中，当适宜水温范围向北移动时，柔鱼可能会向北游向其适宜的栖息地。

2. 海流改变影响柔鱼空间分布 气候变化导致黑潮加强可能使柔鱼仔稚鱼向北输送加强，同时影响柔鱼成鱼的空间分布。亲潮强弱也与柔鱼产卵地点相关。

3. 初级生产力改变影响柔鱼食物来源 气候变化导致初级生产力向北移动，从而使柔鱼食物来源向北移动。

4. 气候变化导致混合层深度变浅 混合层深度变浅使浮游植物暴露于紫外线辐射的程度增加，Chl-a 降低，不利于柔鱼摄食。同时，也可能会对柔鱼夜间的纵向洄游习性产生影响。

此外，海水盐度、溶解氧含量、海水 pH 改变、风场等均可能影响从微生物过程至较高营养阶层的生物量和能量传递，从而影响柔鱼生理生长、空间分布及资源量。

二、柔鱼渔业中适应和减缓气候变化的途径和方法

气候变化对地球生态系统的影响是非常复杂的，为了人和自然和谐共处，减少气候变化带来的不利影响，必须采取措施来适应和减缓气候变化，那么首先应了解目前存在的气候风险。通过气候变化风险体系构成（李祝等，2019），针对柔鱼受气候变化影响所带来的风险进行了初步归纳（表 4－2），主要包括渔业、自然生态系统和人类健康 3 个领域，均有可能由于气候变化造成不同的风险结果。

表 4－2 柔鱼渔业气候变化风险识别

部门领域	气候变化风险事件	风险源（气候变化）	可能风险结果
渔业	渔业和水产业风险	气温升高，极端天气气候事件	柔鱼种群数量和分布范围变化，柔鱼渔业资源数量、质量及其开发利用下降，甚至灭绝
自然生态系统	海洋酸化对海洋生物的风险	气温升高，CO_2 浓度增加	柔鱼死亡，北太平洋生态系统遭到破坏，生物多样性丧失
人类健康	极端天气气候事件导致的疾病、伤亡	气温升高，极端气候	柔鱼鱼病发生，营养价值降低，人类健康受损或某些疾病的发病率上升或死亡

减缓气候变化和适应是应对气候变化的两大对策。减缓气候变化是指通过降低温室气体的排放，人为地将气候变化的速度和幅度降下来。适应是自然或人类系统对于实际或预期的气候或影响做出调整的过程，是针对气候变化影响

趋利避害的基本对策。中国在适应和减缓气候变化中采取了一系列政策和措施，也取得了重要进展和成效，如在我国东北地区，冬麦北移，增加水稻种植面积，利用变暖的有利条件增加粮食生产；针对海平面上升问题，对沿海城市脆弱性进行评价，逐步提高沿海防潮设施等级等（林而达，2011）。

渔业中可采取一系列措施和方法来适应和减缓气候变化（FAO，2018），以柔鱼渔业中目前存在的气候风险问题为切入点，从长远发展的角度出发可采取以下措施：①对鱿钓船体进行修整，采用高效引擎和大螺旋桨，更好的渔船形状等方法使渔船减少排放；②使用耗燃料少的渔具来替代鱿鱼吊机，减少温室气体排放；③鱿钓船上的灯全部用 LED 灯来替代，这可能会显著减排；④采取有效的渔业管理措施，减少捕捞努力量将减少燃料使用和温室气体排放。

三、柔鱼渔业可持续发展管理建议

根据《2018 年世界渔业和水产养殖状况》，在保障粮食安全、营养供应和人类生计等方面，渔业占据着越来越重要的地位（FAO，2018）。渔业资源可持续状况关乎粮食安全、营养和民生大计（刘红红等，2019）。《北太平洋公海渔业资源养护管理公约》（以下简称《公约》）已将北太平洋柔鱼资源作为主要目标之一纳入管理，在该《公约》下成立的 NPFC 的主要职责和目的之一是采取养护管理措施以确保《公约》范围内渔业资源的长期可持续利用（褚晓琳，2016）。目前，NPFC 已经相继对太平洋秋刀鱼和鲐、日本沙丁鱼和日本飞柔鱼 4 个大洋性物种采取了养护管理措施（NPFC，2019a，2019b，2019c），但只有秋刀鱼经资源评估后采取了控制捕捞努力量和总渔获量等相关管理措施，其他 3 个物种采取控制总的渔船数不扩张、渔船悬挂国旗及安装船舶监测系统等管理形式，需要等到完成对这 3 个物种资源评估之后再采取具体渔业管理措施。目前，NPFC 对日本花鲭和柔鱼 2 个物种尚未采取养护管理措施，但这些种类不管是作为目标物种或是副渔获物都已经受到广泛的捕捞活动的影响，因此这 2 个物种也已被纳入 NPFC 对大洋性物种管理的范畴。

气候与环境因素对渔业资源变动产生较大的影响，因此应将气候和环境因素纳入现行的渔业资源管理系统中，但现行的渔业资源管理系统大多尚缺乏应对气候变化的灵活性（Melnychuk et al.，2014）。为达到持续发展的目的，渔业管理系统必须具有一定的灵活性以应对气候变化以及变化的不确定性（肖启华等，2016）。自 1950 年以来，全球海洋捕捞业经历了快速发展，捕捞产量在 1998 年达到历史最大量后就一直处于下降趋势，捕捞产量的下降在一定程度上表示了海洋渔业资源量的下降，这可能受气候变化影响与人类捕捞过量影响。研究气候变化对于渔业资源以及海洋生态的影响有助于管理者建立具有气候变化适应性的、有效的渔业资源管理方法，为实现渔业资源可持续发展提供研究基础。

柔鱼渔业资源受气候变化与人类捕捞压力的双重影响，NPFC的管理将对我国远洋鱿钓渔业的发展产生深远影响，在全球气候变化背景下，要实现柔鱼渔业资源可持续利用的目标，如何构建柔鱼渔业发展管理模式成为NPFC面临的难题。我国近海目前已采取的削减渔船数量、延长休渔期、设立海洋保护区等措施对海洋渔业资源可持续利用发挥了重要作用（李祝等，2019），但气候变化导致的海洋生物灭绝、资源量下降等给渔业资源管理带来新的挑战。因此，应将气候变化纳入管理，通过NPFC的养护管理措施避免柔鱼的过度捕捞，同时在渔业中采取适应和减缓气候变化措施，从而制定兼容气候适应性的柔鱼渔业发展管理模式，为此我们提出以下管理建议：

1. 加强柔鱼渔业资源评估 渔业资源养护管理措施都是基于资源评估后采取的，如捕捞努力量或总可捕量的控制既不能违背资源养护管理措施的目标——渔业资源的长期可持续利用，同时又要满足各国对渔业资源的需要，经资源评估后的最大可持续产量及其他相关管理参数就很重要。因此，首先应对柔鱼进行有效的资源评估。

2. 提升柔鱼渔业资源预报能力，减少不必要的无效捕捞 在全球气候变化背景下，柔鱼地理分布范围可能发生迁移，渔汛可能推迟并缩短，这些都会影响柔鱼作业企业的投入，只有更加精准地预报，更高效地寻找渔场，才能降低成本，减少无效捕捞，从而降低渔船能耗。

3. 减少并改进渔船，降低能耗，提高效率 对鱿钓船舶进行改造或采用耗能较低的新型渔船是适应气候变化的要求，同时也符合NPFC的相关管理规定。根据NPFC目前采取的养护管理措施，需对捕捞船舶悬挂国旗并安装船舶检测系统，要求在整个捕鱼活动中全程使用。气候变化可能导致柔鱼向北移动，作业渔船为行驶至新的渔场及适应新渔场的环境可能会增加成本或能耗，因此有必要对鱿钓渔船进行改进以适应新的环境和管理要求，促使我国远洋鱿钓渔业由粗放型到精细化管理发展。

4. 调整产业结构，优化市场配置 未来在NPFC的管理要求下以及受气候变化的影响，我国鱿钓船舶很可能会被要求减少，渔获量可能会受到影响，我们应以此为契机，优化产业结构，实现转型升级。具体可以从精简船舶、提升产品质量、优化市场价格、充分利用鱿鱼内脏使其变废为宝、加大渔业人才培养、加强从捕捞至销售的全过程监管等方面着手。

5. 制定适应气候变化的渔业管理措施或预警系统 目前的商业性鱼种的渔业管理系统或措施很少将气候变化影响考虑进去，使其在应对气候变化方面还缺乏灵活性（肖启华等，2016）。Melnychuk等（2014）研究认为，在渔业中实施捕捞控制规则（harvest control rules，HCR）与海水温度升高之间没有一致性联系；而休渔期设置则显示出了对于气候变化的适应性。因此，在未来柔鱼渔业管理措施中，可以适当设置休渔期应对气候变暖。未来气候变化下，柔鱼产卵场可能北移，仔稚鱼洄游路线可能因黑潮的变化而发生改变，因此在柔鱼产卵和仔稚鱼洄游海域也有必要设置适当的禁渔期。

第五章　基于环境因子的柔鱼资源评估与管理策略

第一节　西北太平洋柔鱼栖息海域时空分布及最适水温分析

柔鱼是一种具有生态机会主义的大洋性种类，广泛分布于北太平洋海域，是北太平洋重要的经济种类（王尧耕等，2005）。日本最早于1974年对该资源进行利用（陈新军等，2005），我国对该资源商业化生产始于1994年，主要捕捞对象为西北太平洋海域冬春生群体（Chen et al.，2008）。短生命周期的柔鱼其生活史阶段和种群动力学与长生命周期的种类有很大差异，主要体现在柔鱼亲体产完卵后即死亡，则柔鱼资源量主要取决于补充量的多少，而柔鱼的补充量由早期的存活率决定。柔鱼的早期生活史阶段极易受到海洋环境变化的影响，栖息海域环境的变动会对柔鱼仔稚鱼的生长、存活以及对种群的补充产生影响（Payne et al.，2006；曹杰等，2010a）。我国鱿钓生产船队历年来的生产情况表明柔鱼资源年间变动较大，因此探究引起柔鱼资源丰度波动的原因对实际生产有重要意义。

柔鱼的胚胎和仔鱼发育阶段是早期生活史的重要阶段。该阶段的柔鱼（胚胎和仔鱼）自主选择适宜生存环境的能力较弱，容易产生较高的自然死亡率，栖息海域的海洋环境变化会影响仔鱼的生长和存活。现有研究（Anderson et al.，2001）表明，柔鱼产卵场、索饵场SST和Chl-a等因素会影响柔鱼资源量大小及其分布，产卵场和索饵场适合水温范围也会影响柔鱼的资源量（Rodhouse，2001；曹杰等，2010a）。

Murakami等（1981）认为，北太平洋柔鱼有3个产卵场，分别为140°—150°E海域、170°E附近海域和160°—180°W海域。Nakamura（1988）和Okutain（1969）调查发现，柔鱼性成熟雌性个体和仔稚鱼在以上3个产卵场海域均有分布，验证了产卵场海域的存在。现有研究认为（Hayase，1995；Bower et al.，2005），西北太平洋柔鱼冬春生群体的产卵季节集中在1—4月，产卵场处于130°—170°E，20°—30°N，产卵场最适 SST 介于21～25℃。以产卵场最适 SST 的范围来表征柔鱼产卵场环境条件的优劣，通过计算柔鱼产卵期整个产卵场最适 SST 的范围占总面积的比值（P_s）时间序列值与对应年份柔鱼资源丰度（CPUE）组成的时间序列值的相关性（Cao et al.，2009），来分析产卵场环境对西北太平洋柔鱼资源补充量的影响，同样索饵场也可用索饵场最适 SST 的范围占总面积的比值（P_f）时间序列值与 CPUE 时间序列值进行相关性分析。

西北太平洋柔鱼经验产卵场（130°—170°E，20°—30°N,）海域分布范围较广，以整个产卵场的 P_s 分析柔鱼产卵场环境对柔鱼资源补充量的影响，会因产卵场经、纬度跨度较大，造成产卵场的 P_s 时间序列值和 CPUE 时间序列值之间的相关性降低。索饵场最适 SST 的比例（P_f）的计算也是如此。柔鱼产卵是均匀分布于经验产卵场整个海域抑或是主要集中在经验产卵场的局部海域，产卵场海域分布为固定海域抑或是随着产卵月份变化而出现迁移，目前还没有明确结论。索饵场则根据实际作业生产海域和渔场重心对主要索饵海域做出推测（Young et al.，1990）。基于以上原因，本研究假设柔鱼经验产卵场和索饵场内存在局部海域，作为柔鱼的关键栖息海域，该关键栖息海域内的最适 SST 范围比值的时间序列值与柔鱼 CPUE 时间序列值呈现正相关关系。在该假设条件下，柔鱼在产卵场和索饵场均存在这样的海域，但该海域的大小、海域的空间位置分布以及该海域是否会随时间变化出现迁移，均无法确定。本研究对关键海域的初始范围设定不同的大小，根据不同大小的初始海域，在经验产卵场和索饵场海域进行随机选取，计算所有选取海域各月份的 P_s 或 P_f 时间序列值与 CPUE 时间序列值之间的相关性。通过出现显著相关的海域数量决定初始海域的空间尺度。对该尺度下各月份显著相关的结果进行统计分析，分析初始海域的空间分布以及最适海表水温范围。以此来推测各月份柔鱼的最适产卵场和索饵场海域分布及适宜水温范围。

一、材料和方法

（一）数据来源

1. 渔业数据 西北太平洋柔鱼渔获量数据来源于上海海洋大学中国鱿钓技术组，时间为1999—2018年，作业海域主要分布于38°—46°N，150°—165°E。空间分辨率为0.5°×0.5°，数据包括日期（年、月）、经度、纬度、产量（t）、年作业船数（表5-1）等。本研究以单位渔船每日渔获量（CPUE）表征西北太平洋柔鱼的资源丰度。

表 5-1 1999—2018 年西北太平洋柔鱼产量及 CPUE

年份	作业船数（艘）	渔获量（t）	CPUE（t/d）
1999	399	132 000	1.553
2000	446	124 204	1.338
2001	426	80 873	1.571
2002	362	84 487	2.704
2003	205	82 949	3.183
2004	212	106 532.2	2.728
2005	227	98 372.0	2.187
2006	327	108 097.1	4.282
2007	255	113 117.6	2.844
2008	258	106 018.9	1.398
2009	273	36 763.7	1.651
2010	262	55 350.7	2.399
2011	191	54 218.9	1.489
2012	225	34 412.2	1.644
2013	237	51 987.8	1.562
2014	186	38 093.9	1.975
2015	116	31 707.1	2.347
2016	139	47 373.3	2.800
2017	122	36 820.5	1.979
2018	74	19 450.8	1.553

2. 环境数据 根据前人研究（Cao et al.，2009），确定西北太平洋柔鱼冬春生群体的产卵场海域范围和月份，索饵场海域范围和月份。环境数据包括产卵场（20°—30°N，130°—170°E）和索饵场（35°—50°N，150°—170°E）的海表面水温（SST），时间分辨率为月，空间分辨率为 0.1°×0.1°，时间跨度为 1999—2018 年，其中产卵场海域选取 1—4 月数据，索饵场海域选取 8—11 月数据。SST 数据来源于 NOAA OceanWatch 数据库（http：//pifscoceanwatch.irc.noaa.gov/erddap/griddap/OceanWatch _ pfgac _ sst _ monthly.html）。

（二）研究方法

1. 研究海域的划分方案

（1）确定研究海域的总体范围。研究海域的选取以经验产卵场（20°—30°N，130°—170°E）和主要作业渔场（38°—46°N，150°—165°E）为依据，其中对主要作业渔场的范围进行扩展，确定研究海域范围产卵场为 20°—30°N，

130°—170°E，索饵场为 35°—50°N，150°—170°E。

（2）确定关键海域的初始海域范围。分别以 3°×3°、4°×4°、5°×5°和 6°×6° 4 种空间尺度方案作为初始海域范围的选取标准。在研究海域内，按照初始海域范围的大小，进行随机选取，多次循环随机选取海域范围覆盖研究海域全部范围，即选取的关键海域最终覆盖整个研究海域。以关键海域初始范围为 3°×3°为例：若以 130°E，20°N 为起点，则关键海域的初始范围为 130°—133°E，20°—23°N。

（3）确定关键海域的随机选取规则。确定关键海域初始范围（以 3°×3°为例）后，以 0.5°为移动半径随机移动，多次循环后，确保所有随机选取关键海域均分布在研究海域范围内，且所有随机选取的海域范围，覆盖全部研究海域。分别以 4°×4°、5°×5°和 6°×6°为初始海域范围，重复上述步骤。

2. 关键海域 P_s 和 P_f 时间序列值构建

（1）最适温度范围设置。研究温度范围的设置分别依据产卵场和索饵场 1999—2018 年期间，研究海域内出现的 SST 极值（最大值和最小值）；以最小值作为起始研究温度，最大值作为研究温度上限。西北太平洋柔鱼最适温度范围差分别设置为 1℃、2℃、3℃、4℃和 5℃。最大温度范围差设置为 5℃，主要依据是柔鱼昼夜垂直洄游的习性，柔鱼夜间会洄游至 300m 水深的位置，SST 与 300m 水深的位置温度差介于 4～5℃，此温度变化的范围为柔鱼可适应范围。

（2）P_s 和 P_f 时间序列值的计算。根据以上关键海域划分的依据，确定关键海域后，计算 1999—2018 年期间各月份关键海域的最适 SST 范围占总面积的比值（P_s 值和 P_f 值），最适 SST 范围以最小值为起始温度，1℃为跨度，逐步增加最适温度范围，增加 5℃后，起始温度加 1℃，重复上述步骤，以起始温度和研究海域 1999—2018 年期间的 SST 极大值相等为终止信号。分别计算每一个最适 SST 范围分组，以最适 SST 范围占总面积的比值，构建 1999—2018 年的时间序列值。以产卵场关键海域初始范围 3°×3°为例：以 130°E，20°N 为起点，则关键海域的初始范围为 130°—133°E，20°—23°N。若该海域 1999—2018 年温度介于 18～21℃，则该海域最适 SST 范围分组为 18～18+（1～5）℃、19～19+（1～5）℃、20～20+（1～5）℃和21～21+（1～5）℃。

（3）相关性分析。根据以上构建的最适 SST 范围占总面积比值的时间序列值（1999—2018 年），与西北太平洋柔鱼的 CPUE 时间序列值进行相关性分析。对相关性分析的结果进行统计分析，筛选出显著相关的结果，提取显著相关结果对应的海域范围、最适 SST 范围。

依据以上实验方案设计方法，对最终设定方案进行汇总，具体关键海域划分方案如表 5-2 所示。

表 5-2　西北太平洋柔鱼产卵场及索饵场研究海域划分方案

	初始海域范围	3°×3°	4°×4°	5°×5°	6°×6°
产卵期	月份	1—4			
	研究海域范围	130°—170°E，20°—30°N			
	研究温度范围	17～29℃			
	温度递增尺度	1～5℃			
	最适 SST 分组	65	65	65	65
	初始海域（例）	130°—133°E 20°—23°N	130°—134°E 20°—24°N	130°—135°E 20°—25°N	130°—136°E 20°—26°N
	移动尺度	0.5°（经度、纬度）			
	划分海域数量	75×15	73×13	71×11	69×9
	计算 P_s 时间序列值	75×15×4×65	73×13×4×65	71×11×4×65	69×9×4×65
索饵期	月份	8—11			
	研究海域范围	150°—170°E，35°—50°N			
	研究温度范围	7～28℃			
	温度递增尺度	1～5℃			
	最适 SST 分组	110	110	110	110
	初始海域	150°—153°E 35°—38°N	150°—154°E 35°—39°N	150°—155°E 35°—40°N	150°—156°E 35°—41°N
	移动尺度	0.5°（纬度、经度）			
	划分海域数量	35×25	33×23	31×21	29×19
	计算 P_f 时间序列值	35×25×4×110	33×23×4×110	31×21×4×110	29×19×4×110

3. 基于产卵场和索饵场最适 SST 线性预测模型的构建　根据相关性分析结果，选取显著相关的海域，计算各月份该海域对应的最适 SST 范围占总面积的比值。分别以产卵场 P_s 时间序列值、索饵场 P_f 时间序列值作为自变量，CPUE 时间序列值作为因变量，构建简单的线性回归模型，作为西北太平洋柔鱼资源丰度的预测模型。

二、结果

（一）相关性分析结果统计

根据上述关键海域划分方案，对相关性分析的组数及显著相关结果进行统计，统计结果如表 5-3 所示。从最适 SST 时间序列值与 CPUE 时间序列值相关性分析结果可以看出，产卵场在 3°×3°、4°×4°、5°×5°和 6°×6°等 4 种空间尺度下分别进行 292 500、246 740、203 060 和 161 460 次相关性分析。索饵场在 3°×3°、4°×4°、5°×5°和 6°×6° 4 种空间尺度下分别进行 385 000、333 960、286 440 和 242 440 次相关性分析。从相关性分析结果来看，空间尺度越大，显著性结果的数量越少。

表 5-3 最适 SST 比值时间序列值与 CPUE 时间序列值显著相关结果

海域	空间尺度	相关性结果	$P<0.05$, $r>0.5$	$P<0.01$, $r>0.5$	$P<0.001$, $r>0.5$
索饵场	3°×3°	292 500	2 748	1 878	338
	4°×4°	246 740	2 537	1 567	220
	5°×5°	203 060	2 131	1 031	159
	6°×6°	161 460	1 716	908	136
产卵场	3°×3°	385 000	2 903	1 774	187
	4°×4°	333 960	2 445	1 576	149
	5°×5°	286 440	1 951	1 297	122
	6°×6°	242 440	1 591	952	58

（二）关键海域最适 SST 范围组成

1. 不同空间尺度关键海域最适 SST 范围组成分析 对最适 SST 时间序列值与 CPUE 时间序列值显著相关（$P<0.05$，$r>0.5$）结果对应的最适 SST 范围分组进行统计，分析柔鱼最适 SST 主要分布范围。研究发现，相同月份、不同空间尺度下，显著相关的最适 SST 范围分布基本一致。空间尺度改变，柔鱼同一月份最适 SST 的范围不变，表明相关分析的结果可作为推算柔鱼对应月份最适 SST 的依据。图 5-1 以 1 月在 4 种空间尺度下的最适 SST 范围的组成分布为例进行展示，可以发现 4 种空间尺度下，1 月占比最多的最适 SST 均为 24～29℃，即 24～24+（1～5)℃组（表达下同）。其他月份，不同空间尺度下，以及索饵场海域，均出现类似情况。

2. 3°×3°空间尺度下产卵期各月份产卵场关键海域最适 SST 范围组成分析 根据以上显著相关结果和不同空间尺度下的最适 SST 组成结果，选取3°×3°空间尺度作为本次研究的主要空间尺度。统计产卵场空间尺度为 3°×3°的情况下，显著相关海域对应的产卵期各月份最适 SST 组成（图 5-2）。研究发现，产卵场 1 月最适 SST 范围分组主要集中在 24～29℃，占 1 月全部显著相关结果的 58.53%，其中 23～28℃、24～29℃和 25～30℃，占 1 月全部显著相关结果的 91.04%；产卵场 2 月最适 SST 分组主要分布在22～27℃、23～28℃和 24～29℃，占 2 月全部显著相关结果的 85.06%；产卵场 3 月最适 SST 分组出

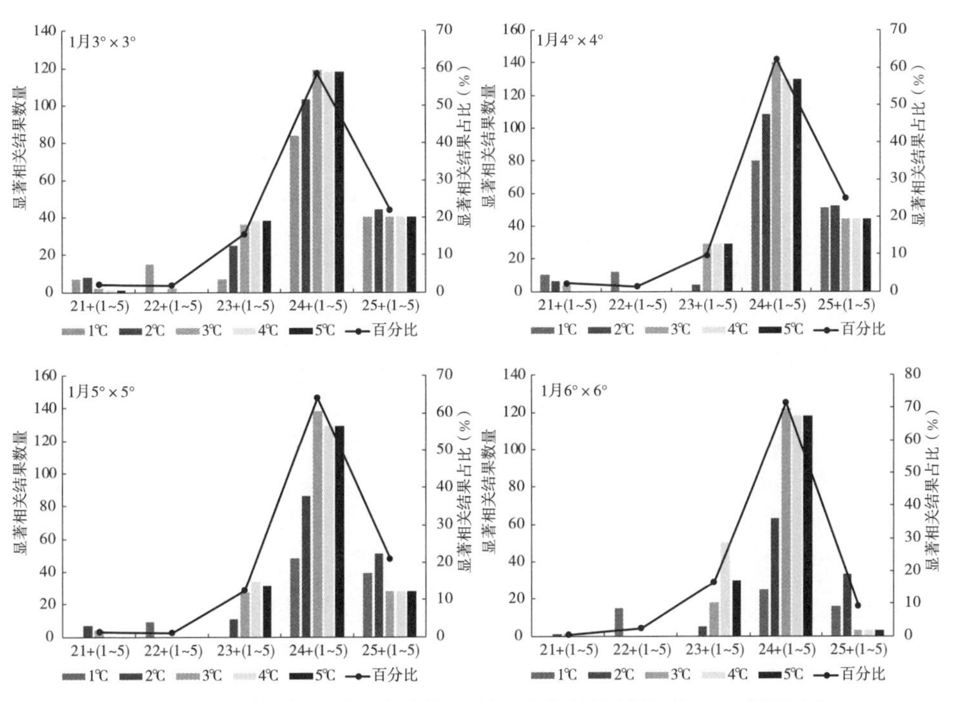

图 5-1 4 种空间尺度下产卵场 1 月显著相关海域最适 SST 范围组成

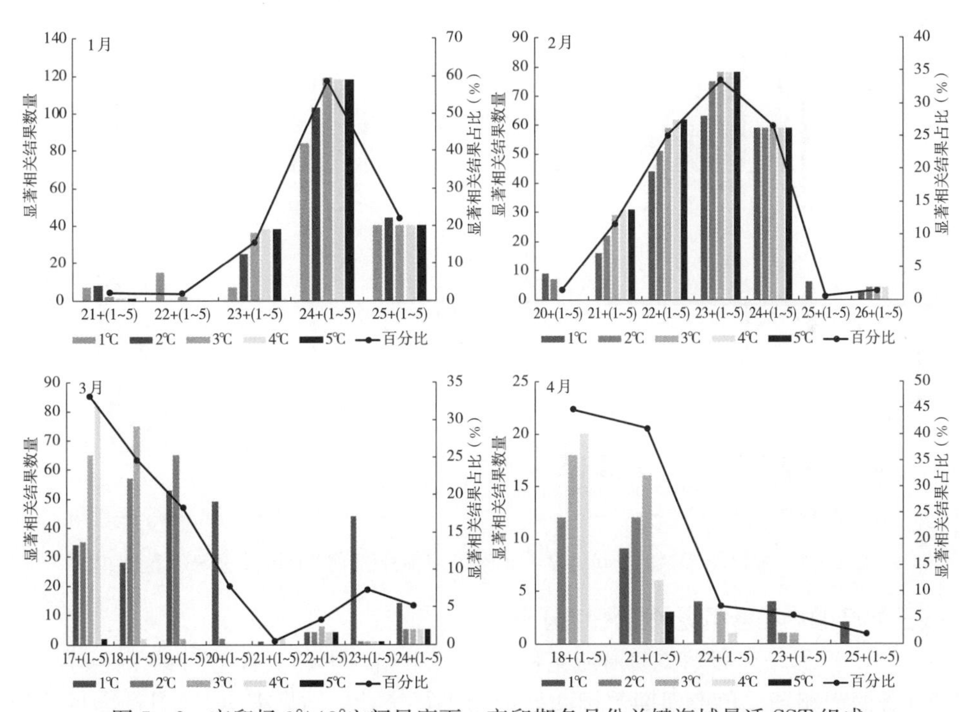

图 5-2 产卵场 3°×3°空间尺度下，产卵期各月份关键海域最适 SST 组成

现分化，其中17～21℃、18～21℃、19～21℃和20～21℃最适SST分组出现次数最多，占3月全部显著相关结果的82.52%，其次22～27℃、23～24℃和24～29℃约占3月全部显著相关结果的10.64%；产卵场4月最适SST分组主要集中在18～22℃和21～26℃，占4月全部显著相关结果的92.86%。

3. 3°×3°空间尺度下索饵期各月份索饵场关键海域最适SST范围组成分析

统计索饵场空间尺度为3°×3°的情况下，显著相关海域对应的索饵期各月份最适SST范围组成（图5-3）。研究发现，索饵场8月最适SST分组主要分布在16～21℃、17～22℃、18～22℃、19～22℃、20～22℃，占8月全部显著相关结果的85.69%；索饵场9月最适SST范围分组主要分布在7～21℃、8～13℃、9～13℃、10～13℃、11～13℃和12～13℃，占9月全部显著相关结果的68.02%；索饵场10月最适SST分组主要出现在15～20℃、16～20℃、17～20℃、18～20℃和19～20℃，占10月全部显著相关结果的81.57%；索饵场11月最适SST分组出现分化，其中19～24℃、21～26℃和22～27℃占主要部分，占11月全部显著相关结果的52.24%。11～16℃、12～16℃、13～16℃、14～16℃和15～16℃占11月全部显著相关结果的32.62%。

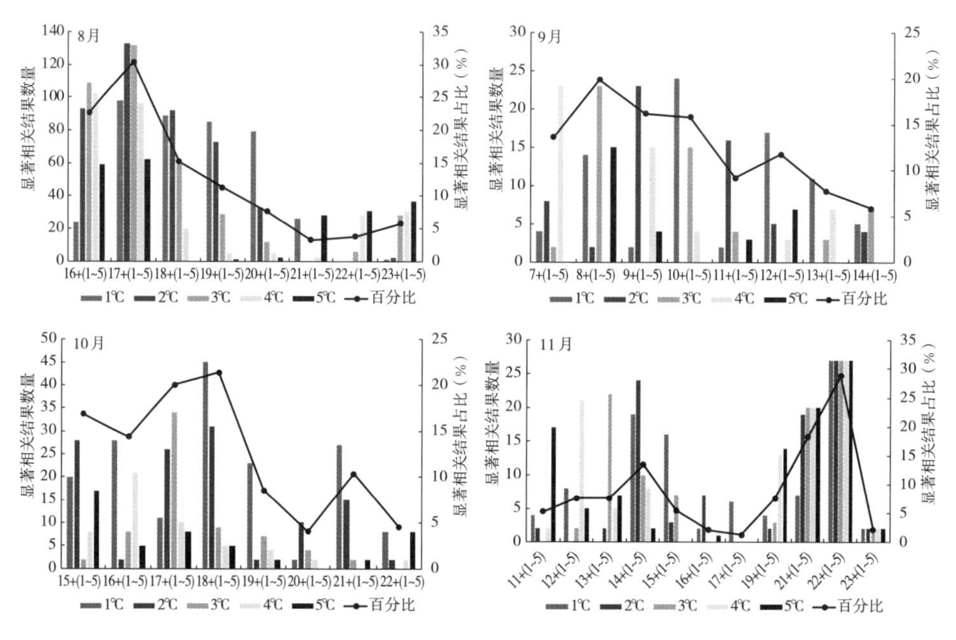

图5-3 索饵场3°×3°空间尺度下，索饵期各月份关键海域最适SST范围组成

（三）产卵场和索饵场关键海域分布

1. 产卵场产卵期关键海域范围分布 根据以上相关性分析结果，对结果显著的产卵场柔鱼产卵期关键海域分布进行统计。结果表明，1月产卵场关键

海域主要分布在 142°—149°E、22°—29°N，部分关键海域分布在 130°—138.5°E、24°—29°N 和 162°—167.5°E、25°—30°N。2 月产卵场关键海域主要分布在 139.5°—147.5°E、23°—30°N，部分关键海域分布在 132.5°—138°E、25°—28.5°N，149°—153.5°E、20°—23.5°N，158.5°—162.5°E、25°—28.5°N。3 月产卵场关键海域主要分布在 133.5°—140°E、20.5°—25.5°N，163°—170°E、25°—30°N 2 个海域，部分关键海域分布在 149°—155°E、20°—24.5°N。4 月产卵场关键海域主要分布在 138°—142.5°E、24°—29.5°N，144.5°—149°E、26.5°—30°N 2 个海域，部分关键海域分布在 151.5°—155°E、24.5°—27.5°N，155°—158.5°E、24°—27°N。

2. 索饵场索饵期关键海域范围分布 根据以上相关性分析结果，对结果显著的索饵场柔鱼索饵期关键海域分布进行统计。结果表明，8 月索饵场关键海域分布相对集中，主要分布在 150°—157°E、36.5°—44°N，156.5°—162°E、37°—41.5°N。9 月索饵场关键海域主要分布在 159°—169.5°E、40°—46.5°N。10 月索饵场关键海域主要分布在 155.5°—168.5°E、35°—42°N。11 月索饵场关键海域主要分布在 150°—155.5°E、35°—41°N，155°—160.5°E、37°—42.5°N。

3. 产卵场、索饵场关键海域范围及对应最适 SST 范围 通过对产卵场、索饵场关键海域范围及对应最适 SST 范围进行汇总，以期获取柔鱼产卵期和索饵期关键海域分布及其最适 SST 范围组成。结果表明，产卵场 1 月关键海域 138.5°—149°E、21°—29°N，对应的最适 SST 在 23～27℃；产卵场 2 月关键海域 139.5°—147.5°E、23°—30°N，对应的最适 SST 在 21～26℃；产卵场 3 月关键海域 133.5°—141.5°E、22.5°—27.5°N 和 161°—170°E、24.5°—30°N，对应的最适 SST 分别为 20～23℃和 18～21℃。产卵场 4 月关键海域 136°—142.5°E、24°—29°N 和 143°—149°E、25°—30°N，对应的最适 SST 分别为 21～24℃和 20～23℃。产卵场产卵期 1—4 月关键海域分布差异可以看出，1 月和 2 月关键海域分布大致相同，1 月关键海域分布范围更广；3 月和 4 月关键海域分布范围与 1 月和 2 月关键海域分布范围均有重叠，3 月在经验产卵场东部海域出现显著相关海域，4 月产卵场关键海域有向东北方向移动的趋势。以上表明柔鱼产卵期产卵场关键海域分布存在联系，各月份之间产卵场关键海域分布也存在差异。

索饵场 8 月关键海域 151°—158°E、38°—44°N，对应的最适 SST 为 18～21℃；索饵场 9 月关键海域 160°—167.5°E、40°—46.5°N，对应的最适 SST 为 11～17℃；索饵场 10 月关键海域 155.5°—164°E、36.5°—42°N，对应的最适 SST 为 16～20℃。索饵场 11 月关键海域分别为 150°—155.5°E、35°—40°N 和 155°—160.5°E、38°—43°N，对应的最适 SST 分别为 19～23℃和 16～

18℃。从索饵场索饵期8—11月关键海域分布差异可以看出，8—11月柔鱼关键海域分布位置变动呈现先向东北后向西南洄游趋势。8—9月，柔鱼关键索饵海域继续向东北方向移动；9—10月，柔鱼关键索饵海域开始向南移动；10—11月，柔鱼关键索饵海域进一步向西南方向移动。以上索饵期各月份关键海域的变动基本分布在柔鱼传统作业海域内。

4. 产卵场和索饵场关键海域最适SST范围比值 根据以上产卵场和索饵场关键海域筛选结果，计算1999—2018年各关键海域对应的最适SST范围占总面积比值的时间序列值，用以表示1999—2018年柔鱼产卵场和索饵场适宜条件的变化趋势。关键产卵和索饵海域在主要产卵期和索饵期对应的 P_s 和 P_f 值年间变化如表5-4所示。P_s 和 P_f 时间序列值与CPUE时间序列值的相关性结果统计上均显著，相关性系数均大于0.67。

表5-4 产卵场、索饵场关键海域最适SST范围比值

年份	产卵期（P_s）				索饵期（P_f）			
	1月	2月	3月	4月	8月	9月	10月	11月
1999	0.40	0.28	0.05	0.40	0.19	0.17	0.23	0.34
2000	0.33	0.26	0.41	0.48	0.26	0.18	0.24	0.28
2001	0.45	0.30	0.30	0.42	0.21	0.14	0.23	0.24
2002	0.30	0.22	0.23	0.44	0.27	0.19	0.25	0.15
2003	0.45	0.25	0.47	0.54	0.34	0.24	0.36	0.35
2004	0.48	0.36	0.50	0.63	0.50	0.35	0.36	0.31
2005	0.55	0.42	0.38	0.55	0.45	0.36	0.34	0.34
2006	0.43	0.38	0.33	0.43	0.35	0.11	0.40	0.26
2007	0.71	0.68	0.62	0.62	0.56	0.49	0.50	0.51
2008	0.45	0.36	0.29	0.49	0.48	0.14	0.40	0.37
2009	0.32	0.29	0.19	0.42	0.36	0.31	0.23	0.22
2010	0.39	0.28	0.15	0.57	0.22	0.15	0.17	0.20
2011	0.31	0.29	0.31	0.39	0.42	0.22	0.30	0.30
2012	0.38	0.27	0.24	0.43	0.29	0.18	0.22	0.30
2013	0.21	0.20	0.21	0.43	0.43	0.12	0.24	0.25
2014	0.23	0.19	0.35	0.44	0.34	0.21	0.38	0.23
2015	0.32	0.13	0.44	0.60	0.37	0.29	0.26	0.27
2016	0.68	0.52	0.25	0.53	0.31	0.21	0.32	0.31
2017	0.50	0.37	0.40	0.54	0.40	0.23	0.40	0.42

（续）

年份	产卵期（P_s）				索饵期（P_f）			
	1月	2月	3月	4月	8月	9月	10月	11月
2018	0.47	0.23	0.21	0.51	0.27	0.21	0.20	0.30
r	0.73	0.74	0.68	0.70	0.73	0.67	0.77	0.86
P	0.000 3	0.000 2	0.000 9	0.000 7	0.000 3	0.001 5	0.000 1	1.41×10^{-6}

(四) 线性回归模型的构建

相关性分析结果表明，CPUE 时间序列值与 P_s 和 P_f 时间序列值显著相关，分别以产卵场 P_s 时间序列值、索饵场 P_f 时间序列值以及 P_s 和 P_f 时间序列值组合作为自变量，构建线性回归模型预测柔鱼资源丰度。CPUE 与自变量（P_s、P_f 和 P_s+P_f）构建的线性回归模型均通过显著性检验，回归模型如表 5 - 5所示。

表 5 - 5　基于产卵场、索饵场关键海域最适 SST 范围比值构建的线性回归模型

自变量	预测模型	R^2	AIC	P
P_s	$CPUE=0.32\times P_{s\_Jan.}+2.69\times P_{s\_Feb.}+1.58\times P_{s\_Mar.}+2.95\times P_{s\_Apr.}-0.74$	0.73	24.44	6.32×10^{-5}
P_f	$CPUE=1.05\times P_{f\_Aug.}+1.54\times P_{f\_Sep.}+1.77\times P_{f\_Oct.}+4.81\times P_{f\_Nov.}-0.49$	0.81	17.53	5.05×10^{-6}
$P_{s+}P_f$	$CPUE=0.82\times P_{s\_Jan.}+0.15\times P_{s\_Feb.}-0.31\times P_{s\_Mar.}+2.93\times P_{s\_Apr.}+1.53\times P_{f\_Aug.}+0.17\times P_{f\_Sep.}+1.64P_{f\_Oct.}+3.49P_{f\_Nov.}-1.62$	0.93	10.65	2.88×10^{-5}

三、讨论与分析

(一) 实验方案设计合理性分析

本研究基于柔鱼产卵场和索饵场的 P_s 和 P_f 与其资源丰度存在正相关关系这一科学假设，对 1999—2018 年的西北太平洋柔鱼 CPUE 和经验产卵场内选取的 1—4 月、4 种空间尺度和 65 组最适 SST 范围分组，共计 903 760 组结果。对 1999—2018 年的西北太平洋柔鱼 CPUE 索饵场内选取的 8—11 月、4 种空间尺度和 110 组最适 SST 范围分组，共计 1 247 840 组结果进行相关性分析，筛选出 CPUE 和 P_s、P_f 在统计学上呈现显著相关的关键产卵场范围和最适 SST 范围。从初始海域空间尺度来看，产卵场和索饵场关键海域均按照 3°×3°、4°×4°、5°×5°和 6°×6° 4 种空间尺度进行选取，关键海域空间尺度范围的划分依据柔鱼不同生活史阶段的洄游能力以及环境数据的空间分辨率确定，以 3°×3°作为最小空间尺度的标准，主要是关键海域空间尺度越小，海域内包含的环境数据越少，计算的 P_s 和 P_f 误差越大，可能会影响相关性分析结果的可靠性。以 6°×6°作为最大空间尺度主要是根据柔鱼索饵期，作业海域相邻月份渔场重心的空间距离在 4°～5°，4 种空间尺度的设定基本满足本研究的目的。初始海域的选取分月份，以 0.5°为移动跨度进行随机选取，选取结果海域范围覆盖经验产卵场和索饵场全部海域范围。最适 SST 范围的设置依据柔鱼昼夜垂直洄游的习性，结合 SST 与 300m 深度的水温温度差值（5℃），将柔鱼适宜的SST 范围最大差值定为5℃，该水温范围跨度不会超过最适水温范围。综上所述，本研究实验方案的设计相对合理，结果可靠。从相关性分析的结果来看，4 种空间尺度下相关性分析均出现统计学上显著相关的结果。空间尺度越小，显著相关的结果数量越多，索饵场和产卵场均出现相同的趋势。3°×3°作为关键海域的初始范围对于探究柔鱼产卵期和索饵期关键海域的空间分布及最适 SST 分布范围提供的信息更准确。

（二）产卵场关键海域分布及最适 SST 范围分析

通过产卵场和索饵场初始海域空间范围设定可以看出，产卵场和索饵场初始海域不同空间尺度（3°×3°、4°×4°、5°×5°和 6°×6°）下出现的最适 SST 的范围基本一致，显著相关的海域分布范围大致相同，均出现随着空间尺度的变小，显著相关的最适 SST 分组数量变多，显著相关结果数量变多。以 3°×3°作为初始海域空间尺度，最适 SST 分组的显著性相关结果更多，对于确定柔鱼最适 SST 提供的信息更详细。

在 3°×3°空间尺度下，柔鱼产卵场产卵期各月份最适 SST 范围及关键海域的分布结果表明，产卵期 1 月和 2 月，柔鱼最适 SST 范围略有差异，1 月最适 SST 主要集中在 23～28℃、24～29℃和 25～30℃ 3 个最适 SST 范围分组，2 月最适 SST 主要集中在 22～27℃、23～28℃和24～29℃ 3 个最适 SST 范围分组，1 月最适 SST 范围高于 2 月；从关键海域分布范围来看，柔鱼产卵场 1 月关键海域和 2 月关键海域分布范围大致相同，相较于 1 月，2 月关键海域略向北迁移，但仍与 1 月主要关键海域分布出现较高的重叠。可以推测，柔鱼 1 月和 2 月主要产卵海域为 139.5°—147.5°E、23°—29°N，产卵期 3 月最适 SST 范围分组出现分化，主要集中于 17～21℃、18～21℃、19～21℃和 20～21℃，部分分组为 22～27℃、23～24℃和 24～29℃。结合 3 月关键产卵海域范围分布来看，造成 3 月最适 SST 范围分组较 1 月和 2 月出现差异的原因，主要是因为柔鱼关键产卵海域出现新的海域分布。以关键海域分布的经度范围来区分关键产卵海域，则 1 月和 2 月关键产卵海域可定义为西部产卵海域，3 月关键产卵海域则同时出现在西部产卵海域和东部产卵海域，东部和西部海域的水温分布不同，造成 3 月最适 SST 范围出现差异。结合 3 月最适 SST 范围分组的显著相关性结果来看，东部产卵海域对应的最适 SST 分组为 17～21℃、18～

21℃、19～21℃和20～21℃，将20℃纳入分组内时，显著相关结果数量出现激增，最适SST范围分组超过21℃时，显著相关结果数量出现骤减，表明18～21℃为柔鱼适宜生存的SST范围，3月西部产卵海域与1月和2月关键产卵海域分布范围接近，对应适宜生存SST为20～23℃。产卵期4月最适SST分组主要集中在18～22℃和21～26℃，结合4月关键产卵海域范围分布来看，最适SST分组为18～22℃对应的海域与21～26℃对应的海域分布上纬度更高，总体海域分布范围较1月和2月略向东北方向移动。综上所述，西北太平洋柔鱼关键产卵海域主要集中在西部海域，产卵期各月份关键海域分布会随着月份变化出现迁移，各月份对应的柔鱼适宜生存SST也存在差异。此结果与Murakami等（1981）、Young和Hirota（1990）根据柔鱼雌性样本分布推测出的柔鱼3个产卵场（140°—150°E，170°E附近和160°—180°W海域）中的140°—150°E和170°E附近海域分布范围大致相同。与Hayase（1995）根据柔鱼仔鱼和雌性成熟个体的分布推测柔鱼产卵场主要分布在25°—26°N、143°—150°30′E，161°—165°30′E，164°—170°E海域的结果基本一致。以上结果是基于柔鱼产卵场和索饵场的P_s和P_f与其资源丰度存在正相关关系这一科学假设得出的，推断结果与前人实际调查结果大致相同，证实了科学假设的合理性。存在的问题是，产卵场研究海域只是局限在传统产卵海域（20°—30°N、130—170°E），并不包括Young和Hirota等人推测的160°—180°W海域。后续研究可扩大研究海域范围，分析170°E以东海域是否存在柔鱼的产卵海域，为柔鱼资源调查提供依据。

（三）索饵场关键海域分布及最适SST范围分析

在3°×3°空间尺度下，柔鱼索饵场索饵期各月份最适SST范围及关键海域的分布结果表明，索饵期8—11月，柔鱼最适SST范围和关键海域分布存在差异。索饵场8月最适SST主要集中在16～21℃、17～22℃、18～22℃、19～22℃和20～22℃。关键索饵海域主要分布在151°—158°E、38°—44°N，对应的柔鱼适宜生存SST为18～21℃。9月最适SST主要集中在7～11℃、8～13℃、9～13℃、10～13℃、11～13℃和12～13℃。关键索饵海域主要分布在160°—167.5°E、40°—46.5°N，对应的柔鱼适宜生存水温为11～17℃。相较于8月，9月柔鱼适宜生存SST范围较低，主要是因为其对应的海域分布纬度更高。索饵场10月最适SST主要集中在15～20℃、16～20℃、17～20℃、18～20℃、19～20℃。关键索饵海域主要分布在155.5°—164°E、36.5°—42°N，对应的柔鱼适宜生存SST范围为16～20℃。索饵场11月最适SST范围分组出现分化，其中19～24℃、21～26℃和22～27℃对应的关键海域主要分布在150°—155.5°E、35°—40°N，对应的柔鱼适宜生存SST范围为16～18℃。从索饵期各月份关键海域分布差异来看，柔鱼索饵期洄游遵循先向东北方向，后向西南方向的模式。索饵场研究的海域范围要大于传统作业海域范围，得到的各月份关键索饵海域结果仍分布在传统作业海域内，表明基于柔鱼索饵场的 P_f 与其资源丰度存在正相关关系这一科学假设的研究结果可靠。此外，本研究结果与陈新军等（2009）关于西北太平洋海域柔鱼的产量分布及作业渔场与 SST 关系的研究结果存在差异。其原因主要是研究方法的差异，后者的研究是利用数理统计信息，结合柔鱼产量分布及 SST，分析对应时间该作业海域的 SST 范围分布，是对柔鱼生存海域内的 SST 范围进行统计。本研究是基于柔鱼索饵场的 P_f 与其资源丰度存在正相关关系，即索饵场关键海域对应的最适 SST 范围越大，柔鱼资源状况越好。

（四）关键海域最适 SST 范围比值

根据 1999—2018 年各关键海域对应的最适 SST 范围比值的时间序列值，用以表示 1999—2018 年柔鱼产卵场和索饵场适宜条件的变化趋势。关键产卵海域和索饵海域的 P_s 和 P_f 时间序列值与 CPUE 时间序列值的相关性分结果均显著，相关性系数均大于 0.67，表明关键产卵海域和索饵海域的 P_s 和 P_f 时间序列值可用于构建基于产卵场和索饵场关键海域与柔鱼 CPUE 的线性回归模型，用于预测柔鱼资源丰度对产卵场和索饵场海洋环境变化的响应机制。为基于海洋环境条件的柔鱼资源丰度预测提供新方法。

四、小结

本节的研究是基于柔鱼经验产卵场和主要索饵场内存在局部海域，作为柔鱼的关键栖息海域，该关键栖息海域内的最适 SST 范围占总面积比值的时间序列值与柔鱼 CPUE 时间序列值呈现正相关关系的科学假设。对经验产卵场和主要索饵场海域范围内进行关键海域的随机选取，以期获得最适 SST 范围占总面积比值的时间序列值与柔鱼 CPUE 时间序列值呈现显著正相关的关键海域。结果表明，经验产卵场和主要索饵场海域内均发现 P_s 和 P_f 时间序列值与 CPUE 时间序列值显著相关的关键海域；产卵期不同月份，产卵场关键海域分布的范围不同，产卵期各月份对应的最适 SST 范围不同，产卵期柔鱼主要产卵海域与前人研究结果基本一致，产卵场关键海域可以作为西北太平洋柔鱼产卵海域分布推测依据。索饵场关键海域各月份分布范围不同，索饵期各月份对应的最适 SST 范围不同，关键海域的分布也存在差异。各月份关键索饵海域的变动，一定程度上可以揭示柔鱼在索饵场 8—11 月的洄游路径的变动。

在上述研究中，发现柔鱼产卵场和索饵场关键海域的探究方法对选取关键海域的分布及最适 SST 范围具有一定的优越性，选取结果与实际调查结果相近，验证了该方法研究结果的准确性，对于其他大洋性物种，该方法同样具有实用性。在后续研究中，可以适当增加柔鱼 5—7 月洄游路径的推测，从而获取柔鱼生活史阶段完整的洄游路径的推测。

第二节　基于多环境因子的柔鱼剩余产量模型研究

由于大洋性经济头足类的生物学特点，西北太平洋海域的柔鱼具有生长速率快，生命周期短，产卵后即死亡等特点，生命周期大约 1 年（Morejohn et al.，1978）。传统的渔业资源评估模型，如年龄结构模型［VPA 类模型、统计年龄结构模型（statistical catch-at-age models）、年龄-体长结构模型等］、体长结构模型等多应用于长生命周期鱼类的资源评估过程中（官文江等，2013；徐洁等，2015）。针对短生命周期的柔鱼资源评估，已有的研究中 Ichii 等（2006）利用扫海面积法、Delury 模型和非平衡剩余产量模型对流刺网渔场秋生群的资源量进行评估。陈新军等（2008）和曹杰（2010c）利用非平衡剩余产量模型对西部冬春生群资源量进行评估。考虑到柔鱼的生物学特点、年龄生长数据较难获取以及该渔业在西北太平洋丰富的捕捞生产数据，可知 Schaefer 剩余产量模型（surplus production model）更适合西北太平洋柔鱼资源的评估。主要是因为 Schaefer 剩余产量模型所要求提供的数据仅仅是多年的渔获量和捕捞努力量或 CPUE 的渔业统计资料，并不需要与资源群体本身相关的生物学资料，因此对于那些没有年龄组成资料或不易确定年龄的渔业资源（寿命比较短的热带地区渔业资源）进行资源评估时更适用（詹秉义，1995）。Schaefer 剩余产量模型不同于动态综合模型，分别考虑资源群体的补充、生长、死亡和年龄结构等对资源数量的影响，而是把资源群体的补充、生长和自然死亡率综合起来作为资源群体大小的一个单变量函数进行分析，该模型的假设有：①群体为封闭独立的群体；②对于收获率的反应是即时的；③作业网具没有变化；④不同年龄组的内禀增长率是独立的；⑤模型中的参数是恒定的。

本研究基于贝叶斯状态空间剩余产量模型（Bayesian state-space production models，BSSPM），在传统剩余产量模型的基础上，引入了过程误差和观测误差，提高了模型的精确程度。近年来，BSSPM 已陆续应用在渔业资源的评估和管理中，如北太平洋秋刀鱼（*Cololabis saira*）、东南太平洋茎柔鱼等种类的资源评估。目前，尚未在国内发现 BSSPM 模型应用于柔鱼资源评估的相关报道。本研究选取了 BSSPM 模型作为基础研究模型，对西北太平洋柔鱼资源状况进行评估，分析其评估结果的稳健性。

柔鱼不同生活史阶段所处栖息海域环境复杂，产完卵即死亡的特点使其种群资源量的大小主要取决于补充量的多少（Rodhouse，2001），作为生态机会主义者，其资源量的大小极易受到海洋环境的影响，为研究海洋环境对于资源量的影响，本研究以贝叶斯状态空间剩余产量模型为基础，结合柔鱼早期生活史阶段的产卵场和索饵场关键海域海洋环境因素，构建基于环境因子的状态空间剩余产量模式，以探究环境因素对柔鱼资源评估结果的影响，进而提出基于柔鱼栖息海域环境因子的柔鱼资源管理策略，以期为西北太平洋柔鱼资源的可持续利用与管理提供科学支持。

一、材料与方法

（一）数据来源

西北太平洋柔鱼渔业生产统计数据均为中国生产数据，来自上海海洋大学鱿钓技术组，包括日捕捞量、作业天数、日作业船数和作业区域。CPUE 为每天的捕捞量（t/d）。所用 CPUE 数据经 GAM 模型进行了标准化处理，标准化后的年 CPUE 数据作为柔鱼资源丰度的相对指数。由于中国鱿钓的年捕捞量占总捕捞量的 80%（Chen et al.，2008a），因此对 1999—2018 年柔鱼渔获量进行了修正（表 5－6）。

表 5－6　我国西北太平洋鱿钓渔业渔获量和 CPUE

年份	渔获量（t）			CPUE（t/d）
	中国	其他国家和地区渔获量	合计	
1999	132 000	33 000	165 000	1.889
2000	124 204	31 051	155 255	1.553
2001	80 873	20 218.25	101 091.25	1.338
2002	84 487	21 121.75	105 608.75	1.571
2003	82 949	20 737.25	103 686.25	2.704
2004	106 532.2	26 633.05	133 165.25	3.183
2005	98 372	24 593	122 965	2.728
2006	108 097.1	27 024.275	135 121.375	2.187
2007	113 117.6	28 279.4	141 397	4.282
2008	106 018.9	26 504.725	132 523.625	2.844
2009	36 764	9 190.93	45 954.93	1.398
2010	55 351	13 837.68	69 188.68	1.651
2011	54 219	13 554.73	67 773.73	2.399
2012	34 412	8 603.05	43 015.05	1.489
2013	51 988	12 996.95	64 984.95	1.644

（续）

年份	渔获量（t）			CPUE（t/d）
	中国	其他国家和地区渔获量	合计	
2014	38 094	9 523.48	47 617.48	1.562
2015	31 707	7 926.77	39 633.77	1.975
2016	47 373	11 843.33	59 216.33	2.347
2017	36 821	9 205.13	46 026.13	2.800
2018	19 451	4 862.70	24 313.70	1.979

（二）剩余产量模型的构建

1. 种群动态方程 本研究采用贝叶斯状态空间剩余产量模型作为基础研究模型，对北太平洋柔鱼进行资源评估，种群动态方程为：

$$B_t = B_{t-1} + rB_{t-1}\left[1-\left(\frac{B_{t-1}}{K}\right)^M\right] - C_t \tag{5-1}$$

$$P_t = \frac{B_t}{K} \tag{5-2}$$

$$P_{t+1} = \left[P_t + r \times P_t(1-P_t^M) - \frac{C_t}{K}\right]\exp(\mu_t) \tag{5-3}$$

$$\mu_t \sim N(0,\ \tau^2) \tag{5-4}$$

式中，B_t 为t 年柔鱼的资源量（t）；C_t 为t 年的渔获量（t）；r 为种群内禀增长率；K 为环境容纳量；M 为参数；P_t 为资源量 B_t 和环境容纳量 K 的比值；μ_t 为过程误差，服从正态分布 $\mu_t \sim N(0,\ \tau^2)$，τ^2 服从无信息先验分布，即 $1/\tau^2$ ～Gamma（0.001，0.001）。贝叶斯状态空间剩余产量模型的求解过程在 WinBugs 中完成，通过贝叶斯状态空间方法求解剩余产量模型。

观测方程为：

$$I_{i,t} = q_{i,t}\ (KP_t)^{b_i}\exp(\varepsilon_{i,t}) \tag{5-5}$$

$$\varepsilon_{i,t} \sim N(0,\ \sigma_i^2) \tag{5-6}$$

式中，$I_{i,t}$ 为t 年的相对资源丰度指数；$q_{i,t}$ 为t 年的可捕系数；b_i 为超稳定性参数；$\varepsilon_{i,t}$ 是观测误差，服从正态分布 $\varepsilon_{i,t} \sim N$（0，${\sigma_i}^2$）；σ_i^2 服从无信息先验分布，即 $1/\sigma^2$ ～Gamma（0.001，0.001）。

2. 模型参数先验分布设定 先验分布分为有信息的（informative priors）先验分布和无信息的（non-informative priors）先验分布，先验分布设定会影响模型参数的后验分布（李纲等，2010）。本研究采用均匀分布作为研究方案的先验分布，根据陈新军等（2011）对北太平洋柔鱼冬春生群体的研究结果，假设 r 的先验分布服从均匀分布（0.5，1.5），K 的先验分布服从均匀分布（30 万 t，80 万 t），下边界 30 万 t 大于 1999—2018 年的最大渔获量，为减小上边界的值对后验概率的影响，上边界值设定为 80 万 t。对于可捕系数，根据已有研究 q 值为 $3.31\times10^{-6}\sim1.8\times10^{-5}$（陈新军等，2011a），假设 q 的先验分布服从均匀分布（$1\times10^{-6}\sim3\times10^{-5}$），模型参数先验分布的具体设定见表 5 - 7。

表 5 - 7　状态空间剩余产量模型参数的先验概率分布

先验假设	q	K	r	$P1$	M	σ^2	τ^2
先验分布	U（1×10^{-6}，3×10^{-5}）	U（30，80）	U（0.5，1.8）	U（0，1）	U（0，3）	$1/\sigma^2\sim$Gamma（0.001，0.001）	$1/\tau^2\sim$Gamma（0.001，0.001）

3. 后验概率计算　利用蒙特卡洛马尔科夫链（MCMC）来计算状态空间剩余产量模型参数的后验概率分布。MCMC 计算状态空间剩余产量模型参数的初始值设定见表 5 - 8。运行 20 000 次，前 10 000 次运算结果舍弃，后 10 000次运算每 10 次对结果进行一次储存。

表 5 - 8　MCMC 计算状态空间剩余产量模型参数的初始值设定

先验假设	q	K	r	$P1$	M	σ^2	τ^2
初始值	0.05×10^{-4}	40	0.6	0.5	0.1	0.000 1	0.000 1

4. 生物学参考点估算　生物学参考点可分为目标参考点和限制参考点。目标参考点的设置是为了达到渔业管理的目标，限制参考点则是渔业管理过程中应该避免的状态。通常渔业管理希望获得最大可持续产量（maximum sustainable yield，MSY）的同时，保持渔业的可持续状态，因此本研究中涉及的生物学参考点有 B_{MSY}、F_{MSY}、MSY，B_{MSY} 和 F_{MSY} 分别为渔业达到 MSY 水平时对应的生物量和捕捞死亡系数。通过绘制 Kobe 图，判断柔鱼种群的资源状况。当 $F/F_{MSY}>1$ 时，表示该种群正在遭受过度捕捞，当 $B/B_{MSY}<1$ 时，表示柔鱼种群已经遭受过度捕捞（朱江峰等，2014）。

$$B_{MSY}=K\left(\frac{1}{m+1}\right)^{\frac{1}{m}} \tag{5-7}$$

$$F_{MSY}=r(1-\frac{1}{m+1}) \tag{5-8}$$

$$MSY=r(1-\frac{1}{m+1})\,B_{MSY} \tag{5-9}$$

（三）基于环境因子的剩余产量模型构建

1. 产卵场和索饵场环境因子的选取　西北太平洋柔鱼资源补充量与其栖息海域（产卵场和索饵场）的海洋环境密切相关。产卵场和索饵场最适 SST 范围占总面积的比例是衡量柔鱼栖息地环境优劣的指标之一，Chl-a 浓度也可以用来衡量栖息地环境的优劣（Waluda et al.，2001）。

根据第五章第一节推测的柔鱼生活史阶段产卵期关键产卵海域分布与索饵期关键索饵海域分布结果，选取关键栖息海域的海洋环境因子，作为柔鱼资源补充量的影响因子。本研究分别选取关键产卵海域 P_s（关键产卵海域最适 SST 范围占总面积的比值）、Chl-a 浓度的平均值作为柔鱼产卵栖息环境对柔鱼资源补充量的影响因子，选取关键索饵海域 P_f（关键索饵海域最适 SST 范围占总面积的比值）、Chl-a 浓度的平均值作为柔鱼索饵场栖息环境对柔鱼资源补充量的影响因子。

假设用产卵场的环境因子表征西北太平洋柔鱼资源的环境容纳量（K），索饵场的环境因子表征西北太平洋柔鱼种群内禀增长率（r）。基于以上假设，利用关键产卵海域产卵月份 P_s、Chl-a 和 P_S-Chl-a 数据，分别构建表征西北太平洋柔鱼资源环境容纳量的 S 指数（表 5－9），关键索饵海域主要索饵月份 P_f、Chl-a 和 P_f-Chl-a 数据，构建表征西北太平洋柔鱼种群内禀增长率（r）的 F 指数。构建基于环境因子的 Schaefer 剩余产量模型。

表 5－9　1999—2018 年西北太平洋柔鱼资源评估 S、F 指数

年份	产卵场			索饵场		
	S-P_s	S-Chl-a	S-P_s-Chl-a	F-P_f	F-Chl-a	F-P_f-Chl-a
1999	0.43	0.96	0.41	0.45	0.96	0.44
2000	0.56	0.98	0.55	0.47	0.94	0.44
2001	0.56	1.00	0.56	0.40	0.99	0.40
2002	0.46	0.99	0.45	0.41	0.98	0.41
2003	0.65	1.00	0.65	0.63	1.00	0.62
2004	0.75	1.00	0.75	0.74	0.96	0.71
2005	0.72	0.97	0.70	0.72	0.97	0.70
2006	0.60	0.99	0.59	0.54	1.00	0.54
2007	1.00	0.97	0.97	1.00	0.99	0.99
2008	0.61	0.96	0.58	0.68	0.97	0.65
2009	0.46	0.97	0.45	0.54	0.98	0.53
2010	0.53	0.95	0.50	0.36	0.96	0.34
2011	0.50	0.98	0.49	0.60	0.98	0.59
2012	0.50	0.97	0.49	0.48	0.94	0.45
2013	0.40	0.97	0.39	0.50	0.98	0.49
2014	0.46	0.99	0.45	0.56	0.99	0.56

（续）

年份	产卵场			索饵场		
	S-P_s	S-Chl-a	S-P_s-Chl-a	F-P_f	F-Chl-a	F-P_f-Chl-a
2015	0.57	0.98	0.56	0.58	0.98	0.57
2016	0.76	0.95	0.72	0.56	0.95	0.53
2017	0.69	0.99	0.68	0.70	0.98	0.69
2018	0.54	0.97	0.53	0.47	0.98	0.47

2. 基于环境因子剩余产量模型的构建 为研究不同生活史阶段（产卵期和索饵期），不同环境因子（SST 和 Chl-a）对柔鱼资源评估结果的影响，分别构建基于产卵场单一环境因子和组合环境因子的剩余产量模型，索饵场单一环境因子和组合环境因子的剩余产量模型，以及综合考虑产卵场和索饵场单一环境因子和组合环境因子的剩余产量模型。分析不同环境因子代入模型后的敏感性，探究环境因子对柔鱼资源评估结果的影响。

基于以上构建的西北太平洋柔鱼资源评估的 S、F 指数，分别构建基于环境因子的状态空间剩余产量模型，对基于不同环境因子构建的剩余产量模型的种群动态方程进行修正，修正后的种群动态方程如下：

（1）基于产卵场单一环境因子的剩余产量模型（S-EDBSSPM）。

$$B_t = B_{t-1} + rB_{t-1}\left[1 - \left(\frac{B_{t-1}}{S_{t-1}K}\right)^M\right] - C_t \tag{5-10}$$

（2）基于索饵场单一环境因子的剩余产量模型（F-EDBSSPM）。

$$B_t = B_{t-1} + F_{t-1}rB_{t-1}\left[1 - \left(\frac{B_{t-1}}{K}\right)^M\right] - C_t \tag{5-11}$$

（3）基于综合环境因子的剩余产量模型（S-F-EDBSSPM）。

$$B_t = B_{t-1} + F_{t-1}rB_{t-1}\left[1 - \left(\frac{B_{t-1}}{S_{t-1}K}\right)^M\right] - C_t \tag{5-12}$$

（四）敏感性分析

考虑到环境因子代入剩余产量模型，可能会对模型评估结果造成影响，本研究运用敏感性分析，探究不同环境因子（单一环境因子与组合环境因子）代入不同 EDBSSPM 模型（综合考虑产卵场和索饵场）对柔鱼资源评估的结果造成影响。通过比较 BSSPM 模型和 EDBSSPM 模型估计的模型参数与参考点，分析不同环境因子加入模型后对评估结果的影响。

二、结果

（一）评估模型参数后验分布与估计值

贝叶斯状态空间剩余产量模型参数的先验与后验分布见图 5－4。结果表明，评估模型参数 r、K、q 的后验概率密度分布与先验概率差异较大，即模型参数后验分布的结果受先验分布的影响较小，渔业数据对模型参数的后验分布概率影响较大。模型参数的估计值见表 5－10。

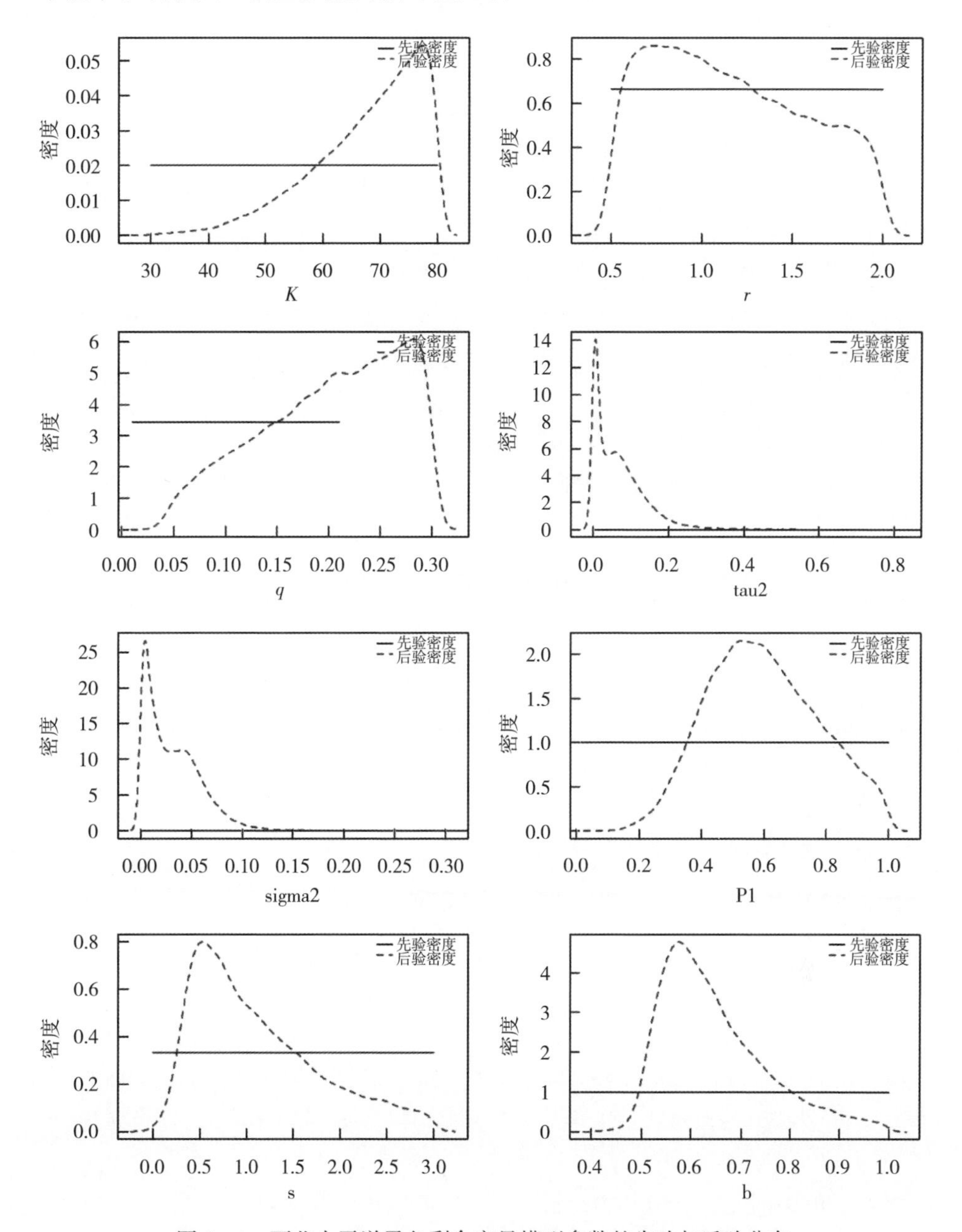

图 5－4　西北太平洋柔鱼剩余产量模型参数的先验与后验分布

表 5-10 模型参数的估计值

参数	均值	方差	2.5%分位数	25%分位数	50%分位数	75%分位数	97.50%分位数
K（万 t）	63.91	11.43	38.30	56.18	65.93	73.41	79.38
r	1.17	0.41	0.55	0.83	1.13	1.50	1.94
q	0.18	0.07	0.05	0.12	0.19	0.24	0.29

（二）柔鱼资源状况与生物学参考点

根据 1999—2018 年柔鱼资源状况与开发情况可以看出，当前柔鱼资源状况处于良好的状态，$B_{2018}>B_{MSY}$，$F_{2018}<F_{MSY}$，资源量保持在较高水平，表明当前柔鱼资源未遭受过度捕捞（表 5-11）。1999—2018 年，F/F_{MSY}基本处于小于 1 的状态，B/B_{MSY}基本处于大于 1 的状态，仅在 2000 年和 2001 年，柔鱼资源量低于 B_{MSY}，资源量分别为 32.41 万 t 和 30.32 万 t，之后柔鱼资源得到恢复，并保持在较高的水平，表明柔鱼资源在 1999—2018 年基本处于未过度捕捞状态（彩图 22）。Kobe 图结果显示，2018 年柔鱼落在绿色区域的概率为 90.54%，落在黄色区域的概率为 9.42%（彩图 23），表明柔鱼没有处于过度捕捞的状态。

表 5-11 1999—2018 年西北太平洋柔鱼资源状况与参考点

参考点	均值	中值	80% CI 下限	80% CI 上限
C_{2018}	2.38	2.38	2.38	2.38
$AveC_{2016—2018}$	4.29	4.29	4.29	4.29
$AveF_{2016—2018}$	0.09	0.08	0.05	0.11
F_{2018}	0.05	0.05	0.03	0.07
F_{MSY}	0.52	0.50	0.28	0.71
MSY	16.39	15.46	8.19	22.08
F_{2018}/F_{MSY}	0.12	0.10	0.04	0.17
$AveF_{2016—2018}/F_{MSY}$	0.19	0.17	0.08	0.25
K	63.91	65.93	53.63	79.99
B_{2018}	48.77	47.27	26.83	66.99
B_{MSY}	31.75	31.78	23.05	39.47
B_{MSY}/K	0.50	0.49	0.41	0.57
B_{2018}/K	0.77	0.77	0.49	1.01
B_{2018}/B_{MSY}	1.54	1.54	0.99	2.01

注：C_{2018}、$AveC_{2016—2018}$、MSY、K、B_{2018}、B_{MSY}的单位为万吨。

（三）基于环境因子的 BSSPM 评估结果

1. 基于产卵场环境因子的 S-EDBSSPM 评估结果比较 构建基于产卵场环境因子的 S-EDBSSPM，通过 MCMC 计算后得到的两种单一环境因子（P_s 和 Chl-a）和组合环境因子（P_s-Chl-a）3 种剩余产量模型参数（r、K、q）的后验概率分布发现，3 种模型参数的后验概率各不相同，r、K、q 的均值分别为 1.14～1.18，64.26 万～67.67 万 t 和（0.18～0.2）$\times10^{-4}$（表 5－12）。

表 5－12 基于产卵场环境因子的 S-EDBSSPM 参数估计值

指数	参数	均值	中值	80%CI 下限	80%CI 上限
S-P_s	r	1.14	1.09	0.50	1.56
	K（万 t）	67.58	69.72	59.52	79.99
	q（$\times10^{-4}$）	0.20	0.21	0.14	0.30
S-Chl-a	r	1.18	1.13	0.53	1.63
	K（万 t）	64.26	66.32	54.28	80.00
	q（$\times10^{-4}$）	0.18	0.19	0.11	0.30
S-P_s-Chl-a	r	1.15	1.10	0.50	1.58
	K（万 t）	67.68	69.80	59.80	79.99
	q（$\times10^{-4}$）	0.20	0.21	0.13	0.30

基于产卵场环境因子的 S-EDBSSPM 得到的各模型的参考点结果（表 5－13）显示，在 S-EDBSSPM 模型中 B_{MSY} 介于 31.79 万～33.89 万 t；MSY 介于 16.24 万～17.66 万 t。根据 S-EDBSSPM 模型输出的 1999—2018 年柔鱼资源状况与开发情况可以看出，当前柔鱼资源状况处于良好的状态，$B_{2018}>B_{MSY}$，$F_{2018}<F_{MSY}$，资源量保持在较高水平，表明在 S-EDBSSPM 模型下，当前柔鱼资源也未遭受过度捕捞。1999—2018 年，S-P_s-EDBSSPM 模型和S-P_s-Chl-a-EDBSSPM 模型的 F/F_{MSY} 全部处于小于 1 的状态，B/B_{MSY} 全部处于大于 1 的状态，柔鱼资源状况一直保持在较高水平。S-Chl-a-EDBSSPM 模型的结果与 BSSPM 结果相近（彩图 24）。Kobe 图结果显示，S-P_s-EDBSSPM 和 S-P_s-Chl-a-EDBSSPM 模型 2018 年柔鱼落在绿色区域的概率分别为 95.08%和 94.68%，均高于 BSSPM 模型 90.54%，落在黄色区域的概率分别为 4.84% 和 5.24%，均低于 BSSPM 模型的 9.42%；S-Chl-a-EDBSSPM 模型 2018 年柔鱼落在绿色区域的概率分别为 88.86%，低于 BSSPM 模型。落在黄色区域的概率的为 11.1%，高于 BSSPM 模型（彩图 25）。

表 5-13　基于产卵场环境因子 1999—2018 年西北太平洋柔鱼资源状况与参考点结果

项目	S-P$_s$				S-Chl-a				S-P$_s$-Chl-a			
	均值	中值	80% CI 下限	80% CI 上限	均值	中值	80% CI 下限	80% CI 上限	均值	中值	80% CI 下限	80% CI 上限
C_{2018}	2.38	2.38	2.38	2.38	2.38	2.38	2.38	2.38	2.38	2.38	2.38	2.38
$AveC_{2016-2018}$	4.29	4.29	4.29	4.29	4.29	4.29	4.29	4.29	4.29	4.29	4.29	4.29
$AveF_{2016-2018}$	0.07	0.07	0.05	0.09	0.09	0.08	0.06	0.11	0.07	0.07	0.05	0.09
F_{2018}	0.05	0.05	0.03	0.06	0.06	0.05	0.03	0.07	0.05	0.05	0.03	0.06
F_{MSY}	0.52	0.49	0.29	0.72	0.52	0.49	0.28	0.71	0.52	0.49	0.29	0.73
MSY	17.63	16.25	9.10	24.40	16.24	15.26	8.57	22.47	17.66	16.31	8.97	24.51
F_{2018}/F_{MSY}	0.11	0.10	0.04	0.15	0.14	0.11	0.04	0.17	0.11	0.10	0.04	0.15
$AveF_{2016-2018}/F_{MSY}$	0.16	0.15	0.07	0.21	0.21	0.17	0.08	0.26	0.16	0.15	0.07	0.21
K	67.58	69.72	59.52	79.99	64.26	66.32	54.28	80.00	67.68	69.80	59.80	79.99
B_{2018}	53.00	51.72	33.35	70.02	48.04	46.07	25.84	66.30	52.63	51.12	33.02	69.71
B_{MSY}	33.87	33.76	26.47	41.16	31.79	31.77	23.44	39.62	33.89	33.77	26.85	41.52
B_{MSY}/K	0.50	0.50	0.42	0.57	0.50	0.49	0.41	0.57	0.50	0.50	0.42	0.57
B_{2018}/K	0.79	0.77	0.55	1.01	0.75	0.74	0.47	1.00	0.78	0.76	0.54	1.00
B_{2018}/B_{MSY}	1.57	1.56	1.07	1.96	1.52	1.51	0.95	1.98	1.56	1.54	1.07	1.98

注：C_{2018}、$AveC_{2016-2018}$、MSY、K、B_{2018}、B_{MSY}的单位为万吨。

2. 基于索饵场环境因子的F-EDBSSPM评估结果比较 构建基于索饵场环境因子的F-EDBSSPM，通过MCMC计算后得到的两种单一环境因子（P_f和Chl-a）和组合环境因子（P_f-Chl-a）3种剩余产量模型参数（r、K、q）的后验概率分布发现，3种模型参数的后验概率各不相同，r、K、q的均值分别为1.15～1.18、64.38万～65.89万t和（0.18～0.2）$\times 10^{-4}$（表5-14）。

表5-14 基于索饵场环境因子的F-EDBSSPM参数估计值

指数	参数	均值	中值	80%CI下限	80%CI上限
F-P_f	r	1.15	1.10	0.52	1.58
	K（万t）	65.89	67.99	56.79	79.99
	q（$\times 10^{-4}$）	0.20	0.21	0.13	0.30
F-Chl-a	r	1.18	1.13	0.50	1.59
	K（万t）	64.38	66.42	54.52	79.99
	q（$\times 10^{-4}$）	0.18	0.18	0.11	0.30
F-P_f-Chl-a	r	1.16	1.11	0.52	1.59
	K（万t）	65.87	68.12	56.63	80.00
	q（$\times 10^{-4}$）	0.20	0.21	0.13	0.30

基于索饵场环境因子的F-EDBSSPM得到的各模型的参考点结果（表5-15）显示，在F-EDBSSPM模型中B_{MSY}介于31.78万～34.09万t；MSY介于16.13万～19.45万t。根据F-EDBSSPM模型输出的1999—2018年柔鱼资源状况与开发情况可以看出，当前柔鱼资源状况处于良好状态，$B_{2018}>B_{MSY}$，$F_{2018}<F_{MSY}$，资源量保持在较高水平，表明在F-EDBSSPM模型下，当前柔鱼资源也未遭受过度捕捞。1999—2018年，F-P_f-EDBSSPM模型和F-P_f-Chl-a-EDBSSPM模型的F/F_{MSY}全部处于小于1的状态，B/B_{MSY}全部处于大于1的状态，柔鱼资源状况一直保持在较高水平。F-Chl-a-EDBSSPM模型的结果与BSSPM结果相近（彩图26）。Kobe图结果显示，F-P_f-EDBSSPM和F-P_f-Chl-a-EDBSSPM模型2018年柔鱼落在绿色区域的概率分别为94.57%和94.36%，均高于BSSPM模型90.54%，落在黄色区域的概率分别为5.4%和5.6%，均低于BSSPM模型9.42%；F-Chl-a-EDBSSPM模型2018年柔鱼落在绿色区域的概率分别为90.43%，与BSSPM模型的结果极为接近。落在黄色区域的概率为9.52%，与BSSPM模型的结果接近（彩图27）。

表 5-15　基于索饵场环境因子 1999—2018 年西北太平洋柔鱼资源状况与参考点结果

项目	F-P$_s$				F-Chl-a				F-P$_s$-Chl-a			
	均值	中值	80% CI 下限	80% CI 上限	均值	中值	80% CI 下限	80% CI 上限	均值	中值	80% CI 下限	80% CI 上限
C_{2018}	2.38	2.38	2.38	2.38	2.38	2.38	2.38	2.38	2.38	2.38	2.38	2.38
$AveC_{2016-2018}$	4.29	4.29	4.29	4.29	4.29	4.29	4.29	4.29	4.29	4.29	4.29	4.29
$AveF_{2016-2018}$	0.08	0.07	0.05	0.09	0.09	0.08	0.05	0.11	0.08	0.07	0.06	0.10
F_{2018}	0.05	0.04	0.03	0.06	0.05	0.05	0.03	0.07	0.05	0.04	0.03	0.06
F_{MSY}	0.57	0.55	0.34	0.77	0.51	0.48	0.29	0.71	0.58	0.56	0.34	0.77
MSY	19.30	18.38	10.92	25.74	16.13	15.18	8.64	22.43	19.45	18.57	11.05	26.18
F_{2018}/F_{MSY}	0.10	0.08	0.04	0.12	0.12	0.11	0.04	0.17	0.09	0.08	0.04	0.13
$AveF_{2016-2018}/F_{MSY}$	0.16	0.14	0.07	0.19	0.20	0.17	0.08	0.26	0.15	0.14	0.07	0.20
K	65.89	67.99	56.79	79.99	64.38	66.42	54.52	79.99	65.87	68.12	56.63	80.00
B_{2018}	53.75	53.88	35.57	73.52	48.79	47.13	27.09	67.22	53.84	53.99	35.65	73.80
B_{MSY}	34.09	34.08	26.08	42.41	31.80	31.78	23.26	39.37	34.04	34.04	25.94	42.41
B_{MSY}/K	0.52	0.52	0.44	0.60	0.50	0.49	0.41	0.57	0.52	0.52	0.44	0.59
B_{2018}/K	0.82	0.85	0.58	1.03	0.76	0.75	0.48	1.01	0.82	0.85	0.58	1.04
B_{2018}/B_{MSY}	1.58	1.60	1.16	2.02	1.54	1.53	0.99	2.01	1.59	1.61	1.15	2.02

注：C_{2018}、$AveC_{2016-2018}$、MSY、K、B_{2018}、B_{MSY}的单位为万吨。

3. 基于综合环境因子的 S-F-EDBSSPM 评估结果比较　构建基于产卵场和索饵场环境因子的 S-F-EDBSSPM，通过 MCMC 计算后得到的两种单一环境因子（P_s-P_f 和 Chl-a）和组合环境因子（P_s-P_f-Chl-a）3 种剩余产量模型参数（r、K、q）的后验概率分布发现，3 种模型参数的后验概率各不相同，r、K、q 的均值取值分别为 1.15～1.18、64.35 万～67.78 万 t 和（0.18～0.2）×10^{-4}（表 5－16）。

表 5－16　基于综合环境因子的 S-F-EDBSSPM 参数估计值

指数	参数	均值	中值	80%CI 下限	80%CI 上限
	r	1.15	1.09	0.50	1.58
S-F-P_s-P_f	K（万 t）	67.71	69.81	59.74	79.99
	q（$\times 10^4$）	0.20	0.21	0.14	0.30
	r	1.18	1.13	0.52	1.62
S-F-Chl-a	K（万 t）	64.35	66.33	54.38	79.99
	q（$\times 10^4$）	0.18	0.18	0.11	0.30
	r	1.16	1.11	0.50	1.59
S-F-P_s-P_f-Chl-a	K（万 t）	67.78	69.93	59.87	79.99
	q（$\times 10^4$）	0.20	0.21	0.14	0.30

基于产卵场和索饵场综合环境因子的 S-F-EDBSSPM 得到的各模型的参考点结果（表 5－17）显示，在 S-F-EDBSSPM 模型中 B_{MSY} 介于 31.92 万～33.78 万 t；MSY 介于 16.13 万～17.67 万 t。根据 S-F-EDBSSPM 模型输出的 1999—2018 年柔鱼资源状况与开发情况可以看出，当前柔鱼资源状况处于良好状态，$B_{2018}>B_{MSY}$，$F_{2018}<F_{MSY}$，资源量保持在较高水平，表明在 S-F-EDBSSPM 模型下，当前柔鱼资源亦未遭受过度捕捞。1999—2018 年，S-F-P_s-P_f-EDBSSPM 模型和 S-F-P_s-P_f-Chl-a-EDBSSPM 模型的 F/F_{MSY} 全部处于小于 1 的状态，B/B_{MSY} 全部处于大于 1 的状态，柔鱼资源状况一直保持在较高的水平。S-F-Chl-a-EDBSSPM 模型的结果与 BSSPM 结果相近（彩图 28）。Kobe 图结果显示，F-P_f-EDBSSPM 和 F-P_f-Chl-a-EDBSSPM 模型 2018 年柔鱼落在绿色区域的概率分别为 93.87% 和 93.78%，均高于 BSSPM 模型 90.54%，落在黄色区域的概率分别为 6.07%和 6.15%，均低于 BSSPM 模型的 9.42%；S-F-Chl-a-EDBSSPM 模型 2018 年柔鱼落在绿色区域的概率为 89.58%，低于 BSSPM 模型的结果，落在黄色区域的概率为 10.39%，高于 BSSPM 模型的结果（彩图 29）。

表 5-17　基于综合环境因子 1999—2018 年西北太平洋柔鱼资源状况与参考点结果

项目	S-F-P_s-P_f				S-F-Chl-a				S-F-P_s-P_f-Chl-a			
	均值	中值	80% CI 下限	80% CI 上限	均值	中值	80% CI 下限	80% CI 上限	均值	中值	80% CI 下限	80% CI 上限
C_{2018}	2.38	2.38	2.38	2.38	2.38	2.38	2.38	2.38	2.38	2.38	2.38	2.38
$AveC_{2016-2018}$	4.29	4.29	4.29	4.29	4.29	4.29	4.29	4.29	4.29	4.29	4.29	4.29
$AveF_{2016-2018}$	0.08	0.07	0.05	0.09	0.09	0.08	0.05	0.11	0.08	0.07	0.05	0.09
F_{2018}	0.05	0.05	0.03	0.06	0.06	0.05	0.03	0.07	0.05	0.05	0.03	0.06
F_{MSY}	0.52	0.49	0.29	0.71	0.51	0.49	0.29	0.71	0.52	0.49	0.30	0.73
MSY	17.61	16.49	9.57	24.32	16.13	15.17	8.17	21.95	17.67	16.51	9.03	24.45
F_{2018}/F_{MSY}	0.11	0.10	0.04	0.15	0.12	0.11	0.04	0.17	0.14	0.10	0.04	0.15
$AveF_{2016-2018}/F_{MSY}$	0.17	0.15	0.07	0.22	0.20	0.17	0.08	0.26	0.20	0.15	0.07	0.22
K	67.71	69.81	59.74	79.99	64.35	66.33	54.38	79.99	67.78	69.93	59.87	79.99
B_{2018}	52.05	51.01	33.50	70.52	48.44	46.53	26.17	66.21	52.23	51.11	33.01	70.08
B_{MSY}	33.92	33.78	26.80	41.53	31.77	31.78	23.26	39.22	33.85	33.76	26.48	40.98
B_{MSY}/K	0.50	0.50	0.42	0.57	0.50	0.49	0.41	0.56	0.50	0.49	0.42	0.57
B_{2018}/K	0.77	0.77	0.54	1.00	0.75	0.74	0.47	1.00	0.77	0.77	0.54	1.01
B_{2018}/B_{MSY}	1.54	1.54	1.07	1.96	1.53	1.52	0.94	1.97	1.55	1.54	1.06	1.98

注：C_{2018}、$AveC_{2016-2018}$、MSY、K、B_{2018}、B_{MSY}的单位为万吨。

从模型的拟合效果 DIC 可以看出，在构建基于环境因子的剩余产量模式过程中，模型中加入单一环境因子或组合环境因子时，DIC 最小值均出现在基于产卵场环境因子构建的模型，即模型只考虑最适 SST 面积占总面积的比值（P_s、P_f）这一环境因子或 Chl-a 浓度以及两者组合的环境因子时，基于产卵场环境因子构建的模型 DIC 最小，模型拟合效果最好。在构建基于环境因子的剩余产量模型过程中，不同的环境因子加入模型，模型的拟合效果不同。在 S-EDBSSPM 模型中分别加入 P_s、Chl-a 和 P_s-Chl-a 3 种环境因子构建的剩余产量模型的拟合效果，以单独考虑产卵场 P_s 的 S-P_s-EDBSSPM 模型 DIC 最小，拟合效果最好（表 5－18）。

表 5－18　西北太平洋柔鱼剩余产量模型拟合结果统计

分类	环境因子	产卵场	DIC	索饵场	DIC	产卵场与索饵场	DIC
单一环境因子	P_s/P_f	S-P_s	－86.03	F-P_f	－54.78	S-F-P_s-P_f	－68.73
	Chl-a	S-Chl-a	－76.79	F-Chl-a	－70.84	S-F-Chl-a	－71.76
组合环境因子	P_s/P_f-Chl-a	S-P_s-Chl-a	－77.72	F-P_f-Chl-a	－54.35	S-F-P_s-P_f-Chl-a	－68.11

本研究的敏感性分析结果表明，西北太平洋柔鱼资源评估结果对不同的评估模型，以及不同的环境因子比较敏感。从西北太平洋柔鱼基于环境因子的剩余产量模型关键参数评估结果相对变化中可以看出（表 5－19）：基于 S-EDBSSPM 构建的模型，相较于 S-Chl-a 环境因子，S-P_s 环境因子对模型评估结果影响更大，且 S-P_s 加入模型后，B_{MSY}、MSY、K 都呈现增加的趋势，增加上限 5.74%～8.66%。可捕系数 q 增加 10.41%，内禀增长率降低 2.49%。S-Chl-a 加入模型后，模型关键参数相对变化幅度较小，增减情况不一，增减幅度介于 0.08%～1.5%。S-P_s-Chl-a 加入模型后对评估结果影响与 S-P_s 加入模型后的结构大致相同，表明组合环境因子对模型的影响中，S-P_s 占据主导地位。基于 F-EDBSSPM 构建的模型，相较于 F-Chl-a 环境因子，F-P_s 环境因子对模型评估结果影响更大，且 F-P_s 加入模型后，B_{MSY}、MSY、K 也呈现增加的趋势，增加上限介于 3.11%～17.78%。可捕系数 q 增加 9.22%，内禀增长率降低 1.74%。F-Chl-a 加入模型后，模型关键参数相对变化幅度较小，增减情况不一，增减幅度介于 0.02%～1.86%。F-P_f-Chl-a 加入模型后对评估结果影响与 F-P_f 加入模型后的结构大致相同，同样表明，在基于索饵场组合环境因子构建的评估模型中，对模型评估结果的影响，仍是 F-P_f 占据主导地位。基于 S-F-EDBSSPM 构建的模型，组合环境因子 S-F-P_s-P_f 加入模型后，B_{MSY}、MSY、K 同样呈现增加的趋势，增加上限介于 5.95%～7.44%。可捕系数 q 增加 12.05%，内禀增长率降低 2.08%。其结果与 S-P_s-EDBS 模

型结果相近，表明在同时考虑产卵场和索饵场环境因子构建的模型中，产卵场 P_s 依旧对模型的评估结果占据主导地位。S-F-Chl-a 加入模型后，模型关键参数相对变化幅度较小，增减情况不一，增减幅度介于0.07%～1.75%。S-F-P_s-P_f-Chl-a 加入模型后对评估结果影响与 S-F-P_s-P_f 加入模型后的结构大致相同，表明在基于产卵场和索饵场组合环境因子构建的评估模型中，对模型评估结果的影响，仍是 S-F-P_s-P_f 占据主导地位。

表 5-19　西北太平洋柔鱼基于环境因子的剩余产量模型关键参数评估结果相对变化（%）

项目	S-P_s	S-Chl-a	S-P_s-Chl-a	F-P_f	F-Chl-a	F-P_f-Chl-a	S-F-P_s-P_f	S-F-Chl-a	S-F-P_s-P_f-Chl-a
B_{MSY}	6.69	0.12	6.75	7.36	0.17	7.20	6.84	0.07	6.62
MSY	7.56	−0.91	7.75	17.78	−1.55	18.67	7.44	−1.56	7.81
K	5.74	0.55	5.90	3.11	0.74	3.07	5.95	0.68	6.06
B_{2018}	8.66	−1.50	7.90	10.19	0.02	10.38	6.72	−0.70	7.07
F_{MSY}	0.06	−1.16	0.14	9.68	−1.86	10.62	−0.09	−1.75	0.37
q	10.41	−0.08	9.03	9.22	−0.74	9.09	12.05	−1.12	10.93
r	−2.49	0.34	−2.15	−1.74	0.15	−0.78	−2.08	0.13	−1.12

三、讨论与分析

（一）基础评估模型结果分析

剩余产量模型高度综合渔业种群生活史的动态变化过程（倪建锋等，2004；Zhang et al.，2015；张魁等，2015），相对于年龄或体长结构模型，因剩余产量模型对种群结构数据和参数设定的高度要求，其在渔业资源评估中被广泛采用（官文江等，2013）。本节利用贝叶斯状态空间剩余产量模型，使用 Pella-Tomlinson 剩余产量方程，构建基础的 BSSPM 模型，利用贝叶斯方法估计模型参数，其先验分布参考前人研究结论，模型参数的后验分布与先验分布存在很大的差异，说明渔业数据为参数估计提供了足够的信息。模型中引入过程误差和观测误差，提高了模型的精确程度。BSSPM 基础模型的构建，可作为基于环境因子构建的剩余产量模型及环境因子加入模型后对资源评估结果的影响参考依据。

本节基础模型 BSSPM 的评估结果显示，当前柔鱼资源状况处于良好状态，资源量保持在较高水平，柔鱼资源未遭受过度捕捞。1999—2018 年，F/F_{MSY}基本处于小于 1 的状态，B/B_{MSY}基本处于大于 1 的状态，表明柔鱼资源在 1999—2018 年基本处于未过度捕捞状态，虽现阶段柔鱼资源量有所下降，但仍处于健康可持续开发状态，其 *MSY* 估计值为 16.39 万 t，高于目前的渔获量，西北太平洋柔鱼资源目前处于较好水平，与前人结论基本一致（曹杰，2010c；陈新军等，2011a；汪金涛，2015）。

（二）评估模型对环境因子的敏感性分析

基于以上研究，结合产卵场与索饵场的海洋环境因子最适 SST 范围占总面积的比值、Chl-a 浓度以及两者的组合，构建基于环境因子的 EDBSSPM 模型，以产卵场关键海域的环境因子表征环境容纳量（*K*），对模型中的环境容纳量进行修正，以索饵场关键海域的环境因子表征内禀增长率（*r*），对模型中的内禀增长率进行修正。经以上修正后，构建基于不同环境因子的 EDBSSPM 模型，对西北太平洋柔鱼进行资源评估。通过其评估结果，分析环境因子对柔鱼资源评估过程造成的影响。

基于产卵场环境因子、索饵场环境因子与综合环境因子构建的剩余产量模型中，柔鱼不同生活史阶段的环境因子加入模型后对评估结果的影响不同，相同生活史阶段，不同的单一环境因子以及组合环境因子的加入，评估结果也不相同。基于产卵场环境因子构建的模型中，单一环境因子 S-P_s、Chl-a 和两者的组合环境因子依次加入模型，结果显示，产卵场环境因子中最适 SST 占总面积的比值 P_s 对模型的影响最大，可作为主要考虑因子，基于索饵场环境因子与综合环境因子的评估模型输出结果均出现类似结果，表明在柔鱼生活史过程中，栖息海域的 SST 对其资源影响较大。本研究的敏感性分析表明，在基于产卵场环境因子、索饵场环境因子以及综合环境因子构建的模型中，加入相同的环境因子，3 种模型中，基于产卵场环境因子构建的模型 DIC 最小，拟合效果最好。基于以上结果，本研究建议，今后对西北太平洋柔鱼资源评估过程中，可主要考虑柔鱼产卵期关键产卵海域的海洋环境状况，最适 SST 可作为主要考虑环境因子。

（三）不确定性分析

本研究中，柔鱼资源量评估的不确定性，主要来自模型所使用的渔获量数据，主要是因为目前所掌握的数据以中国生产数据为主，全年渔获量按照中国生产占世界生产的 80%进行修正，造成模型中使用的渔获量数据可能存在偏差。贝叶斯方法中模型参数先验概率分布的假设和选择对估算模型后验概率分布有着极其重要的作用。目前，对于先验概率分布的设定仍存在很多争议，主要原因是先验概率分布的选择会对资源评估的结果产生影响，更严重的情况会导致评估结果出现错误。例如，所选数据不是有信息的，模型最后估算的参数后验概率将完全由先验概率主导，将会导致资源评估结果出现错误。本研究中，模型参数的先验概率分布主要是依据已有研究结果进行设定，模型对参数的后验概率分布的结果与先验概率分布设定有较大差异，表明模型模拟过程中，使用的渔业数据给贝叶斯分析带来足够的信息，验证了模型评估结果的可靠性。

四、小结

本节采用贝叶斯状态空间剩余产量模型对西北太平洋柔鱼资源状况进行评估，并以贝叶斯状态空间剩余产量模型（BSSPM）为基础模型，结合产卵场和索饵场关键海域环境因子，构建基于环境因子的剩余产量模型（EDBSSPM），对西北太平洋柔鱼资源量进行评估，分析构建的评估模型对环境因子的敏感性。结果表明，不同的环境因子加入模型，柔鱼资源评估结果不同；在构建基于环境因子的剩余产量模型过程中，模型中加入单一环境因子或组合环境因子时，DIC最小值均出现在基于产卵场环境因子构建的模型；基于环境因子构建的EDBSSPM模型中，相较于Chl-a环境因子，P_s/P_f环境因子对模型评估结果影响更大；EDBSSPM模型拟合效果对于不同环境因子的选择比较敏感。当选用产卵场单一环境因子P_s构建模型时，模型拟合效果最好。

第三节 IPCC-CMIP5模式下未来柔鱼资源评估与管理策略研究

SST变化是未来气候变化预测和分析中重要的不确定性因素之一（张魁等，2015）。全球和区域SST模式的变化会影响局部海域和经线环流，而经线环流又影响着全球的降水和气温模式（Bjerkness，1969；Hastenrath，1978；Folland et al.，1986；Chang et al.，2000）。海洋环流模式的变化改变了全球范围内的冷暖水输送模式，进而影响海洋生态系统中的物种，改变其迁移和繁殖模式，威胁到珊瑚生存并改变了有害藻类大量繁殖的频率和强度（Ostrander et al.，2000）。从长远来看，SST上升可能会改变将营养物质从深海带到表层水域的环流模式，导致鱼类数量下降，必将会对大洋性经济头足类的渔业资源产生影响（Pratchett et al.，2004）。

Belkin（2009）发表在英国气象局哈德利中心（HadISST）气候学数据（1957—2006）表明，世界上大多数沿海地区的SST都在上升，特别是在亚北极峡谷、欧洲海域和东亚海域。在利用Optimum Interpolation Sea Surface Temperature（OISST）1/4数据库提供的SST数据进行研究时，发现1982—2010年，世界上71%以上的海岸线变暖（Lima et al.，2012），其变暖幅度取决于地理位置。之后，关于局部海域的研究迅速增加（Gómez-Gesteira et al.，2008；Yoon et al.，2012；Bao et al.，2014；Bouali et al.，2017）。Gómez-

Gesteira 等（2008）利用 1985—2005 年 SST 数据分析沿海变暖情况，研究发现，沿岸海域出现不均匀的变暖趋势，48°N 和 37°N 的增温幅度分别为 3.5℃和 1.2℃。Yoon 等（2012）、Bao 和 Ren（2014）分别采用了英国气象局哈德利中心 1950—2007 年和 1870—2011 年的月度海温数据，研究了 2 种不同类型厄尔尼诺（NINO3 和 NINO4）影响下的北太平洋西部海温。他们的研究结果均表明，无论何种类型的厄尔尼诺，造成北太平洋西部海温变化的物理过程是相似的。

Shimura 等（2015）使用 4 种海温条件下的 18 种 CMIP3 模型。所有的 SST 模式均显示，未来气候中的 SST 增加 3℃左右。尤其是北太平洋地区，显示出比其他地区明显的增温现象。Brown 等（2014）基于 19 个 GCMs 全球耦合模式比较计划第 5 阶段（CMIP5）在 RCP 8.5 气候情景下，探讨了相对于西太平洋暖池边缘的赤道沿线的预计海温升温情况。同时比较了 20 世纪下半叶（1950—2000）和 21 世纪下半叶（2050—2100）海温升温情况，结果发现，3 个最好的模型的 SST 异常为 2～3℃，11 个最差的模型的 SST 异常为 2～5℃。在热带地区，Huang（2015b）基于 RCP 8.5 和历史运行情况，利用 31 个模型研究了全球变暖下的季节性海温变化。季节性变暖的幅度与热带均值和年均值变暖相当，意味着对全球气候变化的影响巨大。

Alexander 等（2018）利用 CMIP5 的 26 个模型和国家大气研究中心大型集合社区项目（CESM-LENS）在 RCP 8.5 气候情景下的 30 次模拟，研究气候变化如何影响北部海洋地区的平均、变异和极端 SST。在 1976—2099 年，包括北太平洋东部、北大西洋和北冰洋在内的大部分地区的 SST 变化趋势为正值。在白令海、北大西洋西部、挪威海和巴伦支海，这一趋势 10 年一变，为 0.25～0.5℃，升温幅度最大。拉布拉多海和格陵兰岛东南部之间的区域呈降温趋势。考虑到 CMES-LENS 的 SST 结果，SST 变化趋势呈现出类似的模式和幅度，包括格陵兰岛东南部没有变暖，但白令海和格陵兰海的变暖程度较强。

预计全球未来的 SST 升高可能会对纬向和经向环流产生影响，环流和经向环流又将影响全球的降水和气温模式。SST 升高是全球变暖的指标，表明了温室气体（如二氧化碳）排放量增加。因此，溶解碳的含量将继续增加，并将改变海水的化学性质，使其变得更酸。如前所述，随着海洋酸度的增加，某些生物，如珊瑚和贝类，将难以形成其骨骼和贝壳。这些后果会严重影响海洋生态系统的生物多样性和生产力。柔鱼是生态机会主义物种，对于海洋环境的改变尤为敏感，气候模式的改变可能会对柔鱼资源造成较大的影响。为应对未来气候模式下柔鱼资源的评估与管理，本研究结合 IPCC 组织的 CMIP5 的模式预估未来不同的 CO_2 排放情景（典型浓度路径，RCP）下全球气候变化，包括 RCP2.6、RCP4.5、RCP6.0 和 RCP8.5 等 4 种情景，每种情景都提供了一种受社会经济条件影响的典型温室气体浓度路径，选取西北太平洋柔鱼产卵场和索饵场对应的 SST 模拟及预测数据，分析未来气候变化存在的 4 种情景下柔鱼生境的变化，结合状态空间剩余产量模型，分析柔鱼资源丰度在未来可能存在的变化，根据不同气候模式下柔鱼资源出现的变动，提出管理意见，以应对未来多变气候条件下柔鱼资源的管理，确保柔鱼资源的可持续发展。

一、材料与方法

（一）数据来源

1. 渔业数据 柔鱼生产数据来源于中国远洋渔业数据中心，采用 1999—2018 年我国西北太平洋 38°—46°N、150°—165°E 海域的柔鱼渔业生产统计数据，包括日捕捞量、作业天数、日作业船数和作业区域（0.5°×0.5°为一个渔区）。所用 CPUE（t/d）数据经 GAM 模型进行了标准化处理，标准化后的年 CPUE 数据作为柔鱼资源丰度的相对指数。由于中国鱿钓的年捕捞量占总捕捞量的 80%（Chen et al.，2008a），因此对 1996—2018 年柔鱼渔获量进行了修正，详见表 5-1。

2. CMIP5 历史模拟数据和预测数据 CMIP5 模式是地球系统模式，共有 46 个气候模式参与对比，模式做历史试验积分的时段一般为 1850—2005 年，未来预估的积分时段一般为 2006—2100 年，模拟不同典型浓度路径（representative concentration pathways，RCPs）下未来气候变化。研究采用 CMIP5 模式中的全球海气耦合气候模式 GFDL-ESM2G，NOAA 地球流体力学实验室 GFDL-ESM2G 模型模拟及预测结果（https://esgf-node.llnl.gov/search/cmip5/），选取该模式下 1999—2028 年，空间分布为 15°—50°N、120°—180°E，时间尺度为月，空间尺度为 1°×1°的 SST 数据。其中 1999—2005 年为该模型历史模拟数据，2006—2028 年分别为 RCP2.6、RCP4.5、RCP6.0 和 RCP8.5 4 种情景下该模型预测数据。

（1）比较不同 RCP 情景下，西北太平洋海域 SST 的差异，分析不同的 RCP 情景，对未来西北太平洋海域 SST 的预测结果影响。

（2）计算经验产卵场海域在 4 种 RCP2.6、RCP4.5、RCP6.0 和 RCP8.5 情景下 1999—2028 年整体 SST 变化趋势，分析不同情景模式对产卵场海域的 SST 的影响。以产卵场海域的月平均 SST 以及 25℃等温线的南北偏移，分析不同 RCP 情景下预测的柔鱼经验产卵场海域内的 SST 分布以及差异。

（3）结合第五章第一节中获得的柔鱼关键产卵海域分布及其对应的最适 SST 范围，分别计算 4 种情景模式下，柔鱼关键产卵海域 1999—2018 年最适 SST 范围占总面积的比值（P_s）的时间序列值，对 4 种柔鱼关键产卵海域

RCP 情景下计算的 P_s 时间序列值进行归一化处理，转化为表征产卵场环境特征的 S 指数。利用 4 种 RCP 情景下获得的 S 指数，分别构建基于产卵场环境因子（最适 SST 范围占总面积的比值 P_s）的剩余产量模型。

（4）结合以上柔鱼关键产卵海域分布及其对应的最适 SST 范围，分别计算 4 种情景模式下，柔鱼关键产卵海域 2019—2028 年最适 SST 范围占总面积的比值（P_s）的时间序列值，对 4 种 RCP 情景下计算的 P_s 时间序列值进行归一化处理，转化为表征产卵场环境特征的 S 指数。2019—2028 年的柔鱼关键产卵海域的 S 指数，用于资源评估模型的预测部分，在预测 4 种 RCP 情景下，柔鱼未来 10 年的资源状况时，在模型中加入 S 指数，表征未来 10 年内柔鱼关键产卵海域的海洋环境特征。

（二）研究方法

1. 评估模型的构建 根据第五章第二节基于环境因子构建的剩余产量模型的评估结果，依据不同环境因子构建的剩余产量模型，选取了对柔鱼资源量影响最显著的环境因子——最适 SST 范围占总面积的比值（P_s）。生活史阶段则依据不同生活史阶段构建的剩余产量模型，选取了对柔鱼资源量影响显著的阶段——产卵期。结合以上研究结果，确定本节中主要研究生活史阶段为产卵期，环境因子的选取为关键产卵海域的最适 SST 范围占总面积的比值，结合 CMIP5-（RCP2.6、RCP4.5、RCP6.0 和 RCP8.5）4 种情景下，柔鱼关键产卵海域的 SST 数据，计算 4 种 RCP 情景下，柔鱼产卵场关键海域对应 P_s 时间序列，经归一化转化后获得表征产卵场环境因子的 S 指数，时间序列的范围为 1999—2018 年，以上 4 种 RCP 情景下计算的 S 指数分别用于构建基于 RCP 不同情景下的 EDBSSPM 模型。

本节研究仍采用贝叶斯状态空间剩余产量模型，构建基于 CMIP5-RCP 4 种情景下的 RCP-P_s-EDBSSPM 模型。分析 4 种 RCP 模式下，西北太平洋柔鱼资源评估的结果及其对 RCP 情景变动的敏感性，种群动态方程同公式（5-1）与公式（5-3）。在以上基础模型加入关键产卵海域的环境因子 S 指数，构建基于 RCP 4 种情景下柔鱼产卵场单一环境因子的剩余产量模型，见公式（5－10）。

结合 RCP 4 种情景下计算的 S 指数，构建基于不同 RCP 情景下关键产卵场环境因子的 RCP-Ps-EDBSSPM 模型：①RCP2.6-P_s-EDBSSPM；②RCP4.5-P_s-EDBSSPM；③RCP6.0-P_s-EDBSSPM；④RCP8.5-P_s-EDBSSPM。比较 4 种模型评估结果的敏感性，分析不同 RCP 情景下，柔鱼资源可能会出现的变动趋势。

2. 确定未来不同 RCP 情景下，柔鱼资源的备选管理策略 根据第五章第二节的评估结果可以发现，1999—2018 年柔鱼资源量基本保持在较高水平，但近年来柔鱼渔获量却呈现下降趋势，且近两年柔鱼渔获量与最高年份渔获量相差超过 10 万 t。为客观了解柔鱼资源量在不同总可捕量（total allowable catch，TAC）水平下的资源变动情况，基于 1999—2018 年柔鱼渔获量的平均值（即 1999—2018 年的平均渔获量为 9.01 万 t），设置不同水平的 TAC，即 0.0 万 t（0%）、3.6 万 t（40%）、5.41 万 t（60%）、7.21 万 t（80%）、9.01 万 t（100%）、10.81 万 t（120%）、12.61 万 t（140%）、14.42 万 t（160%）、16.22 万 t（180%）和 18.02 万 t（200%）。用于预测 2019—2028 年未来 10 年内柔鱼资源的变化情况。以上预测过程，分别在 4 种 RCP 情景下，基于关键产卵海域的环境因子构建的剩余产量模型中进行。预测过程中，加入 2019—2028 年表征关键产卵海域的环境特征的 S 指数。在未来 10 年柔鱼资源预测中，考虑关键产卵海域的环境因子，根据预测结果，分析未来多变环境条件下，柔鱼资源可能会出现的状况，以应对未来可能的气候模式下，制定相应的柔鱼资源管理策略。

3. 未来气候模式下，柔鱼资源管理效果评价以及风险分析指标　利用不同 RCP 情景下建立的指标和模拟管理策略来评估不同 RCP 情景下备选管理策略的实施效果及风险。模拟管理策略从 2019 年开始至 2028 年共 10 年。建立的指标包括：

管理指标 1：管理结束时 2028 年柔鱼资源量的期望值 B_{2028}。

管理指标 2：管理策略实施后 2028 年渔获量的期望值 C_{2028}。

管理指标 3：2028 年柔鱼资源量 B_{2028} 与 B_{MSY} 之比的期望值（B_{2028}/B_{MSY}）。

管理指标 4：2028 年柔鱼资源量的衰减率（depletion），即实施某一管理策略后，2028 年柔鱼资源量 B_{2028} 与 K 的比例（B_{2028}/K）。

管理指标 5：2028 年柔鱼资源量大于 B_{MSY} 的概率 P（$B_{2028}>B_{MSY}$），该值表示资源恢复到健康水平的概率。

管理指标 6：2028 年柔鱼资源量小于 $B_{MSY}/4$ 的概率 P（$B_{2028}<B_{MSY}/4$），该值表示管理措施实施后资源崩溃的概率。

以上指标的构建需要在计算中进行模拟，具体模拟过程如下；

（1）根据贝叶斯方法分析获得的 r、K、q 的后验概率分布，选取每一组数据，将 1999—2018 年的平均渔获量和先前设定的不同 TAC 水平（0、0.4、0.6、0.8、1.0、1.2、1.4、1.6、1.8 和 2.0）分别代入剩余产量模型中进行计算，可得到不同 TAC 水平下 2020—2028 年每一年的资源量。

（2）重复以上步骤，1 000 次后得到 2020—2028 年的每年不同 TAC 水平下的资源量 1 000 组。对以上数据进行统计，计算出以上管理指标 5～6 的概率值。利用管理指标 1～6 建立管理决策和风险分析表，对不同的备选管理措施进行分析，依据期望收益最高、风险最小进行决策。

二、结果

（一）不同 RCP 模式下西北太平洋海域 SST 差异分析

1. 经验产卵场 SST 分布情况 由 NOAA 地球流体力学实验室 GFDL-ESM2G 模型中获取的 RCP 4 种情景模式下 1996—2020 年的 SST 数据，分析历史模拟数据（2000 年）和模型在 RCP2.6、RCP4.5、RCP6.0 和 RCP8.5 4 种情景下的预测数据（2020 年），比较西北太平洋柔鱼经验产卵场产卵期（1—4 月）和索饵场海域索饵期（8—11 月）的环境差异。研究发现，历史模拟数据和不同 RCP 模式下预测数据在西北太平洋海域 SST 的整体分布模式（SST 范围组成、经纬度分布等）大致相同，表明短时间序列内，不同 RCP 模式下的预测结果不会较大程度地改变西北太平洋海域 SST 整体分布模式。

经验产卵场海域，模拟数据（2000 年）与 4 种预测数据（2020 年）SST 分布模式存在差异。以经验产卵场 25℃等温线为参考，RCP2.6 模式下，1—4 月，25℃等温线纬度分布均高于模拟数据 25℃等温线纬度分布；RCP4.5 模式下，1 月 25℃等温线纬度分布高于模拟数据 25℃等温线纬度分布，其余月份均低于模拟数据 25℃等温线纬度分布；RCP6.0 模式下，1—2 月 25℃等温线纬度分布高于模拟数据 25℃等温线纬度分布，其余月份均低于模拟数据 25℃等温线纬度分布；RCP8.5 模式下，1—4 月，25℃等温线纬度分布均高于模拟数据 25℃等温线纬度分布（彩图 30）。

不同 RCP 模式下的预测数据，西北太平洋海域具体 SST 分布存在差异。4 种 RCP 模式下，同一年份经验产卵场海域的 SST 分布模式不同，1 月经验产卵场海域 25℃等温线在 4 种 RCP 模式下的分布大致相同；2 月经验产卵场海域 25℃等温线在 RCP4.5 模式下的纬度分布明显低于另外 3 种模式；3—4 月经验产卵场海域 25℃等温线在 RCP4.5 和 RCP6.0 2 种模式下的纬度分布明显低于另外 2 种模式。

2. 经验产卵场月平均 SST 变化情况 4 种 RCP 情景下，经验产卵场海域（20°—30°N，130°—170°E）1996—2035 年 SST 月平均序列（彩图 31）表明，不同 RCP 情景下，经验产卵场海域的 SST 月平均序列存在差异。其中，1996—2005 年为模型历史模拟数据（图中黑色实线部分），4 种 RCP 情景下的历史模拟数据相同。2006—2035 年为模型预测部分，4 种 RCP 情景预测的月平均 SST 存在较大差异。2006—2012 年，1—4 月 RCP4.5 预测月平均 SST 基本低于其他 RCP 情景下的预测结果。2012—2025 年，4 种 RCP 情景下预测月平均 SST 相互交叉，规律性减弱。2026—2035 年，RCP8.5 情景下预测月平均 SST 出现明显的增高。1—4 月，RCP8.5 情景下预测的 SST 数值均高于其他模式。从整体来看，相同月份，不同 RCP 情景下，月平均 SST 序列变化趋势无明显规律，仅在RCP8.5情景下，预测的月平均SST出现明显增高趋势。相同RCP情景下，不同月份，月平均SST序列变化趋势基本一致。从整体来看，RCP2.6情景下1—2月，预测的月平均SST，2006—2035年波动趋势相对平缓，RCP8.5波动最为剧烈。RCP4.5和RCP6.0 2种情景下预测月平均SST波动趋势最为接近。以上结果表明，经验产卵场海域，不同RCP情景预测的月平均SST存在差异，随着预测时间的延长，RCP8.5情境下预测的月平均SST明显高于其他3种模式。

3. 4种RCP情景下柔鱼关键产卵场海域S指数的构建 基于第五章第一节获取柔鱼产卵期各月份关键产卵海域及其对应的最适SST范围，计算4种RCP情景下，1999—2018年对应的P_s和P_f时间序列。利用产卵场产卵月份P_s表征西北太平洋柔鱼资源的环境容纳量（K）变化趋势。对P_s时间序列值进行归一化处理，获取基于柔鱼产卵期关键产卵海域P_s构建S指数（表5-20），运用第三章的方法，构建基于产卵场环境因子的状态空间剩余产量模型。

为研究不同RCP情景下预测的SST可能会对柔鱼资源丰度造成的影响，须尽量减小模型模拟过程中产生的误差，根据第三章的研究结果，基于4种RCP情景下S指数构建的状态空间剩余产量模型中r、K、q的初始值和先验分布需使用相同的设置，以避免初始值与先验分布的不同对评估结果有影响。

表5-20 基于RCP 4种情景构建产卵场关键海域的S指数

年份	产卵场			
	S-RCP2.6	S-RCP4.5	S-RCP6.0	S-RCP8.5
1999	0.51	0.46	0.45	0.75
2000	0.35	0.45	0.33	0.59
2001	0.28	0.54	0.28	0.59
2002	0.58	0.52	0.58	0.78
2003	0.37	0.70	0.65	0.74
2004	0.54	0.70	0.67	0.97
2005	0.66	0.48	0.68	0.95
2006	0.59	0.55	0.57	0.66
2007	1.00	1.00	1.00	1.00
2008	0.74	0.79	0.76	0.83
2009	0.51	0.46	0.39	0.34
2010	0.54	0.21	0.20	0.50
2011	0.71	0.54	0.59	0.66
2012	0.61	0.55	0.68	0.82

（续）

年份	产卵场			
	S-RCP2.6	S-RCP4.5	S-RCP6.0	S-RCP8.5
2013	0.39	0.45	0.48	0.60
2014	0.57	0.20	0.71	0.71
2015	0.63	0.32	0.41	0.89
2016	0.50	0.73	0.47	0.69
2017	0.59	0.38	0.55	0.86
2018	0.58	0.57	0.76	0.83

为了在未来多变气候模式下，确保柔鱼资源可持续开发，本研究在4种RCP情景下，通过建立指标和模拟管理策略来评估不同RCP情景下备选管理策略的实施效果以及风险，在模拟不同管理策略的过程，同样考虑未来10年（2019—2028年）柔鱼关键产卵海域最适SST范围占总面积的比值。在模型中加入对应的S指数，用以修正关键产卵场环境容纳量K，构建的关键产卵海域未来10年的S指数见表5-21。

表5-21　基于RCP 4种情景构建产卵场关键产卵海域未来10年的S指数

年份	产卵场			
	S-RCP2.6	S-RCP4.5	S-RCP6.0	S-RCP8.5
2019	0.65	0.70	0.53	0.97
2020	0.55	1.00	0.59	0.87
2021	0.72	0.59	0.95	0.69
2022	0.74	0.55	0.74	0.96
2023	0.80	0.63	0.44	0.66
2024	0.74	0.61	0.74	0.86
2025	0.75	0.41	0.69	0.75
2026	1.00	0.75	1.00	0.95
2027	0.34	0.50	0.90	0.95
2028	0.73	0.86	0.81	1.00

（二）评估结果

基于以上RCP-P_s-EDBSSPM模型的构建方法，结合4种RCP模式下构建的产卵场S指数，分别运行4种RCP-P_s-EDBSSPM评估模型，模型的评估结果如表5-22所示。

通过MCMC计算后得到4种RCP情景下剩余产量模型参数（r、K、q）的后验概率分布发现，4种RCP情景下模型参数的后验概率各不相同，内禀增长率、环境容纳量和可捕系数（r、K、q）的均值取值介于1.14～1.29，61.73万～62.63万t和（0.18～0.20）$\times10^{-4}$。4种RCP情景下，基于产卵场环境因子的剩余产量模型（RCP-P_s-EDBSSPM）得到的各模型的参考点结果显示，在4种RCP-P_s-EDBSSPM模型中最大可持续生物量B_{MSY}介于32.68万～33.97万t；最大可持续产量MSY介于18.96万～24.34万t，MSY水平下捕捞系数F_{MSY}介于（0.59～0.73）$\times10^{-4}$。RCP 4.5和RCP6.0情景下构建的RCP-P_s-EDBSSPM模型评估结果中B_{MSY}、MSY、F_{MSY}较为相近，RCP8.5情景下构建的RCP-P_s-EDBSSPM模型评估结果中MSY、F_{MSY}最小。以上结果表明，4种RCP情景中，基于RCP2.6情景下构建的RCP-P_s-EDBSSPM模型评估的西北太平洋柔鱼资源状况最好，RCP4.5和RCP6.0资源状况次之，RCP8.5资源状况最差。根据RCP-P_s-EDBSSPM模型输出的1999—2018年柔鱼资源状况与开发情况可以看出，4种RCP情景下，当前柔鱼资源状况均处于良好状态，$B_{2018}>B_{MSY}$表明柔鱼资源量保持在较高水平，柔鱼资源未遭受过度捕捞。

表5-22　RCP 4种情景下西北太平洋柔鱼资源状况与参考点的估计值

项目	RCP2.6	RCP4.5	RCP6.0	RCP8.5
r	1.29	1.14	1.21	1.14
K	62.49	61.73	62.63	62.11
q（$\times10^{-4}$）	0.19	0.20	0.18	0.19
F_{MSY}（$\times10^{-4}$）	0.73	0.61	0.63	0.59
B_{MSY}	33.68	32.97	32.83	32.89
MSY	24.34	20.01	20.20	18.96
B_{MSY}/K	0.54	0.54	0.53	0.53
B_{2018}/K	0.92	0.92	0.97	0.91
B_{2018}/B_{MSY}	1.71	1.73	1.88	1.73

注：MSY、K、B_{MSY}的单位为万吨。

敏感性结果表明，西北太平洋柔鱼资源评估结果对4种RCP情景下基于产卵场环境因子构建的剩余产量模型比较敏感。从基于RCP 4种情景西北太平洋柔鱼剩余产量模型关键参数评估结果相对变化可以看出（表5-23），基于RCP2.6情景下构建的剩余产量模型，最大可持续生物量B_{MSY}高出4种RCP情景下建立的剩余产量模型评估结果均值11.99%；最大可持续产量MSY高出4种RCP情景下建立的剩余产量模型评估结果均值1.75%，MSY水平下捕捞系数F_{MSY}的高出4种RCP情景下建立的剩余产量模型评估结果均值14.24%。RCP4.5和RCP6.0情景下B_{MSY}、MSY、F_{MSY}均低于4种RCP情景下建立的剩余产量模型评估结果均值。RCP8.5情景下B_{MSY}、MSY、F_{MSY}均远低于4种RCP情景下建立的剩余产量模型评估结果均值。结果表明，

RCP2.6 情景柔鱼资源状况最好，RCP8.5 情景下柔鱼资源状况最差。

表 5-23　基于 RCP 4 种情景西北太平洋柔鱼剩余产量模型关键参数评估结果相对变化（%）

项目	RCP2.6	RCP4.5	RCP6.0	RCP8.5
r	7.21	−4.90	1.05	−4.35
K	−0.40	1.54	−0.17	−1.01
q	−2.25	4.45	−3.75	1.15
F_{MSY}	11.99	−4.17	−2.15	−8.13
B_{MSY}	1.75	−0.38	−0.79	−0.62
MSY	14.24	−4.32	−3.37	−10.14
B_{MSY}/K	1.52	0.59	−1.28	−0.87
B_{2018}/K	−1.35	−1.06	4.69	−2.62
B_{2018}/B_{MSY}	−3.13	−1.74	6.20	−1.90

（三）不同 RCP 情景下西北太平洋柔鱼资源管理决策分析

由表 5-24 可知，4 种 RCP 情景下，不同 TAC 水平下的各项指标均存在差异。其中，RCP4.5 和 RCP6.0 情景下各项指标比较接近，RCP2.6 和 RCP8.5 情景下各项指标差异明显。不同 TAC 水平，RCP2.6 情景下，2028 年柔鱼资源量均最高。RCP4.5 和 RCP6.0 情景下，2028 年柔鱼资源量接近，均低于 RCP2.6 情景下 2028 年柔鱼资源量。RCP8.5 情景下，2028 年柔鱼资源量最低。在 TAC 水平为 0%的情况下，2028 年柔鱼资源量也满足以上结果，即无渔业捕捞压力下，RCP2.6 情景下，西北太平海域的海洋环境条件更适合柔鱼种群的生存，RCP8.5 情景下，西北太平海域的海洋环境条件会对柔鱼种群的生存形成限制条件。在逐渐提高 TAC 水平的过程中，4 种 RCP 情景下，柔鱼 2028 年的资源量均出现下降。当 TAC 水平增加至 180%，即渔获量设定为 16.22 万 t 时，RCP8.5 情景下，柔鱼资源率先出现崩溃（$B_{2028}<B_{MSY}$），另外 3 种 RCP 情景 B_{2028}/B_{MSY}值接近于 1。当 TAC 水平增加至 200%，即渔获量设定为 18.02 万 t 时，4 种 RCP 情景下，柔鱼资源均出现崩溃（$B_{2028}<B_{MSY}$）。

表 5-24　不同收获率时 RCP 4 种情景下柔鱼资源管理策略以及风险分析指标

收获率	方案	2028 年渔获量（万 t）	2028 年资源量（万 t）	B_{2028}/B_{MSY}	B_{2028}/K	概率 $P(B_{2028}>B_{MSY})$	概率 $P(B_{2028}<B_{MSY}/4)$
0	RCP2.6	0.00	60.11	1.83	0.98	0.91	0.06
	RCP4.5	0.00	57.49	1.80	0.96	0.83	0.10
	RCP6.0	0.00	56.77	1.78	0.95	0.81	0.13
	RCP8.5	0.00	51.76	1.66	0.88	0.72	0.21

（续）

收获率	方案	2028年渔获量（万t）	2028年资源量（万t）	B_{2028}/B_{MSY}	B_{2028}/K	概率 $P(B_{2028}>B_{MSY})$	概率 $P(B_{2028}<B_{MSY}/4)$
0.4	RCP2.6	3.60	57.11	1.73	0.93	0.91	0.06
	RCP4.5	3.60	54.26	1.70	0.91	0.82	0.12
	RCP6.0	3.60	54.02	1.70	0.91	0.82	0.14
	RCP8.5	3.60	49.00	1.57	0.84	0.73	0.21
0.6	RCP2.6	5.41	55.38	1.69	0.91	0.91	0.06
	RCP4.5	5.41	52.23	1.64	0.88	0.81	0.13
	RCP6.0	5.41	52.39	1.65	0.88	0.81	0.14
	RCP8.5	5.41	47.65	1.53	0.82	0.73	0.20
0.8	RCP2.6	7.21	53.53	1.63	0.88	0.91	0.06
	RCP4.5	7.21	50.15	1.59	0.85	0.80	0.14
	RCP6.0	7.21	50.55	1.59	0.85	0.80	0.14
	RCP8.5	7.21	45.79	1.48	0.78	0.72	0.20
1	RCP2.6	9.01	51.31	1.57	0.84	0.90	0.06
	RCP4.5	9.01	47.66	1.52	0.82	0.77	0.15
	RCP6.0	9.01	48.43	1.53	0.82	0.79	0.14
	RCP8.5	9.01	43.61	1.41	0.75	0.71	0.20
1.2	RCP2.6	10.81	48.88	1.50	0.81	0.87	0.07
	RCP4.5	10.81	45.08	1.45	0.78	0.74	0.17
	RCP6.0	10.81	46.07	1.47	0.79	0.77	0.16
	RCP8.5	10.81	40.72	1.32	0.70	0.68	0.22
1.4	RCP2.6	12.61	45.94	1.42	0.77	0.84	0.09
	RCP4.5	12.61	41.68	1.37	0.73	0.70	0.19
	RCP6.0	12.61	43.39	1.39	0.74	0.73	0.18
	RCP8.5	12.61	37.14	1.21	0.64	0.61	0.25
1.6	RCP2.6	14.42	42.43	1.33	0.71	0.76	0.13
	RCP4.5	14.42	37.76	1.26	0.66	0.62	0.26
	RCP6.0	14.42	39.50	1.29	0.68	0.66	0.23
	RCP8.5	14.42	32.38	1.07	0.56	0.53	0.31
1.8	RCP2.6	16.22	37.38	1.19	0.63	0.63	0.21
	RCP4.5	16.22	32.19	1.09	0.56	0.53	0.34
	RCP6.0	16.22	34.77	1.15	0.60	0.57	0.30
	RCP8.5	16.22	24.80	0.81	0.42	0.44	0.40

（续）

收获率	方案	2028 年渔获量（万 t）	2028 年资源量（万 t）	B_{2028}/B_{MSY}	B_{2028}/K	概率 $P(B_{2028}>B_{MSY})$	概率 $P(B_{2028}<B_{MSY}/4)$
2	RCP2.6	18.02	30.20	0.96	0.50	0.48	0.33
	RCP4.5	18.02	22.83	0.75	0.38	0.44	0.43
	RCP6.0	18.02	27.23	0.89	0.46	0.46	0.40
	RCP8.5	18.02	7.10	0.22	0.11	0.36	0.50

从风险分析结果可以看出，当 TAC 水平控制在 0～100%时，RCP2.6 情景下 P（$B_{2028}>B_{MSY}$）的概率保持不变，RCP4.5、RCP6.0 和 RCP8.5 情景下，P（$B_{2028}>B_{MSY}$）的概率变化缓慢，即 TAC 水平在 0～9.01 万 t 时，柔鱼资源出现衰退的概率很小，且可以稳定维持该状态至 10 年后。当 TAC 水平高于 9.01 万 t 时，P（$B_{2028}>B_{MSY}$）的概率开始降低，即柔鱼资源出现衰退的概率开始增加。当 TAC 水平控制在 180%，即 16.22 万 t 时，RCP8.5 情景下，柔鱼 2028 年资源量大于 B_{MSY}的概率低于 50%，RCP4.5 和 RCP6.0 也接近 50%，RCP2.6 情景下，P（$B_{2028}>B_{MSY}$）也仅为 0.63。从 P（$B_{2028}<B_{MSY}/4$）的结果可以看出，不同 TAC 水平，4 种 RCP 情景下均存在柔鱼资源出现崩溃的概率。TAC 水平为 0%时，在 RCP2.6 情景下 P（$B_{2028}<B_{MSY}/4$）的概率最低，仅为 0.06；在 RCP4.5、RCP6.0 和 RCP8.5 情景下，P（$B_{2028}<B_{MSY}/4$）的概率分别为 0.10、0.13 和 0.21。可以看出，在无人为捕捞压力下，柔鱼资源仍然存在崩溃的风险。在 RCP8.5 情景下，柔鱼资源出现崩溃的概率高达 0.21。TAC 水平维持在 0～100%时，在 RCP2.6 和 RCP8.5 情景下柔鱼资源出现崩溃的概率保持不变，RCP4.5 和 RCP6.0 情景下，柔鱼资源出现崩溃的概率略有增加。若要维持柔鱼资源可持续开发，尽量降低柔鱼出现衰退以及崩溃的概率，P（$B_{2028}>B_{MSY}$）大于 0.7，P（$B_{2028}<B_{MSY}/4$）小于等于 0.2，则 4 种 RCP 情景下，对应的 TAC 水平不同。在 RCP2.6 情景下，P（$B_{2028}>B_{MSY}$）大于 0.7，P（$B_{2028}<B_{MSY}/4$）小于等于 0.2 时，对应的 TAC 水平为 160%，即 TAC 水平为 14.42 万 t；在 RCP4.5 和 RCP6.0 情景下，P（$B_{2028}>B_{MSY}$）大于 0.7，P（$B_{2028}<B_{MSY}/4$）小于等 0.2 时，对应的 TAC 水平均为 140%，即 TAC 水平为 12.61 万 t；在 RCP8.5 情景下，P（$B_{2028}>B_{MSY}$）大于 0.7，P（$B_{2028}<B_{MSY}/4$）小于等于 0.2 时，对应的 TAC 水平为 100%，即 TAC 水平为 9.01 万 t。以上结果表明，不同的 RCP 情景下，柔鱼资源的最佳管理策略不同。在未来的柔鱼资源管理中，应当根据实际的 RCP 情景，提出相应的管理策略。

三、讨论与分析

已有的研究表明，近百年来全球气候经历了显著的变暖过程，并且在人类活动排放的二氧化碳等温室气体不断增加的前提下，未来变暖将会持续下去（谭红建等，2016）。基于人类当前二氧化碳典型排放速度（RCP4.5），太平洋西部海域水温升高明显，至2030年后，升温接近1℃，而在二氧化碳加倍排放的情景下（RCP8.5），太平洋西部海域的增温现象更为明显，Shimura等使用了4种海温条件下的18种CMIP3模型。所有SST模式都显示，未来SST增加3℃左右，特别是北太平洋地区，温度增加幅度明显高于其他海域。由此可见，在未来气候变暖的情景下，太平洋西部海域的海洋环境生态将面临严峻的挑战，而未来气候模式的改变也会对海洋物种产生潜在影响。柔鱼是生态机会主义物种，对于海洋环境的改变尤为敏感，气候模式的改变可能会对柔鱼资源造成较大影响。本研究也发现，西北太平洋柔鱼经验产卵场海域月平均SST在2032年以后出现明显升高。柔鱼关键产卵海域的海洋环境变化必将对柔鱼种群的生长产生影响，进而影响柔鱼的资源丰度。在未来多变的气候模式下，对柔鱼资源进行管理的过程中，应适当增加海洋环境的改变对其种群产生影响的权重。

本研究选取IPCC组织的CMIP5的模式预估未来不同的二氧化碳排放情景下全球气候变化，包括RCP2.6、RCP4.5、RCP6.0和RCP8.5 4种情景，基于每一种RCP情景，分别构建基于柔鱼关键产卵海域最适SST范围占总面积比值的剩余产量模型，并在柔鱼未来10年资源量预测过程中加入柔鱼关键产卵海域最适海表水温范围占总面积比值的预测数据，旨在分析不同气候模式可能会对柔鱼资源产生的影响，同时制定不同气候模式下的柔鱼资源管理策略，以应对未来可能的气候模式，提出对应的管理策略及风险分析，确保在未来多变的气候模式下，尽可能减少柔鱼资源出现衰退和崩溃的可能性。

就当前柔鱼资源状况来看，4种RCP情景下，当前柔鱼资源状况均处于良好状态，$B_{2018}>B_{MSY}$表明柔鱼资源量保持在较高水平，柔鱼资源未遭受过度捕捞。4种RCP情景下，柔鱼的*MSY*介于18.96万～24.34万t，此结果高于未考虑环境因子构建的剩余产量模型评估结果，虽然评估模型和模型参数的设定均会造成评估结果的差异，但造成以上结果更主要的原因是本研究构建的模型是基于产卵场环境因子，环境因子的代入对模型的评估结果产生影响，进而造成评估结果高于未考虑环境因子构建的评估模型。管理策略研究和分析结果表明，不同的RCP情景下，维持柔鱼资源可持续开发的管理策略不同，在维持柔鱼资源可持续开发，尽可能降低柔鱼出现衰退以及崩溃的概率的条件下，不同RCP情景应当设定不同的TAC水平，RCP2.6情景下，对应的

TAC 水平最高；RCP4.5 和 RCP6.0 情景下，对应的 TAC 水平次之；RCP8.5 情景下，对应的 TAC 水平最低。

本研究的不确定性在于原始数据的不确定性，本节研究使用的数据仅为中国鱿钓生产数据，对该数据进行修正以表示柔鱼的总渔获量，但还是存在一定的不确定性。模型参数的不确定性，本研究假设的模型参数主要是依据前人研究的结果，虽然第三章经贝叶斯方法计算的模型参数先验概率分布和后验概率分布差异较大，表明本研究数据能够为贝叶斯分析提供足够的信息，但研究中为进行模型参数的敏感性分析，无法了解参数初始值的设定对模型评估结果的影响。主要是因为本研究的重点是分析不同的 RCP 情景对柔鱼资源评估结果的影响，因此在 4 种 RCP 情景下构建的模型均使用相同先验分布，虽然可以一定程度上排除先验分布对 4 种 RCP 情景柔鱼资源评估结果的影响，但也可能会造成 4 种 RCP 情景下的评估结果出现同向误差。另外，本研究基于产卵场关键海域最适 SST 范围占总面积的比值构建的 4 种 RCP 情景下的剩余产量模型中用到的 S 指数是基于产卵场关键海域计算所得，包括 2019—2028 年柔鱼资源量预测中所用到的 S 指数也是基于产卵场关键海域计算所得，由于柔鱼是典型的生态机会主义者，柔鱼种群在未来长时间的发展过程，极有可能会为了适应气候模式的变化，而出现主要栖息海域发生迁移，如果出现上述情况，依据现有数据推测柔鱼关键海域的分布将会存在误差，需要在模型中进行修正。

本节在研究 4 种 RCP 情景下，基于产卵场环境构建的剩余产量模型中，主要是利用最适 SST 范围占总面积的比值。虽然在未来的气候变化预测和分析中，SST 变化是未来气候变化预测和分析中重要的不确定性因素之一（Good et al.，2009）。海洋环流模式的变化改变了全球范围内的冷、暖水的输送模式，影响海洋生态系统中的物种，改变其迁移和繁殖模式，威胁珊瑚生存并改变有害藻类大量繁殖的频率和强度（Ostrander et al.，2000）。从长远来看，SST 的上升可能会改变将营养物质从深海带到表层水域的环流模式，导致鱼类数量下降，必将影响到柔鱼种群分布、洄游模式及其资源丰度。因此，仅仅考虑关键产卵海域的最适 SST 范围占总面积的比值，还不足以应对未来多变的气候模式对柔鱼种群的影响。后续的研究中，应当在柔鱼资源评估模型中考虑更多的因素，以求构建更准确的评估模型，为未来柔鱼资源管理与决策提供更可靠的建议。

四、小结

本研究是结合第五章第二节基于多环境因子的剩余产量模型研究的结果，选取对柔鱼资源评估影响显著的环境因子以及生活史阶段，根据研究结果选取基于产卵场环境因子（关键产卵海域最适 SST 范围占总面积的比值）构建 4

种 RCP 情景下柔鱼资源评估模型。对 4 种 RCP 情景下构建的基于产卵场环境因子的柔鱼资源评估模型的评估结果进行敏感性分析；分析未来柔鱼资源维持稳定状态下，4 种 RCP 情景对应的 TAC 水平及管理策略。结果表明，基于产卵场环境因子构建的剩余产量模型，对 4 种 RCP 情景下构建的产卵场 S 指数比较敏感。基于 RCP2.6 情景下构建的剩余产量模型，最大可持续生物量 B_{MSY}最高。为保证柔鱼资源的可持续开发，不同 RCP 情景应当设定不同的 TAC 水平，RCP2.6 情景下，对应的 TAC 水平最高；RCP4.5 和 RCP6.0 情景下，对应的 TAC 水平次之；RCP8.5 情景下，对应的 TAC 水平最低。

以上研究发现，柔鱼资源评估模型对未来不确定的气候模式相对敏感，在以后的资源评估过程中，应当考虑环境因子对评估模型的影响。同时，当气候模式发生改变时，应当对柔鱼资源的管理策略做出适当调整，以应对气候模式改变带来的不确定性，确保柔鱼资源的可持续开发和利用。

第六章　结论与展望

第一节　主要结论

一、气候变化会对柔鱼生长、摄食生态和洄游分布及生活史各阶段产生影响

通过研究不同气候事件发生年，海洋环境对柔鱼个体生长的影响，发现柔鱼生长出现年际差异，发生的气候事件对柔鱼种群的影响主要是通过影响其栖息海域的海洋环境，进而影响柔鱼的孵化、生长、洄游以及资源丰度等。不同气候事件发生年，柔鱼样本的日龄组成、孵化日期和个体生长存在差异，即厄尔尼诺发生年，柔鱼孵化晚，日龄偏小，早期生长快；拉尼娜发生年和正常年，柔鱼孵化早，日龄偏大，早期生长慢。此结果在2009—2018年柔鱼样本的日龄和孵化日期的逆推算结果中得到验证，同时产卵场和索饵场的海洋环境因子也可作为支撑以上结论的依据。不同气候事件的发生，会对柔鱼的孵化和生长产生影响，具体影响机制主要是引起柔鱼栖息海域的局部海洋环境的变化，进而对柔鱼产生影响。在今后研究气候事件对柔鱼个体生长、种群分布和资源丰度等方面的影响时，应先分析柔鱼栖息海域的海洋环境在不同气候事件下出现的响应，然后分析栖息海域局部海洋环境与柔鱼种群分布、资源丰度等方面的关系，进而解释不同气候事件的发生对柔鱼的影响。

通过研究海洋环境变化对柔鱼个体生长的影响，发现雌雄个体生物学特征在不同海洋环境年均存在显著差异（$P<0.05$）。柔鱼胴长与PDOI呈滞后一年的正相关，而滞后一年PDO冷暖期不发生改变。PDO冷期时，厄尔尼诺年（2009年）柔鱼个体较同期拉尼娜年（2010年和2011年）柔鱼个体大；PDO暖期时，超强厄尔尼诺年（2015年）柔鱼个体较拉尼娜年（2016年）个体小。在厄尔尼诺发生期间，超强厄尔尼诺年（2015年）索饵场出现低SST和Chl-a浓度的现象，不利于柔鱼生长，并抑制性腺发育。而拉尼娜年（2016年）和正常年份（2012年）较高的SST和Chl-a浓度为柔鱼提供良好的生存环境，

有利于性腺发育，柔鱼个体相对较大。

通过研究海洋环境变化对柔鱼耳石形态的影响，发现柔鱼不同年份和不同性别的耳石形态特征存在显著差异（$P<0.05$），PDO冷期拉尼娜年（2012年）和PDO暖期拉尼娜年（2016年）各个形态参数值均大于PDO暖期厄尔尼诺年（2015年）形态参数值。主成分分析结果表明，耳石总长（TSL）、翼区长（WL）、吻侧区长（RLL）可以表征耳石长度特征，耳石宽（MW）、翼区宽（WW）、吻区宽（RW）可以表征耳石宽度特征。将表征形态参数与胴长进行方差分析发现，TSL、WL、RLL、MW与胴长之间存在显著的相关性（$P<0.05$），且不同海洋环境年份和不同性别均存在显著差异，因此选择的最适方程也存在差异；WW、RW与胴长之间没有显著的相关性。结合各月索饵场的SST和Chl-a浓度分析发现，在适宜范围内，环境中较高的SST和Chl-a浓度对应较大的耳石；而环境中较低的SST和Chl-a浓度对应较小的耳石。

通过研究海洋环境变化对柔鱼耳石微结构及其日龄和生长的影响，研究发现ML-BW关系存在显著的年间和性别差异。所有样本中，2016年出现最大日龄样本，为271日龄。通过对日龄和采样时间的推算发现，3年柔鱼的孵化日期范围为12月至翌年5月，说明样本均为柔鱼冬春生群体。2015年主要高峰孵化期为3月下半月至5月下半月，较2012年和2016年推迟半个月。海洋环境中高SST和高Chl-a浓度时，柔鱼有较高的生长率；而低SST和低Chl-a浓度时，柔鱼有较低的生长率。超强厄尔尼诺事件在2015年发生，导致该年初次进入渔场的柔鱼日龄偏小，尽管刚进入渔场有较高的生长率，但随后生长率逐渐下降。研究还发现，环境变化会导致柔鱼的个体大小和生长率的差异，导致年龄-胴长生长方程模型的选择存在显著差异，因此在探究不同环境变化的资源评估等方面的研究时，应根据具体的环境信息选择不同的生长方程模型。

通过研究海洋环境变化对柔鱼洄游路径的影响，发现柔鱼的胚胎期、仔鱼期、稚鱼期、亚成鱼期和成鱼期中的Sr/Ca值在3个海洋环境年中均呈U形，即含量从早期胚胎期到后期成鱼期呈先减小后增大的趋势，且不存在年间差异（$P>0.05$）；Mg/Ca值呈现骤减，随后减小趋势变小，并存在年间差异（$P<0.05$）；Na/Ca值呈现先增加再减小再增加的波动趋势，年间差异为4组比值中最明显的（$P<0.01$）；Ba/Ca值变化趋势较为平缓，早期有下降的趋势，后期有微上升趋势，年间差异不明显（$P>0.05$）。利用多元回归分析进行微量元素与Ca的比值与SST关系的筛选，结果发现，仅Mg/Ca值与SST存在显著的相关性。将不同年份的Mg/Ca值与SST分别使用不同的线性模型拟合，发现Mg/Ca值的对数与SST关系最为合适。利用R语言进行生活史重建推测不同年份柔鱼可能的分布范围以及概率，推测大致的洄游路径发现，不同年份的可能洄游路径存在显著差异，其中 2012 年柔鱼洄游与前人研究结果一致；2015 年柔鱼整年处于厄尔尼诺事件期，SST 和黑潮的共同作用使该年的样本孵化地点偏东南，且随后的生活史阶段分布范围较小；2016 年柔鱼经历了厄尔尼诺转为拉尼娜的时期，因此在黑潮和 SST 的作用下，样本孵化地点偏东南，而后期转为正常，但由于温度较高，使得适宜面积变大。这一研究结果可以为大洋头足类基于环境变化的生活史重建提供参考。

通过研究气候变化对柔鱼摄食生态的影响，发现不同年间翼区（捕获日近期）的 $\delta^{13}C$ 和 $\delta^{15}N$ 均存在显著差异（$P<0.05$）。不同年间生态位重叠率不同，其中 2012 年和 2016 年重叠率较大，与 2015 年重叠率较小。2015 年捕获日近期的 $\delta^{13}C$ 和 $\delta^{15}N$ 较其他两年低，表明该年的生态位偏低，而生态位椭圆面积较大，表明该年的柔鱼捕食的饵料生物营养级较其他两年低但种类可能更多；而 2012 年和 2016 年的柔鱼捕获日近期的生态位差异不大。根据 $\delta^{13}C$ 和 $\delta^{15}N$ 值与环境因子之间的 GAM 模型拟合发现，$\delta^{13}C$ 和 $\delta^{15}N$ 均与 SST 呈正相关关系，但 $\delta^{13}C$ 在低于 13℃和高于 20℃时有减小的趋势。而 $\delta^{15}N$ 值与 Chl-a 的关系为负相关关系，捕捞点的海域出现氮化作用减弱的情况，这可能是导致 Chl-a 与 $\delta^{15}N$ 出现负相关关系的原因之一。探究不同生长阶段的稳定同位素差异分析发现，在柔鱼幼鱼阶段，不同年间摄食生态位的差异不显著，说明幼鱼的饵料生物种类相似。随着个体生长和洄游的开始，生态位差异逐渐显露。其中，2012 年和 2016 年向着更高的生态位发展，而 2015 年则处于较低的生态位。厄尔尼诺事件发生期间，海洋环境不利于饵料生物的生长，同时恶劣的环境可能对柔鱼的摄食行为造成影响，出现低生态位的现象，而正常年份和拉尼娜事件发生时，环境相对较好，柔鱼生态位较高。

柔鱼在生活史的各个阶段均受到环境变化的影响：①在胚胎期和仔鱼阶段，厄尔尼诺事件发生期的低 SST 可能会导致柔鱼孵化推迟的现象；孵化后的柔鱼的游泳能力较弱，其分布多受到海流，如亲潮和黑潮的影响。厄尔尼诺发生期，亲潮势力强，黑潮势力弱，使得柔鱼分布偏南，而拉尼娜事件发生期则相反。由于此时柔鱼可摄食的种类有限，多为浮游动物，因此生态位不存在显著差异。但厄尔尼诺发生期，产卵场 Chl-a 浓度较低，可能导致柔鱼在纬度范围内的分布较为分散；早期的柔鱼生长可能从食物摄取上不能很好地体现，但高 SST 期间，柔鱼可能生长较快，而低 SST 期间柔鱼可能生长较慢。②稚鱼期到亚成鱼期的生长过程中，柔鱼的游泳能力逐渐变强，但还是会受到海流的影响，沿着黑潮流动的方向进行索饵洄游；厄尔尼诺发生期，由于 Chl-a 浓度较低，使得初级生产力下降，导致该阶段的柔鱼生态位较低，而在气候事件转变的过程中，生态位会发生差异。③成鱼期的柔鱼有很强的游泳能力，因此可选择的生活海域较多；厄尔尼诺发生期，索饵场范围内 SST 和 Chl-a 浓度均较低，导致该海域的适宜栖息地面积较小，初级生产力下降，从而导致分布较为集中，且生态位较低；而拉尼娜发生期和正常时期，较高的SST和Chl-a浓度可以提供较多的优质栖息地，因此柔鱼的分布较为分散，生态位较高。

二、气候变化会影响西北太平洋柔鱼栖息地分布和渔汛时间

通过研究柔鱼潜在栖息地分布模拟及重要环境影响因子，发现7月柔鱼最适宜区主要分布在39°—43°N，150°—163°E。8月柔鱼最适宜区向东移动，较适宜区向北扩张至46°N。9月柔鱼最适宜区和较适宜区面积向西缩小，主要集中在40°—46°N，150°—160°E。10月最适宜区和较适宜区向南移动，主要分布在40°—45°N，150°—165°E。各月影响柔鱼潜在分布的重要环境因子有所差异，7—8月为SST，9月为MLD和SST，10月为NPP和SST。研究表明，西北太平洋柔鱼分布受海洋环境因子的影响，时空变化明显，最大熵模型对西北太平洋柔鱼潜在栖息地分布的模拟精度非常高。

通过研究水温升高对柔鱼潜在栖息地分布的影响，发现水温升高使柔鱼潜在栖息地向北移动，且适宜生境面积增加。柔鱼渔场纬度方向空间分布呈季节性南北移动；随着未来气候变化，在RCP4.5和RCP8.两种情景下，2021—2030年、2051—2060年、2090—2100年7—10月柔鱼潜在栖息地分布较1996—2005年7—10月均呈现向北移动趋势，适宜面积增加。推测柔鱼渔场季节性南北移动可能受各月适宜SST范围变化的影响，在RCP4.5情景下，到21世纪末，各月柔鱼潜在最适宜生境向北移动1°～2°，适宜面积增加3%～13%；在RCP8.5情景下，到21世纪末，各月柔鱼潜在最适宜生境向北移动3°～5°，适宜面积增加42%～80%。

通过研究未来气候变化对柔鱼潜在栖息地和渔汛的影响，发现受海洋环境变动影响，柔鱼潜在栖息地分布呈季节性南北移动和东西移动。在气候变化下，柔鱼栖息地向北极移动，在RCP4.5情景下，2025年、2055年和2095年8—10月向北极移动明显；在RCP8.5情景下，2025年、2055年和2095年7—10月向北极移动明显。柔鱼潜在适宜栖息地面积整体较少，在RCP4.5情景下，到2095年，7—9月柔鱼潜在适宜栖息地几乎消失，10月柔鱼潜在适宜栖息地面积减少约23%，11月柔鱼潜在适宜栖息地面积减少约43%；在RCP8.5情景下，到2095年，除10月柔鱼潜在适宜栖息地面积增加约34%以外，7—9月以及11月柔鱼潜在适宜栖息地几乎消失。我们推测未来柔鱼作业位置可能向北移动，柔鱼渔汛可能推迟且总的捕捞作业时间可能缩短。

通过研究未来气候变化情景下西北太平洋柔鱼资源补充量变动情况，发现在气候变化下，柔鱼经验产卵场适宜SST范围向北移动，到2095年移动至经验产卵场最北缘，1—4月经验产卵场平均P_s呈下降趋势，但变化不显著；推

测产卵场适宜 SST 范围向北移动，到 2095 年移动至推测产卵场最北缘，且已超过推测产卵场范围，1—4 月推测产卵场平均 P_s 呈下降趋势，变化显著；索饵场适宜 SST 范围向北移动且有扩张趋势，7—10 月索饵场平均 P_s 呈下降趋势，变化显著。相关分析表明，1996—2005 年 2 月和 3 月推测产卵场 P_s 与 CPUE 显著正相关。未来柔鱼 CPUE 呈下降趋势，到 2025 年，柔鱼 CPUE 为（208.87±5.46）t/艘；到 2055 年，为（198±47.92）t/艘；到 2095 年，为（154.35±48.72）t/艘，相比于 2000 年柔鱼资源量最大下降 60.08%。

制定适应气候变化的柔鱼渔业可持续发展管理模式。在 NPFC 的渔业养护管理框架下，提出采用兼容气候适应性的柔鱼渔业发展管理建议，包括加强柔鱼渔业资源评估；提升柔鱼渔业资源预报能力，减少不必要的无效捕捞；减少并改进渔船，降低能耗，提高效率；调整产业结构，优化市场配置；制定适应气候变化的渔业管理措施或预警系统，未来可以适当设置休渔期应对气候变暖，且在柔鱼产卵和仔稚鱼洄游海域有必要设置适当的禁渔期。

三、未来气候变化情景下，柔鱼资源评估模式与管理策略应做出应对性调整

通过研究西北太平洋柔鱼栖息海域时空分布及最适水温范围，发现柔鱼经验产卵场和主要索饵场内存在关键海域，作为柔鱼的关键栖息海域，该关键栖息海域内的最适 SST 范围占总面积比值的时间序列值与柔鱼 CPUE 时间序列值呈现正相关关系。产卵期和索饵期各月份关键海域的分布范围不同，对应的最适 SST 范围也不同。产卵期关键海域的分布范围基本可以揭示柔鱼主要产卵海域的分布；索饵期关键海域的分布范围基本可以重现柔鱼在索饵期的洄游路径。以上结论的获得是基于大量试验数据的深度计算得出的。结果表明，经验产卵场和主要索饵场海域内均发现 P_s 和 P_f 时间序列值与 CPUE 时间序列值显著相关的关键海域；产卵期不同月份，产卵场关键海域分布的范围不同，产卵期各月份对应的最适 SST 范围不同，产卵期柔鱼主要产卵海域与前人研究结果基本一致，产卵场关键海域可以作为西北太平洋柔鱼产卵海域分布推测依据。索饵场关键海域各月份分布范围不同，索饵期各月份对应的最适 SST 范围不同，各月份关键索饵海域的分布变化，一定程度上可以揭示柔鱼在索饵场索饵期洄游路径的变动。

通过研究基于多环境因子的柔鱼剩余产量模型，发现在基于柔鱼关键栖息海域海洋环境因子构建的模型中，不同环境因子加入资源评估模型，对模型的影响不同。不同生活史阶段，相同环境因子加入模型后，模型评估结果也不同。结合模型评估结果的敏感性分析以及模型拟合效果发现，基于产卵场最适 SST 范围占总面积的比值这一环境因子构建的模型最佳。在基于贝叶斯状态

空间剩余产量模型对西北太平洋柔鱼资源状况进行评估，并以贝叶斯状态空间剩余产量模型为基础模型，结合产卵场和索饵场关键海域环境因子，构建基于环境因子的剩余产量模型（EDBSSPM），对西北太平洋柔鱼资源量进行评估，分析构建的评估模型对环境因子的敏感性，结果表明，不同的环境因子加入模型，柔鱼资源评估结果不同；在构建基于环境因子的剩余产量模式过程中，模型中加入单一环境因子或组合环境因子时，DIC 最小值均出现在基于产卵场环境因子构建的模型；基于环境因子构建的 EDBSSPM，相较于 Chl-a 浓度环境因子，P_s/P_f 环境因子对模型评估结果影响更大；EDBSSPM 拟合效果对于不同环境因子的选择比较敏感。当选用产卵场单一环境因子 P_s 构建模型时，模型拟合效果最好。

通过研究未来气候变化情景下西北太平洋柔鱼资源评估与管理策略，发现不同 RCP 情景下，基于产卵场环境因子构建的剩余产量模型评估结果存在差异。在对 4 种 RCP 情景下进行策略的模拟可以发现，若要维持柔鱼资源的可持续开发，不同 RCP 情景对应着不同管理策略，在未来的气候模式中，应当根据实际的气候模式，提出针对性的柔鱼管理策略。结果表明，基于产卵场环境因子构建的剩余产量模型，对 4 种 RCP 情景下构建的产卵场 S 指数比较敏感。基于 RCP2.6 情景下构建的剩余产量模型，最大可持续生物量 B_{MSY} 最高。为保证柔鱼资源的可持续开发，不同 RCP 情景应当设定不同的 TAC 水平。柔鱼资源评估模型对未来不确定的气候模式相对敏感，在以后的资源评估过程中，应当考虑环境因子对评估模型的影响，同时当气候模式发生改变时，应当对柔鱼资源的管理策略做出适当调整，以应对气候模式改变带来的不确定性，确保柔鱼资源的可持续开发和利用。

第二节　研究创新点

（1）研究了未来气候变化对柔鱼渔业资源的影响。在 IPCC 气候变化情景下，通过柔鱼渔业资源与渔场学、海洋学、大气科学、管理学等学科交叉研究论证了柔鱼对气候变化的响应。并基于 MaxEnt 模型研究未来柔鱼栖息地、渔汛及资源补充量的变化，深入分析了未来柔鱼栖息地向北极移动、适宜范围缩小、渔汛推迟及缩短、资源补充量下降的可能和机理。基于未来柔鱼资源变动提出了兼容气候适应性的柔鱼渔业发展管理模式，以 NPFC 渔业资源养护管理模式为基础，综合柔鱼渔业中适应和减缓气候变化的途径及方法。

（2）通过对不同气候事件下柔鱼生长差异进行分析，发现柔鱼生长差异是由于其生境变化差异引起的，并建立了海洋环境与柔鱼生长之间的关系。对柔鱼耳石微量元素进行等距测样，成功地针对不同生活史阶段划分，推测出不同海洋环境年份的不同洄游路径，发现各个阶段的生境差异，有效地弥补了之前研究中生长标记轮的生活史阶段划分法的不足。

对柔鱼角质颚进行分段测量稳定同位素信息，更全面地分析了不同生活史阶段的摄食生态差异；并结合海洋环境和气候变化分析发现了年间各个生活史阶段的摄食生态差异，更为全面地分析了柔鱼摄食生态对气候变化的响应，提出了不同气候下柔鱼生态位变化的机制，弥补了整个角质颚分析摄食生态变化的不足。

建立了一整套以硬组织为材料对柔鱼胴体大小、日龄生长、洄游分布和摄食生态等生活史过程对气候变化响应的研究思路和方法，为今后开展其他头足类的生活史特征对气候变化响应研究提供了技术方法和可行性基础。

（3）开发了一种关于影响柔鱼资源丰度的关键栖息海域选择及其最适海洋环境范围的新方法，其结果验证可靠。该方法也可用于其他物种关键栖息海域及适宜水温范围的研究。

优化了基于关键海域环境因子的柔鱼资源评估模型，首次将贝叶斯状态空间方法用于柔鱼剩余产量资源评估模型中，分析了单一环境因子和组合环境因子对柔鱼资源评估模型结构的影响，提高了模型的精确程度，解释了环境因子对柔鱼资源评估的影响。

首次利用 CMIP5 模式 4 种 RCP 情景下的产卵场预测数据构建基于环境因子的剩余产量模型，讨论不同 RCP 情景下柔鱼资源开发与管理策略，为气候变化背景下柔鱼资源可持续开发和科学养护提供了科学依据。

第三节　存在的问题与展望

（1）由于捕捞作业方式及时间的限制，本次实验样品中，没有柔鱼仔稚鱼样本，因此不能更好地了解柔鱼早期处于产卵场时的生活史状态，仅能靠温度等环境数据推测其可能发生的生活史事件，因此在今后工作中，应针对柔鱼仔稚鱼个体进行针对性捕捞来补充这部分研究。

（2）在以往的研究中，多用线性模型来拟合 SST 与微量元素比值的关系，而本研究在此基础上进行了筛选，选用对数函数关系。然而，多变的海洋环境中，两者间可能存在更为复杂的非线性关系，且除 SST 外，耳石微量元素的沉积可能受更多种环境因子的影响，因此在今后的工作中，要加强这方面的研究，尝试以不同模型来拟合更为精确的方程。同时，本研究未考虑柔鱼本身生理对气候变化的适应，柔鱼是否通过改变自身生理特性，如温度耐受性或外形等来适应气候变化，这需要未来结合柔鱼生长特性进行进一步研究。

（3）本研究仅考虑了单一物种的变化。应在生态系统中开展研究，摸清捕食者和被捕食者之间的相互作用，且仅考虑了气候因素，未考虑非气候因素，如捕捞压力对柔鱼资源的影响。海洋物种、种群、群落和生态系统对气候的响应也存在很大的不确定性，基于海洋生态系统的渔业管理模式将更有利于物种的可持续利用，保护生物多样性，保持生态系统的服务功能。

参考文献

曹杰，2010c. 西北太平洋柔鱼资源评估与管理［D］. 上海：上海海洋大学.

曹杰，陈新军，刘必林，等，2010a. 鱿鱼类资源量变化与海洋环境关系的研究进展［J］. 上海：上海海洋大学学报，19（2）：232-239.

曹杰，陈新军，田思泉，等，2010b. 基于世代分析法的西北太平洋柔鱼冬春生西部群体资源评估［J］. 中国海洋大学学报：自然科学版，40（3）：37-42.

陈芃，陈新军，2016. 基于最大熵模型分析西南大西洋阿根廷滑柔鱼栖息地分布［J］. 水产学报，40（6）：893-902.

陈新军，1995. 西北太平洋柔鱼渔场与水温因子的关系［J］. 上海水产大学学报，4（3）：181-185.

陈新军，2019. 世界头足类资源开发现状及我国远洋鱿钓渔业发展对策［J］. 上海海洋大学学报，28（3）：5-14.

陈新军，曹杰，刘必林，等，2011a. 基于贝叶斯 Schaefer 模型的西北太平洋柔鱼资源评估与管理［J］. 水产学报，35（10）：1572-1581.

陈新军，陈峰，高峰，等，2012. 基于水温垂直结构的西北太平洋柔鱼栖息地模型构建［J］. 中国海洋大学学报，42（6）：52-60.

陈新军，刘必林，田思泉，等，2009. 利用基于表温因子的栖息地模型预测西北太平洋柔鱼（*Ommastrephes bartramii*）渔场［J］. 海洋与湖沼，40（6）：707-713.

陈新军，刘必林，王尧耕，2009a. 世界头足类［M］. 北京：海洋出版社.

陈新军，刘必林，钟俊生，2006. 头足类年龄与生长特性的研究方法进展［J］. 大连海洋大学学报，21（4）：371-377.

陈新军，马金，刘必林，等，2011b. 基于耳石微结构的西北太平洋柔鱼群体结构、年龄与生长的研究［J］. 水产学报，35（8）：1191-1198.

陈新军，钱卫国，刘必林，等，2008. 利用衰减模型评估柔鱼西部冬春生群体资源［J］. 海洋湖沼通报（2）：130-140.

陈新军，田思泉，2005. 西北太平洋海域柔鱼的产量分布及作业渔场与表温的关系研究［J］. 中国海洋大学学报：自然科学版，35（1）：101-107.

褚晓琳，2016. 北太平洋渔业委员会养护管理举措及其对中国远洋鱿钓渔业的影响［J］. 中国人口·资源与环境（S2）：432-436.

范江涛，陈新军，曹杰，等，2010. 西北太平洋柔鱼渔场变化与黑潮的关系［J］. 上海海洋大学学报（3）：93-99.

方舟，2016. 基于角质颚的北太平洋柔鱼渔业生态学研究［D］. 上海：上海海洋大学.
方舟，陈新军，瞿俊跃，等，2020. 北太平洋柔鱼角质颚形态及生长年间差异［J］. 上海海洋大学学报，29（1）：109-120.
龚彩霞，陈新军，高峰，等，2011. 栖息地适宜性指数在渔业科学中的应用进展［J］. 上海海洋大学学报，20（2）：260-269.
官文江，田思泉，朱江峰，等，2013. 渔业资源评估模型的研究现状与展望［J］. 中国水产科学，20（5）：1112-1120.
韩青鹏，陆化杰，陈新军，等，2017. 南海北部海域中国枪乌贼角质颚的形态学分析［J］. 南方水产科学，13（4）：122-130.
胡贯宇，2019. 基于硬组织信息的茎柔鱼生活史对气候变化的响应［D］. 上海：上海海洋大学.
胡贯宇，陈新军，刘必林，等，2015. 茎柔鱼耳石和角质颚微结构及轮纹判读［J］. 水产学报，39（3）：361-370.
黄洪亮，郑元甲，程家骅，2003. 北太平洋海区柔鱼生物学特征研究［J］. 海洋渔业（3）：126-135.
江艳娥，陈作志，林昭进，等，2014. 南海中部海域鸢乌贼耳石形态特征分析［J］. 南方水产科学，10（4）：85-90.
孔维尧，李欣海，邹红菲，2019. 最大熵模型在物种分布预测中的优化［J］. 应用生态学报，30（6）：2116-2128.
雷林，汪金涛，陈新军，等，2019. 利用渔场环境因子标准化西北太平洋柔鱼 CPUE 的研究［J］. 海洋学报，41（1）：138-145.
李波，阳秀芬，邱星宇，等，2019. 基于耳石形态特征的南海鸢乌贼群体判别分析［J］. 广东海洋大学学报，39（2）：58-66.
李纲，陈新军，官文江，2010. 基于贝叶斯方法的东、黄海鲐资源评估及管理策略风险分析［J］. 水产学报，34（5）：740-50.
李建华，陈新军，刘必林，等，2011. 夏秋季西北太平洋柔鱼渔业生物学的初步研究［J］. 上海海洋大学学报，20（6）：890-894.
李文庆，徐洲锋，史鸣明，等，2019. 不同气候情景下四子柳的亚洲潜在地理分布格局变化预测［J］. 生态学报，39（9）：3224-3234.
李祝，王松林，曾炜，等，2019. 适应于减缓气候变化［M］. 北京：科学出版社.
林而达，2011. 气候变化与人类——事实、影响和适应［M］. 北京：学苑出版社.
刘必林，2012. 东太平洋茎柔鱼生活史过程的研究［D］. 上海：上海海洋大学.
刘必林，陈新军，陆化杰，等，2011. 头足类耳石［M］. 北京：科学出版社.
刘必林，陈新军，钟俊生，2008. 印度洋西北海域鸢乌贼耳石的形态特征分析［J］. 上海水产大学学报（5）：604-609.
刘必林，陈新军，钟俊生，2009. 采用耳石研究印度洋西北海域鸢乌贼的年龄、生长和种群结构［J］. 大连水产学院学报，24（3）：206-212.
刘红红，朱玉贵，2019. 气候变化对海洋渔业的影响与对策研究［J］. 现代农业科技，10：

244-247.
刘娜，王辉，张蕴斐，2014. 基于 IPCC 预测结果的北太平洋海表面温度变化分析 [J]. 海洋学报，36 (7)：9-16.
陆化杰，陈新军，刘必林，2009. 西南大西洋阿根廷滑柔鱼耳石外部形态特性分析 [J]. 上海海洋大学学报 (3)：338-44.
陆化杰，童玉和，刘维，2018. 厄尔尼诺年春季中国南海中沙群岛海域鸢乌贼的渔业生物学特性 [J]. 水产学报，42 (6)：912-921.
马金，陈新军，刘必林，等，2009a. 环境对头足类耳石微结构的影响研究进展 [J]. 上海海洋大学学报，18 (5)：616-622.
马金，陈新军，刘必林，等，2009b. 西北太平洋柔鱼耳石形态特征分析 [J]. 中国海洋大学学报 (自然科学版)，39 (2)：215-220.
倪建峰，刘群，2004. 剩余产量模型在不同渔业中的应用 [J]. 海洋湖沼通报 (1)：60-67.
谭红建，蔡榕硕，颜秀花，2016. 基于 IPCC-CMIP5 预估 21 世纪中国近海海表温度变化 [J]. 应用海洋学学报，35 (4).
唐峰华，刘尊雷，黄洪亮，等，2015. 日本海太平洋褶柔鱼生物学特征的年际变化 [J]. 动物学杂志，50 (3)：381-389.
汪金涛，2015. 大洋性经济柔鱼类渔情预报与资源量评估研究 [D]. 上海：上海海洋大学.
王尧耕，陈新军，2005. 世界大洋性经济柔鱼科资源及其渔业 [M]. 北京：海洋出版社.
王易帆，陈新军，2019. 西北太平洋柔鱼产卵场时空分布及最适水温范围的推测 [J]. 上海海洋大学学报，28 (3)：132-139.
王韫沛，陈新军，方舟，等，2019. 东太平洋赤道海域茎柔鱼耳石外部形态特征分析 [J]. 海洋湖沼通报 (6)：147-156.
肖启华，黄硕琳，2016. 气候变化对海洋渔业资源的影响 [J]. 水产学报，7：1089-1098.
徐洁，陈新军，官文江，2015. 适用于短生命周期种类资源评估模型的研究现状与展望 [J]. 海洋湖沼通报 (3)：113-124.
杨林林，姜亚洲，刘尊雷，等，2014. 夏季东海太平洋褶柔鱼群体结构的年际变化 [J]. 中国水产科学，21 (3)：593-601.
杨铭霞，陈新军，刘必林，等，2012. 西北太平洋柔鱼渔获群体组成及生长率的年间比较 [J]. 上海海洋大学学报，21 (5)：872-877.
余为，2016. 西北太平洋柔鱼冬春生群对气候与环境变化的相应机制研究 [D]. 上海：上海海洋大学.
余为，陈新军，陈长胜，等，2016. 西北太平洋环境变化对柔鱼冬春生群体资源丰度年间变化的影响 [J]. 海洋学报，36 (10).
余为，陈新军，易倩，2017. 不同气候模态下西北太平洋柔鱼渔场环境特征分析 [J]. 水产学报 (4)：525-534.
余为，陈新军，易倩，等，2013. 北太平洋柔鱼早期生活史研究进展 [J]. 上海海洋大学学报，22 (5)：755-762.

詹秉义，1995. 渔业资源评估［M］. 北京：中国农业出版社.
张魁，陈作志，黄梓荣，等，2015. 时滞差分模型与剩余产量模型的应用比较——以南大西洋长鳍金枪鱼为例［J］. 南方水产科学，11（3）：1-6.
张路，2015. MAXENT 最大熵模型在预测物种潜在分布范围方面的应用［J］. 生物学通报，50（11）：9-12.
朱江峰，戴小杰，官文江，2014. 印度洋长鳍金枪鱼资源评估［J］. 渔业科学进展，35（1）：1-15.
Alabia I D，Saitoh S I，Mugo R，et al.，2015a. Seasonal potential fishing ground prediction of neon flying squid（*Ommastrephes bartramii*）in the western and central North Pacific［J］. Fisheries Oceanography，24（2）：190-203.
Alabia I D，Saitoh S-I，Igarashi H，et al.，2016. Future projected impacts of ocean warming to potential squid habitat in western and central north pacific［J］. ICES Journal of Marine Science，73（5）：1343-1356.
Alexander M，Scott J，Friedland K，et al.，2018. Projected sea surface temperatures over the 21st century：Changes in the mean，variability and extremes for large marine ecosystem regions of Northern Oceans［J］. Elem Sci Anth，6（1）：9-23.
Anderson C，Rodhouse P，2001. Life cycles，oceanography and variability：Ommastrephid squid in variable oceanographic environments［J］. Fisheries Research，54：133-43.
Aoki I，Miyashita K，2000. Dispersal of larvae and juveniles of Japanese anchovy *Engraulis japonicus* in the Kuroshio Extension and Kuroshio-Oyashio transition regions，western North Pacific Ocean［J］. Fisheries Research，49：155-164.
Arbuckle N，Wormuth J，2014. Trace elemental patterns in Humboldt squid statoliths from three geographic regions［J］. Hydrobiologia，725：115-123.
Arkhipkin A I，2004. Diversity in growth and longevity in short-lived animals：squid of the suborder Oegopsina［J］. Marine and Freshwater Research，55：341-355.
Arkhipkin A，Argüelles J，Shcherbich Z，et al.，2014. Ambient temperature influences adult size and life span in jumbo squid（*Dosidicus gigas*）［J］. Canadian Journal of Fisheries Aquatic Sciences，72（3）：1-10.
Arkhipkin A，Campana S，FitzGerald J，et al.，2011. Spatial and temporal variation in elemental signatures of statoliths from the Patagonian longfin squid（*Loligo gahi*）［J］. Canadian Journal of Fisheries and Aquatic Sciences，61（7）：1212-1224.
Asch R G，2015. Climate change and decadal shifts in the phenology of larval fishes in the California Current ecosystem［J］. Proceedings of the National Academy of Sciences of the United States of America，112（30）：4065-4074.
Balch N，Sirois A，Hurley G V，1988. Growth increments in statoliths from paralarvae of the ommastrephid squid *Illex*（Cephalopoda：Teuthoidea）［J］. Malacologia，29：103-112.
Bao B，Ren G，2014. Climatological Characteristics and Long-Term Change of SST over the

Marginal Seas of China [J]. Continental Shelf Research，77.

Bart J，1995. Acceptance Criteria for Using Individual-Based Models to Make Management Decisions [J]. Ecological Applications，5.

Belkin I M，2009. Rapid warming of Large Marine Ecosystems [J]. Progress In Oceanography，81：207-213.

Bettencourt V，Guerra A，2000. Growth increments and biomineralization process in cephalopod statoliths [J]. Journal of experimental marine biology and ecology，248：191-205.

Beverton R，1954. Notes on the use of theoretical models in the study of the dynamics of exploited fish populations [M] . Beaufort：Miscellaneous Contributions.

Bjerkness J，1969. Atmospheric teleconnections from the equatorial Pacific [J]. Monthly Weather Review，97：163-172.

Bogstad B，Hauge K，UlltangØ，1997. MULTISPEC - a multi-species model for fish and marine mammals in the Barents Sea [J]. Journal of Northwest Atlantic Fishery Science，22：317-341.

Bouali M，Sato O，Polito P，2017. Temporal trends in sea surface temperature gradients in the South Atlantic Ocean [J]. Remote Sensing of Environment，194：100-114.

Bower J R，1994. spawning grounds of the neon flying squid，*Ommastrephes bartramii* near the Hawaiian Archpelago [J]. Pacific Science，48 (2)：201-207.

Bower J R，Ichii T，2005. The red flying squid (*Ommastrephes bartramii*)：A review of recent research and the fishery in Japan [J]. Fisheries Research，76 (1)：39-55.

Boyle P R，Pierce G J，Hastie L C，1995. Flexible reproductive strategies in the squid *Loligo forbesi* [J]. Mar Biol，121：501-508.

Brochier T，Echevin V，Tam J，et al.，2013. Climate change scenarios experiments predict a future reduction in small pelagic fish recruitment in the Humboldt Current system [J]. Global Change Biology，19 (6)：1841-1853.

Brodeur R D，Peterson W T，Auth T D，et al.，2008. Abundance and diversity of coastal fish larvae as indicators of recent changes in ocean and climate conditions in the Oregon upwelling zone [J]. Marine Ecology Progress Series，366：187-202.

Caesar L，Rahmstorf S，Robinson A，et al.，2018. Observed fingerprint of a weakening Atlantic Ocean overturning circulation [J]. Nature，556：191-196.

Campana S E，Neilson J D，1985. Microstructure of fish otoliths [J]. Canadian Journal of Fisheries Aquatic Sciences，42：1014-1032.

Cao J，Chen X J，Chen Y，2009. Influence of surface oceanographic variability on abundance of the western winter-spring cohort of neon flying squid *Ommastrephes bartramii* in the Nw Pacific Ocean [J]. Marine Ecology Progress，381 (12)：119-127.

Cerrato Robert M，1990. Interpretable Statistical Tests for Growth Comparisons using Parameters in the von Bertalanffy Equation [J]. Canadian Journal of Fisheries Aquatic

Sciences, 47 (7): 1416-1426.

Chan L H, Drummond D, Edmond J M, et al., 1977. On the barium data from the Atlantic GEOSECS expedition [J]. Deep Sea Research, 24: 613-649.

Chang P P, Saravanan R, Ji L, et al., 2000. The Effect of Local Sea Surface Temperatures on Atmospheric Circulation over the Tropical Atlantic Sector [J]. Journal of Climate, 13: 2195-2216.

Chen C S, and Chiu T S, 1999. Abundance and spatial variation of *Ommastrephes bartramii* in the eastern North Pacific observed from an exploratory survey [J]. Acta Zool, Taiwan, 10 (2): 135-144.

Chen C S, Chiu T S, 2003. Variations of life history parameters in two geographical groups of the neon flying squid, *Ommastrephes bartramii*, from the North Pacific [J]. Fisheries Research, 63: 349-366.

Chen X J, Tian S Q, Guan W J, 2014. Variations of oceanic fronts and their influence on the fishing grounds of *Ommastrephes bartramii* in the Northwest Pacific [J]. Acta Oceanologica Sinica (33): 45-54.

Chen X J, Zhao X H, Chen Y, 2007. Influence of El Niño/La Niña on the western winter-spring cohort of neon flying squid (*Ommastrephes bartramii*) in the northwestern Pacific Ocean [J]. ICES Journal of Marine Science, 64: 1152-1160.

Chen X J, Cao J, Chen Y, et al., 2012. Effect of the Kuroshio on the Spatial Distribution of the Red Flying Squid *Ommastrephes bartramii* in the Northwest Pacific Ocean [J]. Bulletin of Marine Science, 88 (1): 63-71.

Chen X J, Chen Y, Tian S Q, et al., 2008a. An assessment of the west winter-spring cohort of neon flying squid (*Ommastrephes bartramii*) in the Northwest Pacific Ocean [J]. Fisheries Research, 92: 221-230.

Chen X J, Li J H, Liu B L, et al., 2013. Age, growth and population structure of jumbo flying squid, *Dosidicus gigas*, off the Costa Rica Dome [J]. Journal of the Marine Biological Association of the United Kingdom, 93 (2): 567-573.

Chen X J, Liu B L, Chen Y, 2008b. A review of the development of Chinese distant-water squid jigging fisheries [J]. Fisheries Research, 89: 211-221.

Cherel Y, Ridoux V, Spitz J, et al., 2009. Stable isotopes document the trophic structure of a deep-sea cephalopod assemblage including giant octopod and giant squid [J]. Biology Letters, 5: 364-367.

Cheung W W L, Dunne J, Sarmiento J L, et al., 2011. Integrating ecophysiology and plankton dynamics into projected maximum fisheries catch potential under climate change in the northeast atlantic [J]. ICES Journal of Marine Science, 68 (6): 1008-1018.

Cheung W W L, Frölicher T L, Asch R G, et al., 2016. Building confidence in projections of the responses of living marine resources to climate change [J]. ICES Journal of Marine Science, 73 (5): 1283-1296.

Cheung W W L, Lam V W Y, Sarmiento J L, et al., 2010. Large-scale redistribution of maximum fisheries catch potential in the global ocean under climate change [J]. Global Change Biology, 16: 24-35.

Crespi-Abril A, Barón P, 2012. Revision of the population structuring of *Illex argentinus* (Castellanos, 1960) and a new interpretation based on modelling the spatio-temporal environmental suitability for spawning and nursery [J]. Fisheries Oceanography, 21: 199-214.

Crozier L G, Hutchings J A, 2014. Plastic and evolutionary responses to climate change in fish [J]. Evolutionary Applications, 7 (1): 68-87.

Dangendorf S, Marcos M, Woppelmann G, et al., 2017. Reassessment of 20th century global mean sea level rise [J]. Proceedings of the National Academy of Sciences, 114 (23): 5946-5951.

Deriso R, 2011. Harvesting Strategies and Parameter Estimation for an Age-Structured Model [J]. Canadian Journal of Fisheries and Aquatic Sciences, 37: 268-282.

Dichmont C M, Deng R A, Punt A E, et al., 2016. A review of stock assessment packages in the United States [J]. Fisheries Research, 183: 447-460.

Dominique P, Stephanie M, 2005. Spatially explicit fisheries simulation models for policy evalution [J]. Fish and Fisheries, 6: 307-349.

Domokos R, 2009. Environmental effects on forage and longline fishery performance for albacore (*Thunnus alalunga*) in the American Samoa Exclusive Economic Zone [J]. Fisheries Oceanography, 18 (6): 419-438.

Doney S C, Ruckelshaus M, Emmett Duffy J, et al., 2012. Climate change impacts on marine ecosystems [J]. Annual Review of Marine Science, 4 (1): 11-37.

Dulvy N K, Rogers S I, Jennings S, et al., 2008. Climate change and deepening of the north sea fish assemblage: a biotic indicator of warming seas [J]. Journal of Applied Ecology, 45 (4): 1029-1039.

Díaz-Santana-Iturríos M, Salinas-Zavala C A, Granados-Amores J, 2018. Description of the statolith shape of two sympatric ommastrephids in the Mexican Pacific obtained from geometric morphometrics as a tool for identification at the species level [J]. Marine Biodiversity, 1667-1671.

Engelhard G H, Righton D A, Pinnegar J K, 2014. Climate change and fishing: a century of shifting distribution in North Sea cod [J]. Global change biology, 20 (8): 2473-2483.

Espinoza Tenorio A, Montaño-Moctezuma G, Espejel I, 2010. Ecosystem-Based Analysis of a Marine Protected Area Where Fisheries and Protected Species Coexist [J]. Environmental management, 45: 739-750.

Fang Z, Chen X, Su H, et al., 2016. Evaluation of stock variation and sexual dimorphism of beak shape of neon flying squid, *Ommastrephes bartramii*, based on geometric morphometrics [J]. Hydrobiologia, 784 (1): 367-380.

Fang Z, Han P, Wang Y, et al., 2021. Interannual variability of body size and beak morphology of the squid *Ommastrephes bartramii* in the North Pacific Ocean in the context of climate change [J]. Hydrobiologia (3): 1-15.

Fang Z, Li J, Thompson K, et al., 2016. Age, growth, and population structure of the red flying squid (*Ommastrephes bartramii*) in the North Pacific Ocean, determined from beak microstructure [J]. Fishery Bulletin, 114: 34-44.

Fernandes J A, Cheung W W L, Jennings S, et al., 2013. Modelling the effects of climate change on the distribution and production of marine fishes: accounting for trophic interactions in a dynamic bioclimate envelope model [J]. Global Change Biology, 19 (8): 2596-2607.

Foden J, Rogers S I, Jones A P, 2008. A critical review of approaches to aquatic environmental assessment [J]. Marine Pollution Bulletin, 56 (11): 1825-1833.

Fodrie F J, Heck K, Powers S P, et al., 2010. Climate-related, decadal-scale assemblage changes of seagrass-associated fishes in the northern Gulf of Mexico [J]. Global Change Biology, 16 (1): 48-59.

Folland C, Palmer T, Parker D, 1986. Sahel rainfall and worldwide sea temperatures, 1901—1985 [J]. Nature, 320: 602-617.

Fournier D, Archibald C, 2011. A General Theory for Analyzing Catch at Age Data [J]. Canadian Journal of Fisheries and Aquatic Sciences, 39: 1195-1207.

Fournier D, Sibert J, Majkowski J, et al., 1990. MULTIFAN a Likelihood-Based Method for Estimating Growth Parameters and Age Composition from Multiple Length Frequency Data Sets Illustrated using Data for Southern Bluefin Tuna (*Thunnus maccoyii*) [J]. Canadian Journal of Fisheries and Aquatic Sciences, 45: 301-317.

Fournier D, Skaug H, Ancheta J, et al., 2012. AD Model Builder: Using automatic differentiation for statistical inference of highly parameterized complex nonlinear models [J]. Optimization Methods and Software, 27: 233-49.

Fu W, Primeau F, Moore J K, et al., 2018. Reversal of increasing tropical ocean hypoxia trends with sustained climate warming [J]. Global Biogeochemical Cycles, 32 (4): 551-564.

Fulton E, Smith A, Johnson C, 2004. Biogeochemical marine ecosystem models I: IGBEM-A model of marine bay ecosystems [J]. Ecological Modelling, 174: 267-307.

Galindo-Bect M, Glenn E, Page H M, et al., 2000. Penaeid shrimp landings in the upper Gulf of California in relation to Colorado River freshwater discharge [J]. Fishery Bulletin, 98: 222-235.

Gent P R, Danabasoglu G, Donner L J, et al., 2011. The Community Climate System Model Version 4 [J]. Journal of Climate, 24 (19): 4973-4991.

Gong C X, Chen X J, Gao F, et al., 2012. Importance of weighting for multi-variable habitat suitability index model: a case study of winter-spring cohort of *Ommastrephes bartramii* in the northwestern Pacific Ocean [J]. Journal of Ocean University of China, 11 (2): 241-248.

Grimm V, 1999. Ten Years of Individual-Based Modeling in Ecology: What Have We Learned and What Could We Learn in the Future [J]. Ecological Modelling, 115: 129-148.

Hastenrath S, 1978. On Modes of Tropical Circulation and Climate Anomalies [J]. Journal of Atmospheric Sciences, 35 (22): 22-31.

Hatfield E, 2000. Do some like it hot? Temperature as a possible determinant of variability in the growth of the Patagonian squid, *Loligo gahi* (Cephalopoda: Loliginidae) [J]. Fisheries Research, 47: 27-40.

Hilborn R, 2003. The state of the art in stock assessment: where we are and where we are going [J]. Scientia Marina, 67 (S1): 15-20.

Hobson K, Gloutney M, Gibbs H, 1997. Preservation of blood and tissue samples for stablecarbon and stable-nitrogen analysis [J]. Canadian Journal of Zoology, 75: 1720-1723.

Hobson K, Piatt J, Pitocchelli J, 1994. Using Stable Isotopes to Determine Seabird Trophic Relationships [J]. Journal of Animal Ecology, 63: 786-798.

Hobson K, Welch H E, 1992. Determination of trophic relationships within a high Arctic marine food web using $\delta^{13}C$ and $\delta^{15}N$ analysis [J]. Marine Ecology-progress Series, 84: 9-18.

Hollowed A, Bax N, Beamish R J, et al., 2000. Are multispecies models an improvement on single-species models for measuring fishing impacts on marine ecosystems? [J]. ICES Journal of Marine Science, 57: 707-719.

Hoover C, Pitcher T J, Christensen V, et al., 2013. Effects of hunting, fishing and climate change on the Hudson Bay marine ecosystem: II. Ecosystem model future projections [J]. Ecological Modelling, 264: 143-156.

Howell E A, Wabnitz C C C, Dunne J P, et al., 2013. Climate-induced primary productivity change and fishing impacts on the Central North Pacific ecosystem and Hawaii-based pelagic longline fishery [J]. Climatic Change, 119 (1): 79-93.

Hu G, Boenish R, Gao C, et al., 2019. Spatio-temporal variability in trophic ecology of jumbo squid (*Dosidicus gigas*) in the southeastern Pacific: Insights from isotopic signatures in beaks [J]. Fisheries Research, 212: 56-62.

Hu Z, Gao S, Liu Y, et al., 2008. Signal enhancement in laser ablation ICP-MS by addition of nitrogen in the central channel gas [J]. Journal of Analytical Atomic Spectrometry, 23 (8): 1093-1101.

Huang B, Banzon V F, Freeman E, et al., 2015a. Extended Reconstructed Sea Surface Temperature Version 4. Part I: Upgrades and intercomparisons [J]. Journal of Climate, 28: 911-930.

Huang P，2015b. Seasonal Changes in Tropical SST and the Surface Energy Budget under Global Warming Projected by CMIP5 Models [J]. Journal of Climate，28 (65)：3-15.

Ichii T，Mahapatra K，Okamura H，et al.，2006. Stock assessment of the autumn cohort of neon flying squid (*Ommastrephes bartramii*) in the North Pacific based on past large-scale high seas driftnet fishery data [J]. Fisheries Research，78 (2-3)：286-297.

Ichii T，Mahapatra K，Sakai M，et al.，2009. Life history of the neon flying squid：Effect of the oceanographic regime in the North Pacific Ocean [J]. Marine Ecology Progress，378：1-11.

Ichii T，Mahapatra K，Sakai M，et al.，2010. Differing body size between the autumn and the winter-spring cohorts of neon flying squid (*Ommastrephes bartramii*) related to the oceanographic regime in the North Pacific：a hypothesis [J]. Fisheries Oceanography，13 (5)：295-309.

Ichii T，Mahapatra K，Sakai M，et al.，2011a. Changes in abundance of the neon flying squid *Ommastrephes bartramii* in relation to climate change in the central North Pacific Ocean [J]. Marine Ecology Progress，441：151-164.

Igarashi H，Ichii T，Sakai M，et al.，2017. Possible link between interannual variation of neon flying squid (*Ommastrephes bartramii*) abundance in the North Pacific and the climate phase shift in 1998/1999 [J]. Progress in Oceanography，150：20-34.

Jiménez-Valverde A，Lobo J M，Hortal J，2008. Not as good as they seem：The importance of concepts in species distribution modeling [J]. Diversity and Distributions，14：885-890.

Jones J B，Pierce G J，Saborido-Rey F，et al.，2019. Size-dependent change in body shape and its possible ecological role in the Patagonian squid (*Doryteuthis gahi*) in the Southwest Atlantic [J]. Marine Biology，166 (5)：1-17.

Jones M C，Cheung W W L，2015. Multi-model ensemble projections of climate change effects on global marine biodiversity [J]. ICES Journal of Marine Science，72 (3)：741-752.

Jones M C，Dye S R，Pinnegar J K，et al.，2012. Modelling commercial fish distributions：Prediction and assessment using different approaches [J]. Ecological Modelling，225：133-145.

Kato Y，Sakai M，Mmasujima M，et al.，2015. Effects of hydrographic conditions on the transport of neon flying squid *Ommastrephes bartramii* larvae in the North Pacific Ocean [J]. Hidrobiologica：revista del Departamento de Hidrobiologia，24 (1)：33-38.

Kato Y，Sakai M，Nishikawa H，et al.，2016. Stable isotope analysis of gladius to investigate migration and trophic patterns of the neon flying squid (*Ommastrephes bartramii*) [J]. Fisheries Research，173：169-174.

Keiner C，Rozwadowski H，2003. The Sea Knows No Boundaries：A Century of Marine Science Under ICES [J]. Environmental History，8：687.

Keyl F，Arguelles J，Tafur-Jimenez R，2010. Interannual variability in size structure，age，and growth of jumbo squid (*Dosidicus gigas*) assessed by modal progression analysis [J]. ICES Journal of Marine Science，68：507-518.

Keyl F，Wolff M，2008. Environmental variability and fisheries：what can models do? [J]. Reviews in Fish Biology Fisheries，18 (3)：273-99.

Knutsen H，Jorde P，Gonzalez E B，et al.，2013. Climate Change and Genetic Structure of Leading Edge and Rear End Populations in a Northwards Shifting Marine Fish Species，the Corkwing Wrasse (*Symphodus melops*) [J]. Plos One，8 (6)：674-692.

Kortsch S，Primicerio R，Fossheim M，et al.，2015. Climate change alters the structure of arctic marine food webs due to poleward shifts of boreal generalists [J]. Proceedings of the Royal Society B，282：15-46.

Koslow J A，Allen C A，2011. The influence of the ocean environment on the abundance of market squid，Doryteuthis (*Loligo*) opalescens，paralarvae in the Southern California Bight [J]. Calif Coop Ocean Fish Invest Rep，52：205-213.

Kwiatkowski L，Bopp L，Aumont O，et al.，2017. Emergent constraints on projections of declining primary production in the tropical oceans [J]. Nature Climate Change，17：355-359.

Lasram F B R，Guilhaumon F，Albouy C，et al.，2010. The Mediterranean Sea as a‘cul-de-sac’ for endemic fishes facing climate change [J]. Global change biology，16 (12)：3233-3245.

Last P R，White W T，Gledhill D C，et al.，2011. Long-term shifts in abundance and distribution of a temperate fish fauna：a response to climate change and fishing practices [J]. Global Ecology and Biogeography，20 (1)：58-72.

Le Quéré C，Andrew R M，Friedlingstein P，et al.，2018. Global carbon budget 2017 [J]. Earth System Science Data，10 (1)：405-448.

Lehodey P，2001. The pelagic ecosystem of the tropical Pacific Ocean：Dynamic spatial modelling and biological consequences of ENSO [J]. Progress In Oceanography，49：439-468.

Lipiński M R，2002. Growth of cephalopods：conceptual model [J]. Abhandlungen der Geologischen Bundesanstalt，57：133-138.

Lipiński M R，Underhill L G，1995. Sexual maturation in squid：quantum or continuum? [J]. South African Journal of Marine Science，15 (1)：207-223.

Liu W，Xie S，Liu Z，et al.，2017. Overlooked possibility of a collapsed Atlantic meridional overturning circulation in warming climate [J]. Science Advances，3 (1)：e160-166.

Liu Y，Hu Z，Gao S，et al.，2008. In situ analysis of major and trace elements of anhydrous minerals by LA-ICP-MS without applying an internal standard [J]. Chemical Geology，257 (1)：34-43.

Livingston P，Jurado-Molina J，2000. A Multispecies Virtual Population Analysis of the

Eastern Bering Sea [J]. Ices Journal of Marine Science, 57: 294-309.
Lleonart J, Salat J, Torres G J, 2000. Removing allometric effects of body size in morphological analysis [J]. Journal of Theoretical Biology, 205 (1): 85-93.
Long M C, Lindsay K, Peacock S, et al., 2013. Twentieth-Century Oceanic Carbon Uptake and Storage in CESM1 (BGC) [J]. Journal of Climate, 26 (18): 6775-6800.
Lu H J, Lee H L, 2014. Changes in the fish species composition in the coastal zones of the Kuroshio Current and China Coastal Current during periods of climate change: Observations from the set-net fishery (1993—2011) [J]. Fisheries Research, 155: 103-113.
Mackenzie B R, Gislason H, Mollmann C, et al., 2007. Impact of 21st century climate change on the Baltic Sea fish community and fisheries [J]. Global Change Biology, 13 (7): 1348-1367.
Magnússon K, 1995. An Overview of the Multispecies VPA—Theory and Applications [J]. Reviews in Fish Biology and Fisheries, 5: 195-212.
Mantua N J, Hare S R, 2002. The Pacific Decadal Oscillation [J]. Journal of Oceanography, 58 (1): 35-44.
Melnychuk M C, Banobi J A, Hilborn R, 2014. The adaptive capacity of fishery management systems for confronting climate change impacts on marine populations [J]. Reviews in Fish Biology and Fisheries, 24 (2): 561-575.
Merow C, Smith M J, Silander J A, 2013. A practical guide to MaxEnt for modeling species' distributions: what it does, and why inputs and settings matter [J]. Ecography, 36: 1058-1069.
Methot R, Wetzel C, 2013. Stock synthesis: A biological and statistical framework for fish stock assessment and fishery management [J]. Fisheries Research, 142: 86-99.
Mintenbeck K, Barrera-oro E R, Brey T, et al., 2012. Impact of Climate Change on Fishes in Complex Antarctic Ecosystems [J]. Advances in Ecological Research, 46: 351-426.
Miyahara K, Ota T, Goto T, et al., 2006. Age, growth and hatching season of the diamond squid *Thysanoteuthis rhombus* estimated from statolith analysis and catch data in the western Sea of Japan [J]. Fisheries Research, 80 (2): 211-220.
Montaño-Moctezuma G, Li H, Rossignol P, 2007. Alternative community structures in a kelp-urchin community: A qualitative modeling approach [J]. Ecological Modelling, 205: 343-354.
Morejohn G V, Harvey J, Krasnow L T, 1978. The importance of Loligo opalescens in the food web of marine vertebrates in Monterey Bay, California [J]. California Department of Fish and Game Fishery Bulletin, 169: 67-97.
Mountain D G, 2002. Potential consequences of climate change for the fish resources in the mid-Atlantic region. Fisheries in a Changing Climate [J]. N. A. McGinn, 32: 185-193.
Murakami K, Watanabe Y, Nakara J, 1981. Growth, distribution and migration of flying

squid (*Ommastrephes bartarmii*) in the North Pacific [M]. Hokkaido University: Research Institution North Pacific Fishery.

Murata M, 1990. Oceanic resources of squids [J]. Marine Behaviour and Physiology, 18 (1): 19-71.

Murphy, Garth I, 1965. A Solution of the Catch Equation [J]. Journal of the Fisheries Research Board of Canada, 22 (1): 191-202.

Nakamura Y, 1988. Distribution and maturity of neon flying squid, *Ommastrephes bartramii* (Lesueur), in the surrounding waters of Izu-Ogasawara Islands in spring [J]. Fisheries Research, 52: 139-49.

Nishikawa H, Igarashi H, Ishikawa Y, et al., 2014. Impact of paralarvae and juveniles feeding environment on the neon flying squid (*Ommastrephes bartramii*) winter-spring cohort stock [J]. Fisheries Oceanography, 23 (4): 289-303.

Nishikawa H, Toyoda T, Masuda S, et al., 2015. Wind-induced stock variation of the neon flying squid (*Ommastrephes bartramii*) winter-spring cohort in the subtropical North Pacific Ocean [J]. Fisheries Oceanography, 24 (3): 229-241.

Okutani T, 1969. Studies on early life history of decapodan Mollusca-IV [J]. Bull Tokai Reg Fish Res Lab, 58: 83-96.

Ostrander G, Armstrong K, Knobbe E, et al., 2000. Rapid transition in the structure of a coral reef community: The effect of coral bleaching and physical disturbance [J]. Proceedings of the National Academy of Sciences of the United States of America, 97: 5297-5302.

O' Dor R K, Coelho M L, 1993. Big Squid, big currents and big fisheries [J]. South African Journal of Marine Science, 22: 225-235.

Paloheimo J, 1980. Estimation of Mortality Rates in Fish Populations [J]. Transactions of the American Fisheries Society, 109: 378-86.

Pauly D, Christensen V, Walters C, 2000. Ecopath, Ecosim, and Ecospace as tools for evaluating ecosystem impact of fisheries [J]. ICES Journal of Marine Science, 57: 697-706.

Payne A, Agnew D, Pierce G, 2006. Trends and assessment of cephalopod fisheries [J]. Fisheries Research, 78: 1-3.

Peck M A, Reglero P, Takahashi M, et al., 2013. Life cycle ecophysiology of small pelagic fish and climate-driven changes in populations [J]. Progress in Oceanography, 116: 220-245.

Petitgas P, Rijnsdorp A D, Dickey-collas M, et al., 2013. Impacts of climate change on the complex life cycles of fish [J]. Fisheries Oceanography, 22 (2): 121-139.

Phillips A J, Ciannelli L, Brodeur R D, et al., 2014. Spatio-temporal associations of albacore CPUEs in the Northeastern Pacific with regional SST and climate environmental variables [J]. ICES J Mar Sci, 71 (7): 1717-1727.

Phillips S J, Anderson R P, Schapire R E, 2006. Maximum entropy modeling of species geographic distributions [J]. Ecological Modelling, 190 (3-4): 231-259.

Pikitch E, Santora C, Babcock E, et al., 2004. Ecosystem-Based Fishery Management [J]. Science, 305: 346-347.

Pope J, 1972. An Investigation of the Accuracy of Virtual Population Analysis Using Cohort Analysis [J]. Research Bulletin of the International Commission for the Northwest Atlantic Fisheries, 9: 65-74.

Pope J, Shepherd J, 1982. A Simple Method for the Consistent Interpretation of Catch-At-Age Data [J]. Ices Journal of Marine Science, 40: 176-184.

Pratchett M, Wilson S, Berumen M, et al., 2004. Sub-lethal effects of coral bleaching on an obligate coral feeding butterflyfish [J]. Coral Reefs, 23: 352-366.

Pribac F, Punt A E, Taylor B L, et al., 2005. Using Length, Age and Tagging Data in a Stock Assessment of a Length Selective Fishery for Gummy Shark (*Mustelus antarcticus*) [J]. Journal of Northwest Atlantic Fishery Science, 37: 267-290.

Punt A E, Huang T, Maunder M N, 2012. Review of integrated size-structured models for stock assessment of hard-to-age crustacean and mollusc species [J]. ICES Journal of Marine Science, 70 (1): 16-33.

Pörtner H O, Berdal B, Blust R, et al., 2001. Climate induced temperature effects on growth performance, fecundity and recruitment in marine fish: developing a hypothesis for cause and effect relationships in atlantic cod (*Gadus morhua*) and common eelpout (*Zoarces viviparus*) [J]. Continental Shelf Research, 21 (18): 1975-1997.

Pörtner H O, Peck M A, 2010. Climate change effects on fishes and fisheries: towards a cause -and-effect understanding [J]. Journal of Fish Biology, 77 (8): 1745-1779.

Queirós J P, Phillips R A, Baeta A, et al., 2019. Habitat, trophic levels and migration patterns of the short-finned squid *Illex argentinus* from stable isotope analysis of beak regions [J]. Polar Biology, 42 (12): 2299-2304.

Quinn T, 2003. Ruminations on the Development and Future of Population Dynamics Models in Fisheries [J]. Natural Resource Modeling, 16: 341-392.

Raj R J R, Sasipraba T, Vasudev M, et al., 2016. Predicting the Impact of Climate Change on Tidal Zone Fishes Using SVM Approach [J]. Procedia Computer Science, 92: 237-243.

Rau G, Kaplan I R, 1982. Plankton^{13}C:^{12}C ratio changes with latitude: differences between northern and southern oceans [J]. Deep-Sea Research, 29: 1085-1039.

Ren L, Arkin P, Smith T M, et al., 2013. Global precipitation trends in 1900-2005 from a reconstruction and coupled model simulations [J]. Journal of Geophysical Research Atmospheres, 118 (4): 1679-1689.

Richards J T S, Laura J, 2001. Use and abuse of fishery models [J]. Canadian Journal of Fisheries Aquatic Sciences, 58 (1): 10-17.

Rijnsdorp A D, Peck M A, Engelhard G H, et al., 2009. Resolving the effect of climate change on fish populations [J]. ICES Journal of Marine Science, 66 (7): 1570-1583.

Roden G I, 1972. Temperature and Salinity Fronts at the Boundaries of the Subarctic-Subtropical Transition Zone in the Western Pacific [J]. Journal of Geophysical Research Atmospheres, 77 (36): 7175-7187.

Rodhouse P, 2001. Managing and forecasting Squid fisheries in variable environments [J]. Fisheries Research, 54: 3-8.

Roper, E C, Young R, 1975. Vertical Distribution of Pelagic Cephalopods [J]. Smithsonian Contributions to Zoology, 209: 1-51.

Routledge R, 2008. Mixed-stock vs. terminal fisheries: a bioeconomic model [J]. Natural Resource Modeling, 14: 523-539.

Ruiz-Cooley R, Garcia K, Hetherington E, 2011. Effects of lipid removal and preservatives on carbon and nitrogen stable isotope ratios of squid tissues: Implications for ecological studies [J]. Journal of Experimental Marine Biology and Ecology, 407: 101-107.

Sakai M, Brunetti N, Ivanovic M, et al., 2004. Interpretation of statolith microstructure in reared hatchling paralarvae of the squid Illex argentinus [J]. Marine Freshwater Research, 55 (1): 403-413.

Sakurai Y, 2007. An overview of the Oyashio Ecosystem [J]. Deep Sea Research Part II: Topical Studies in Oceanography, 54: 2526-2542.

Schnute J, 2011. A General Theory for Analysis of Catch and Effort Data [J]. Canadian Journal of Fisheries and Aquatic Sciences, 42: 414-429.

Scott G R, and Johnston I A, 2012. Temperature during embryonic development has persistent effects on thermal acclimation capacity in zebrafish [J]. Proceedings of the National Academy of Sciences, 109 (35): 14247-14252.

Shimura T, Mori N, Mase H, 2015. Future Projection of Ocean Wave Climate: Analysis of SST Impacts on Wave Climate Changes in the Western North Pacific [J]. Journal of Climate, 28: 3171-3190.

Shin Y J, Cury P, 2001. Exploring fish community dynamics through size-dependent trophic interactions using a spatialized individual-based model [J]. Aquatic Living Resources, 14: 65-80.

Shultz A D, Zuckerman Z C, Suski C D, et al., 2016. Thermal tolerance of nearshore fishes across seasons: implications for coastal fish communities in a changing climate [J]. Marine Biology, 163 (4) : 1-10.

Shultz A D, Zuckerman Z C, Tewart H A, et al., 2014. Seasonal blood chemistry response of sub-tropical nearshore fishes to climate change [J]. Conservation Physiology, 2 (1): 1-12.

Smith A, Fulton E J, Ho B A, et al., 2007. Scientific tools to support the practical implementation of ecosystem-based fisheries management [J]. ICES Journal of Marine

Science (4): 633-649.

Sullivan P, Lai H L, Gallucci V, 2011. A Catch-at-Length Analysis that Incorporates a Stochastic Model of Growth [J]. Canadian Journal of Fisheries and Aquatic Sciences, 47: 184-198.

Takahashi M, Watanabe Y, Kinoshita T, et al., 2001. Growth of larval and early juvenile Japanese anchovy, *Engraulis japonicus*, in the Kuroshio-Oyashio transition region [J]. Fisheries Oceanography, 10: 235-247.

Takai N, Onaka S, Ikeda Y, et al., 2000. Geographical variations in carbon and nitrogen stable isotope ratios in squid [J]. Journal of the Marine Biological Association of the UK, 80: 675-684.

Taylor M, Wolff M, 2007. Trophic modeling of Estern Boundary Current Systems: A review and prospectus for solving the "Peruvian Puzzle" [J]. Revista Peruana deBiología, 14: 1-14.

Thornalley D J R, Oppo D W, Ortega P, et al., 2018. Anomalously weak Labrador Sea convection and Atlantic overturning during the past 150 years [J]. Nature, 556: 227-230.

Tian S Q, Chen X J, Chen Y, et al., 2009. Evaluating habitat suitability indices derived from CPUE and fishing effort data for *Ommatrephes bratramii* in the northwestern Pacific Ocean [J]. Fisheries Research, 95 (2-3): 181-188.

Tian Y J, Ueno Y, Suda M, et al., 2004. Decadal variability in the abundance of Pacific saury and its response to climatic/oceanic regime shifts in the northwestern subtropical Pacific during the last half century [J]. J Mar Syst, 52 (1): 235-257.

TianY, Kidokoro H, Watanabe T, 2006. Long-term changes in the fish community structure from the Tsushima warm current region of the Japan/East Sea with an emphasis on the impacts of fishing and climate regime shift over the last four decades [J]. Progress in Oceanography, 68 (2-4): 217-237.

Tjelmeland S, Lindstrøm U, 2005. An ecosystem element added to the assessment of Norwegian spring-spawning herring: Implementing predation by minke whales [J]. Ices Journal of Marine Science, 62: 285-294.

Uchmanski J, Grimm V, 1996. Individual-based modelling in ecology: What makes the difference? [J]. Trends in ecology & evolution, 11: 437-41.

Villanueva R, 2000. Effect of temperature on statolith growth of the European squid *Loligo vulgaris* during early life [J]. Marine Biology, 136: 449-460.

Wakabayashi T, Suzuki N, Sakai M, et al., 2006. Identification of ommastrephid squid paralarvae collected in northern Hawaiian waters and phylogenetic implications for the family Ommastrephidae using mtDNA analysis [J]. Fisheries Science, 72: 494-502.

Waluda C W, Rodhouse P R, Podestá G, et al., 2001. Surface oceanography of the inferred hatching grounds of *Illex argentinus* (Cephalopoda: Ommastrephidae) and influences on recruitment variability [J]. Marine Biology, 139 (4): 671-679.

Wang J T, Yu W, Chen X J, et al., 2015. Detection of potential fishing zones for neon flying squid based on remote-sensing data in the Northwest Pacific Ocean using an artificial neural network [J]. International Journal of Remote Sensing, 36: 3317-3330.

Watanabe H, Kubodera T, Ichii T, et al., 2004. Feeding habits of neon flying squid *Ommastrephes bartramii* in the transitional region of the central North Pacific [J]. Marine Ecology-progress Series, 266: 173-184.

Wintle B A, McCarthy M A, Parris K M, et al., 2004. Precision and bias of methods for estimating point survey detection probabilities [J]. Ecological Applications, 14: 703-712.

Wyllie-echeverria T, Woosterw S, 2002. Year-to-year variations in Bering Sea ice cover and some consequences for fish distributions [J]. Fisheries Oceanography, 7 (2): 159-170.

Xavier J, Allcock A, Cherel Y, et al., 2015. Future challenges in cephalopod research [J]. Journal of the Marine Biological Association of the UK, 95: 999-1015.

Xu J, Chen X J, Chen Y, et al., 2016. The effect of sea surface temperature increase on the potential habitat of *Ommastrephes bartramii* in the Northwest Pacific Ocean [J]. Acta Oceanologica. Sinica, 35 (2): 109-116.

Yamaguchi T, Kawakami Y, Matsuyama M, 2015. Migratory routes of the swordtip squid *Uroteuthis edulis* inferred from statolith analysis [J]. Aquatic Biology, 24 (1): 53-60.

Yatsu A, 2000a. Age estimation of four oceanic squids, *Ommastrephes bartramii*, *Dosidicus gigas*, *Sthenoteuthis oualaniensis*, and *Illex argentinus* (Cephalopoda, Ommastrephidae) based on statolith microstructure [J]. Jpn Agric Res Quart, 34 (1): 75-80.

Yatsu A, Chiba S, Yamanaka Y, et al., 2013. Climate forcing and the Kuroshio/Oyashio ecosystem [J]. ICES Journal of Marine Science, 70: 922-933.

Yatsu A, Midorikawa S, Shimada T, et al., 1997. Age and growth of the neon flying squid, *Ommastrephes bartrami*, in the North Pacific Ocean [J]. Fisheries Research, 29: 257-270.

Yatsu A, Mori J, 2000b. Early growth of the autumn cohort of neon flying squid, *Ommastrephes bartramii*, in the North Pacific Ocean [J]. Fisheries Research, 45: 189-194.

Yoon J, Yeh S W, Kim Y H, et al., 2012. Understanding the responses of sea surface temperature to the two different types of El Niño in the western North Pacific [J]. Progress in Oceanography, 105: 81-89.

Yu W, Chen X J, 2018. Ocean warming-induced range-shifting of potential habitat for jumbo flying squid *Dosidicus gigas* in the Southeast Pacific Ocean off Peru [J]. Fisheries Research, 204: 137-146.

Yu W, Chen X J, 2021. Habitat suitability response to sea-level height changes: Implications for Ommastrephid squid conservation and management [J]. Aquaculture and Fisheries, 6 (3): 309-320.

Yu W, Chen X J, Chen Y, et al., 2015a. Effects of environmental variations on the abundance of western winter-spring cohort of neon flying squid (*Ommastrephes bartramii*) in the Northwest Pacific Ocean [J]. Acta Oceanologica Sinica, 34 (8): 43-51.

Yu W, Chen X J, Ding Q, 2017b. Fishing ground distribution of neon flying squid (*Ommastrephes bartramii*) in relation to oceanographic conditions in the Northwest Pacific Ocean [J]. Journal of Ocean University of China, 16 (6): 1157-1166.

Yu W, Chen X J, Yi Q, 2016a. Interannual and seasonal variability of winter-spring cohort of neon flying squid abundance in the Northwest Pacific Ocean during 1995—2011 [J]. Journal of Ocean University of China, 15 (3): 480-488.

Yu W, Chen X J, Yi Q, et al., 2015b. Variability of Suitable Habitat of Western Winter-Spring Cohort for Neon Flying Squid in the Northwest Pacific under Anomalous Environments [J]. PLOSONE, 10 (4): 1-20.

Yu W, Chen X J, Yi Q, et al., 2016b. Impacts of climatic and marine environmental variations on the spatial distribution of *Ommastrephes bartramii* in the Northwest Pacific Ocean [J]. Acta Oceanologica Sinica, 35 (3): 108-116.

Yu W, Chen X J, Yi Q, et al., 2016c. Influence of oceanic climate variability on stock level of western winter-spring cohort of *Ommastrephes bartramii* in the Northwest Pacific Ocean [J]. International Journal of Remote Sensing, 37 (17): 3974-3994.

Yu W, Chen X J, Yi Q, et al., 2016d. Spatio-temporal distributions and habitat hotspots of the winter-spring cohort of neon flying squid *Ommastrephes bartramii* in relation to oceanographic conditions in the Northwest Pacific Ocean [J]. Fisheries Research, 175: 103-115.

Yu W, Chen XJ, Chen C S, et al., 2017a. Impacts of oceanographic factors on interannual variability of the winter-spring cohort of neon flying squid abundance in the Northwest Pacific Ocean [J]. Acta Oceanologica Sinica, 36 (10): 48-59.

Zhang K, Qun L, Kalhoro M, 2015. Application of a Delay-difference model for the stock assessment of southern Atlantic albacore (*Thunnus alalunga*) [J]. Journal of Ocean University of China, 14: 557-563.

Zhang Y, Wallace J M, Battisti D S, 1997. ENSO-like Interdecadal Variability: 1900-93 [J]. Journal of Climate, 10 (5): 1004-1020.

Zhou F, Thompson K, Yue J, et al., 2016. Preliminary analysis of beak stable isotopes ($\delta^{13}C$ and $\delta^{15}N$) stock variation of neon flying squid, *Ommastrephes bartramii*, in the North Pacific Ocean [J]. Fisheries Research, 177: 153-163.

Zhou X, Sun Y, Huang W, et al., 2015. The Pacific decadal oscillation and changes in anchovy populations in the Northwest Pacific [J]. J Asian Earth Sci, 114: 504-511.

Zwolinski J P, Demer D A, 2014. Environmental and parental control of Pacific sardine (*Sardinops sagax*) recruitment [J]. ICES J Mar Sci, 71 (8): 2198-2207.

图书在版编目（CIP）数据

西北太平洋柔鱼对气候变化的响应机制研究 / 陈新军等著．—北京：中国农业出版社，2023.10

ISBN 978-7-109-31300-2

Ⅰ.①西… Ⅱ.①陈… Ⅲ.①气候变化—影响—柔鱼—鱼类资源—研究—北太平洋 Ⅳ.①S932.4

中国国家版本馆 CIP 数据核字（2023）第 204705 号

中国农业出版社出版

地址：北京市朝阳区麦子店街 18 号楼

邮编：100125

策划编辑：王金环

责任编辑：肖 邦 韩 旭 王金环

版式设计：王 晨 责任校对：吴丽婷

印刷：北京通州皇家印刷厂

版次：2023 年 10 月第 1 版

印次：2023 年 10 月北京第 1 次印刷

发行：新华书店北京发行所

开本：700mm×1000mm 1/16

印张：13.25 插页：10

字数：276 千字

定价：85.00 元

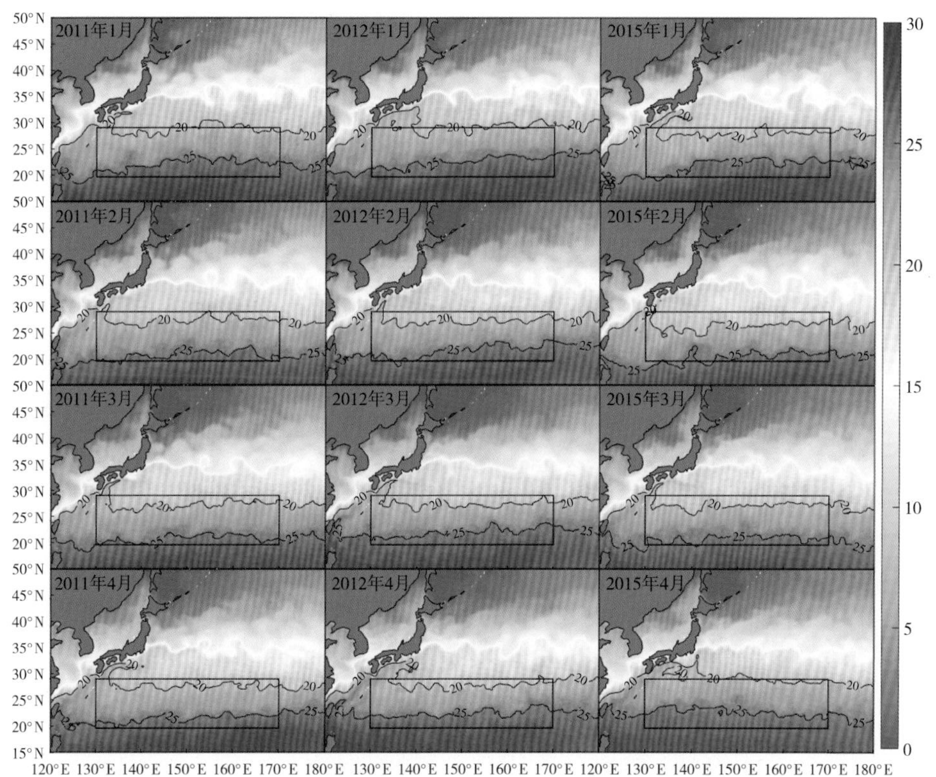

彩图 1　采样年份产卵场海域各月份海表面温度分布对比（℃）

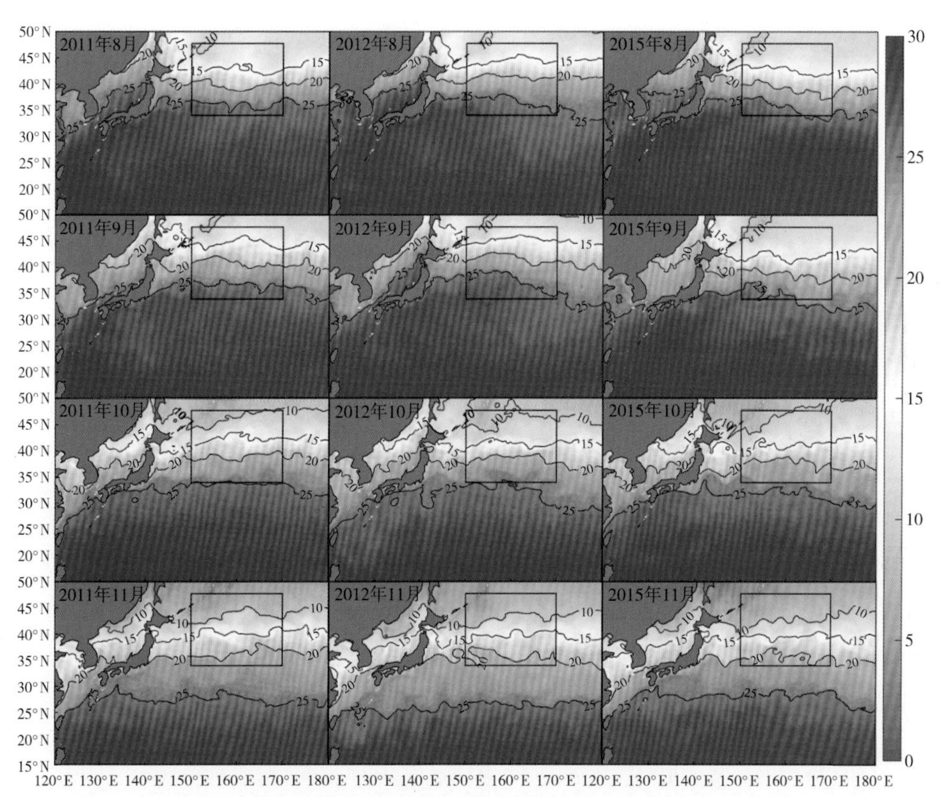

彩图 2　采样年份索饵场海域各月份海表面温度分布对比（℃）

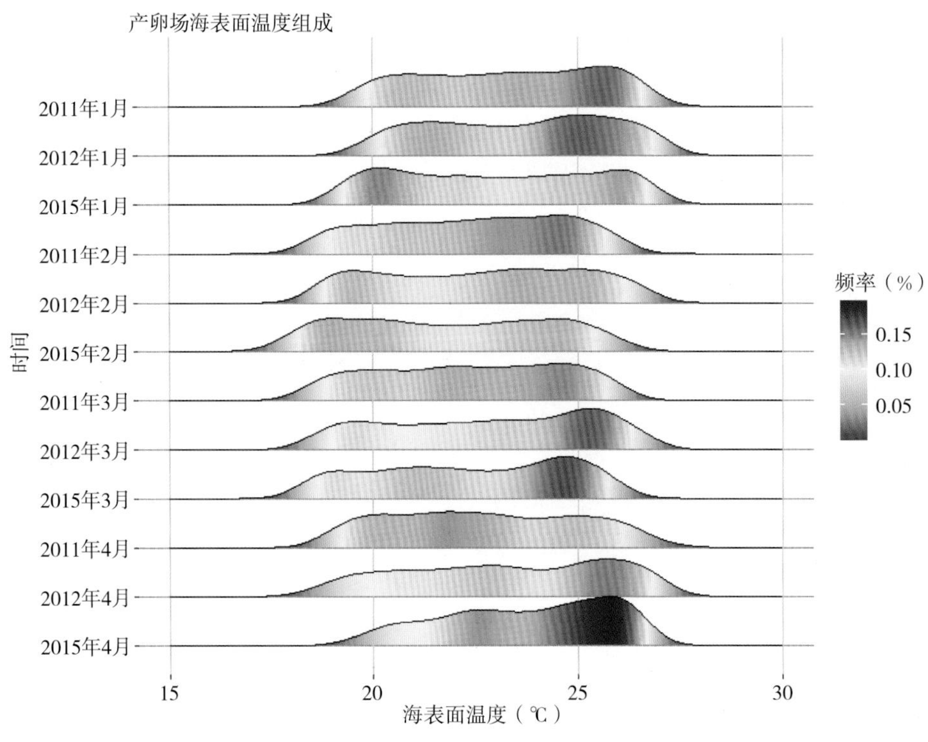

彩图 3　采样年份产卵场海域各月份海表面温度分布对比

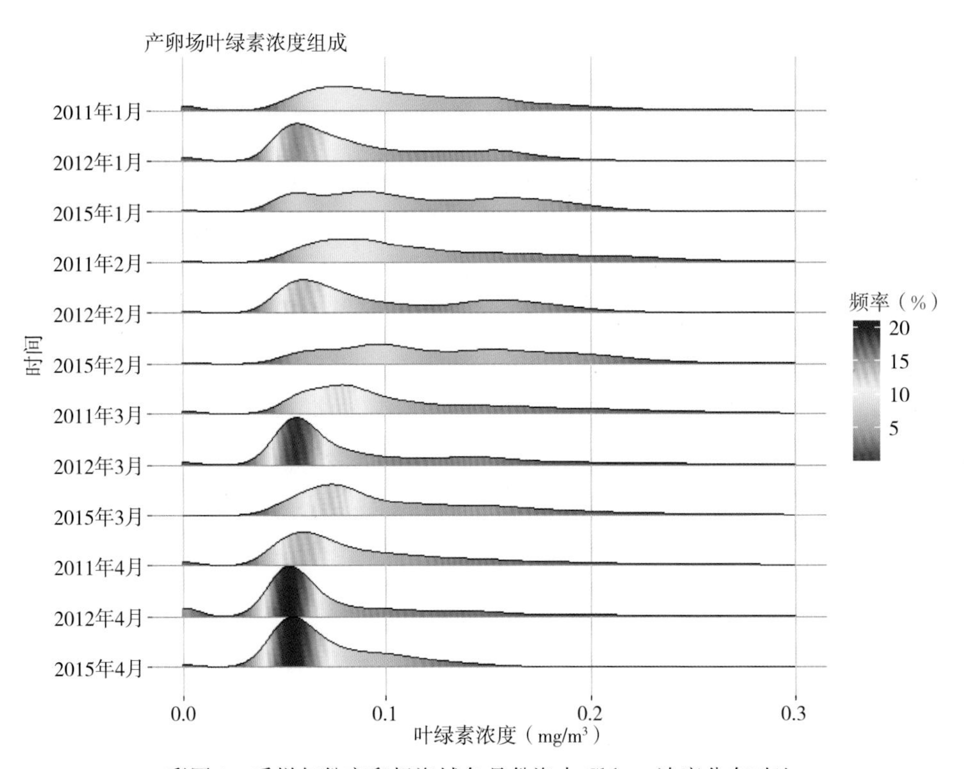

彩图 4　采样年份产卵场海域各月份海中 Chl－a 浓度分布对比

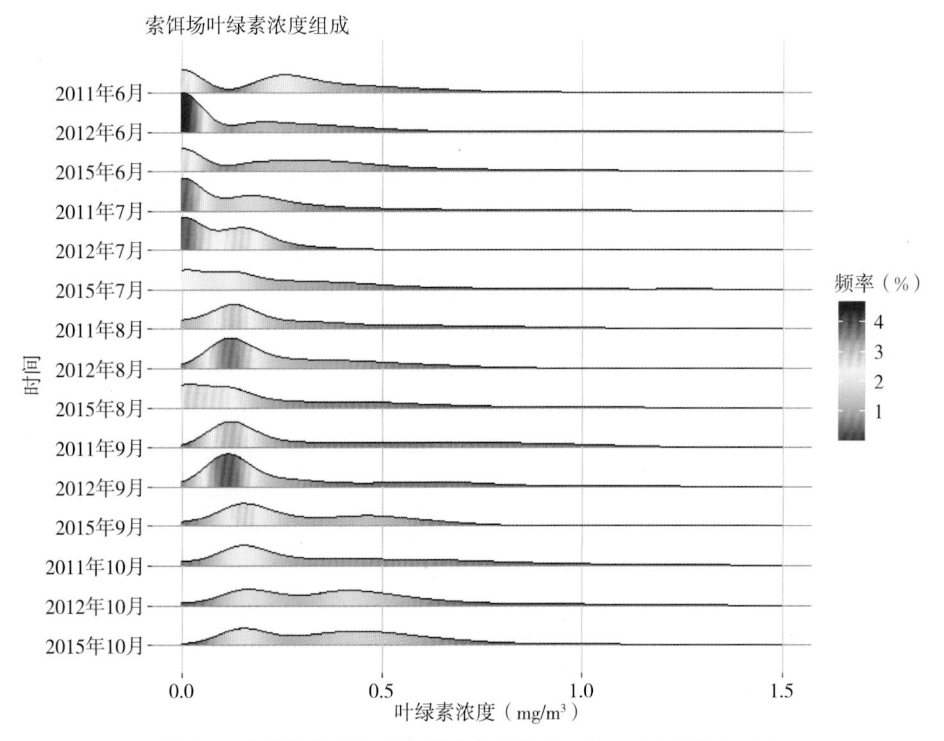

彩图 5　采样年份索饵场海域各月份海中 Chl - a 浓度分布对比

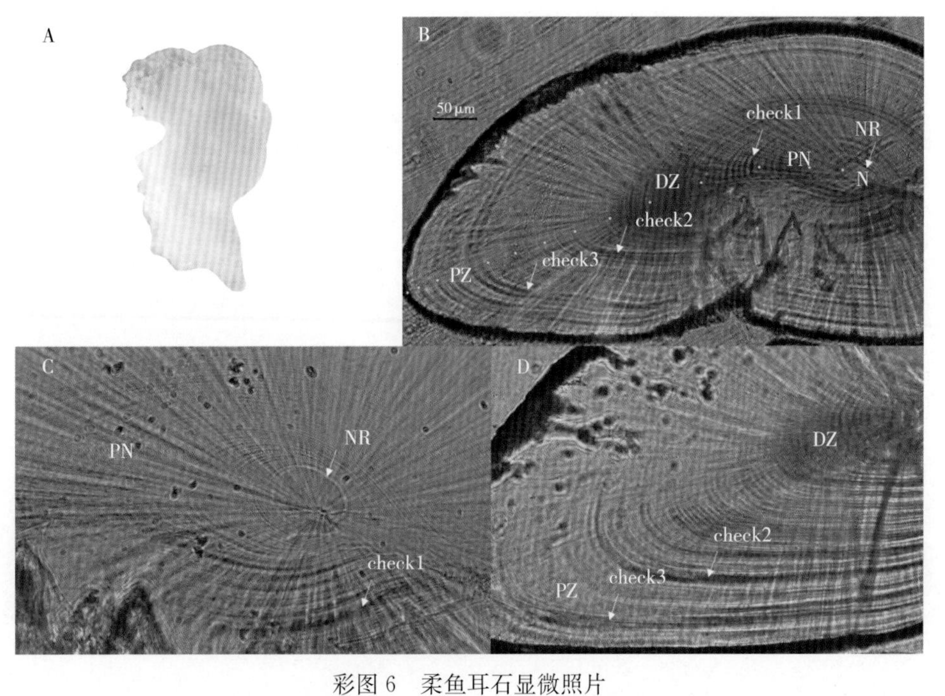

彩图 6　柔鱼耳石显微照片

A. 整个耳石　B. 耳石微结构（雄性个体，胴长 200 mm，体重 249 g，日龄 125）

C. 后核心区（雌性个体，胴长 283 mm，体重 671 g，日龄 174）

D. 暗区和外围区（雌性个体，胴长 313 mm，体重 841 g，日龄 195）

N. 核心　NR. 孵化轮

B 中黄色点间距为 10d，最外围两个黄点间距为 5d

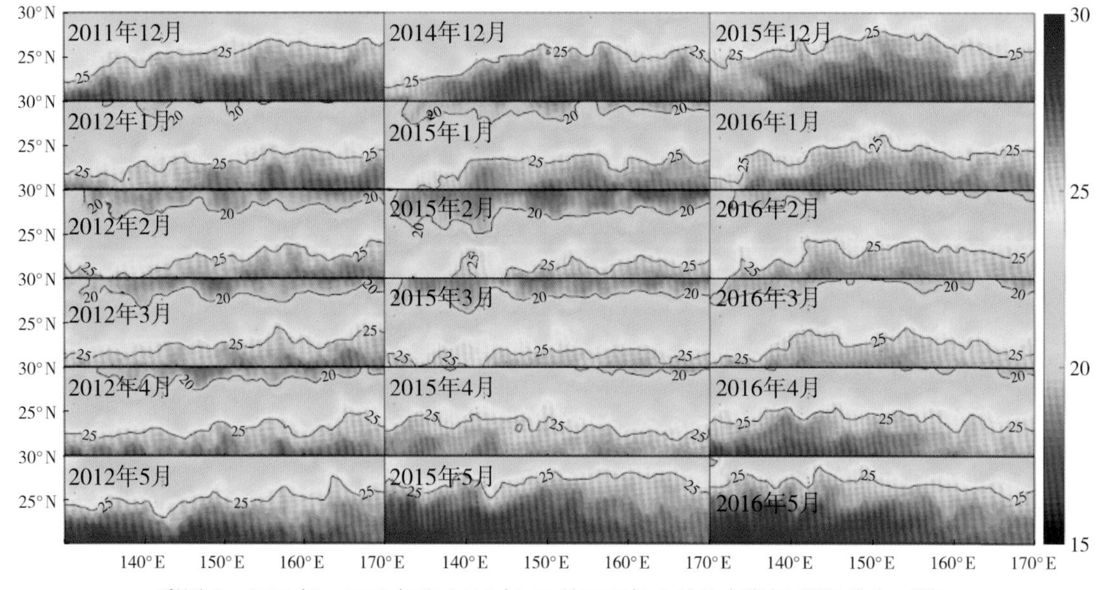

彩图 7　2012 年、2015 年和 2016 年 12 月至翌年 5 月的产卵场 SST 分布（℃）

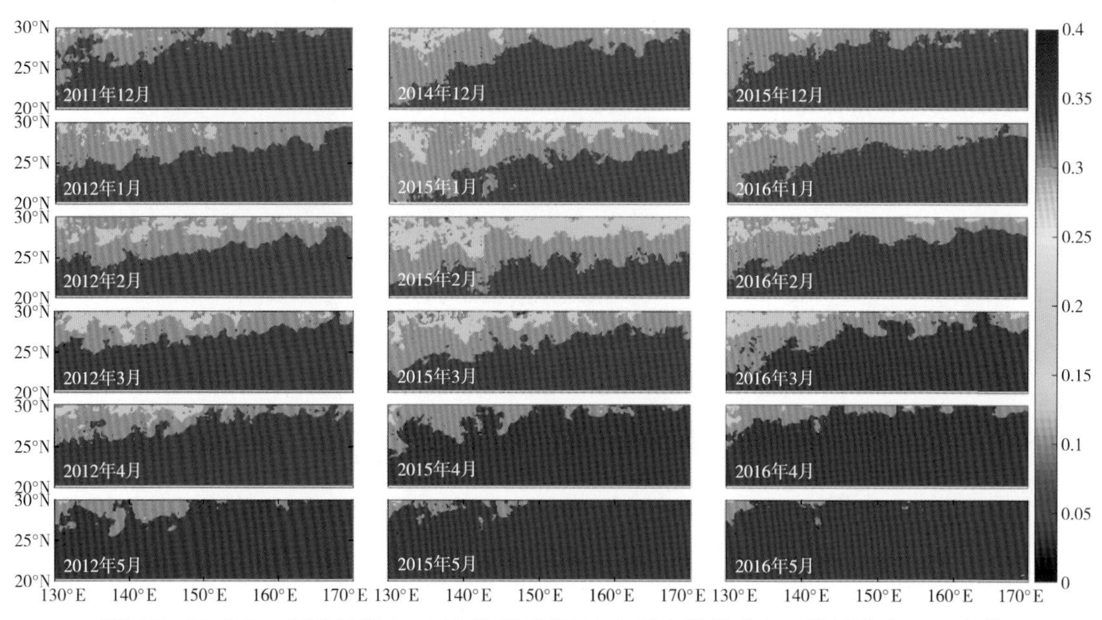

彩图 8　2012 年、2015 年和 2016 年 12 月至翌年 5 月的产卵场 Chl－a 浓度分布（mg/m³）

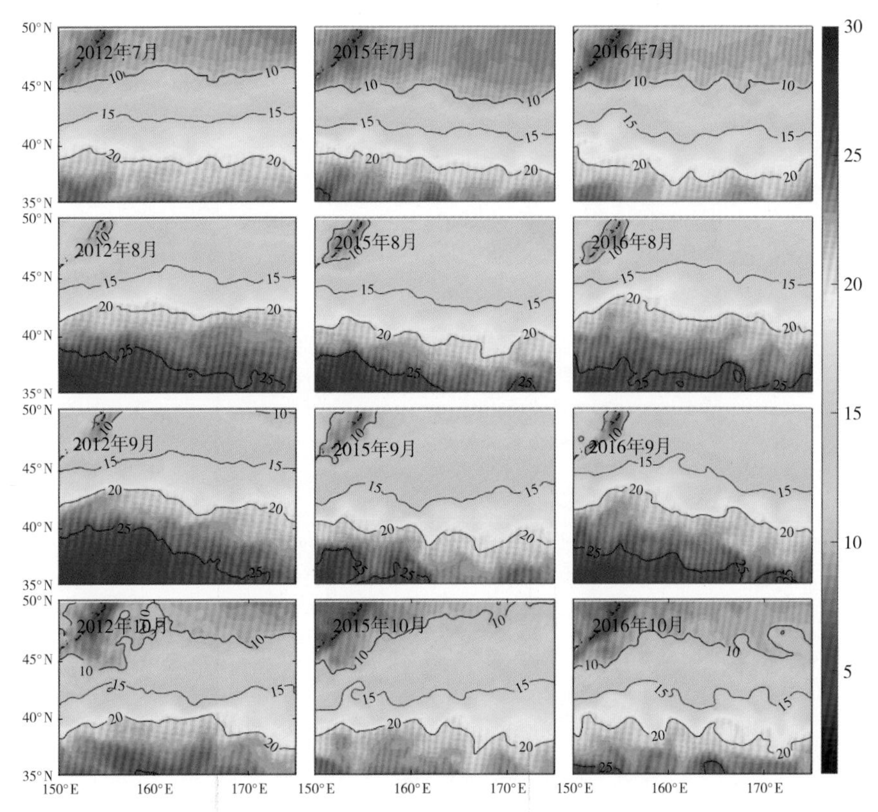

彩图 9　2012 年、2015 年和 2016 年 7—10 月的产卵场 SST 分布（℃）

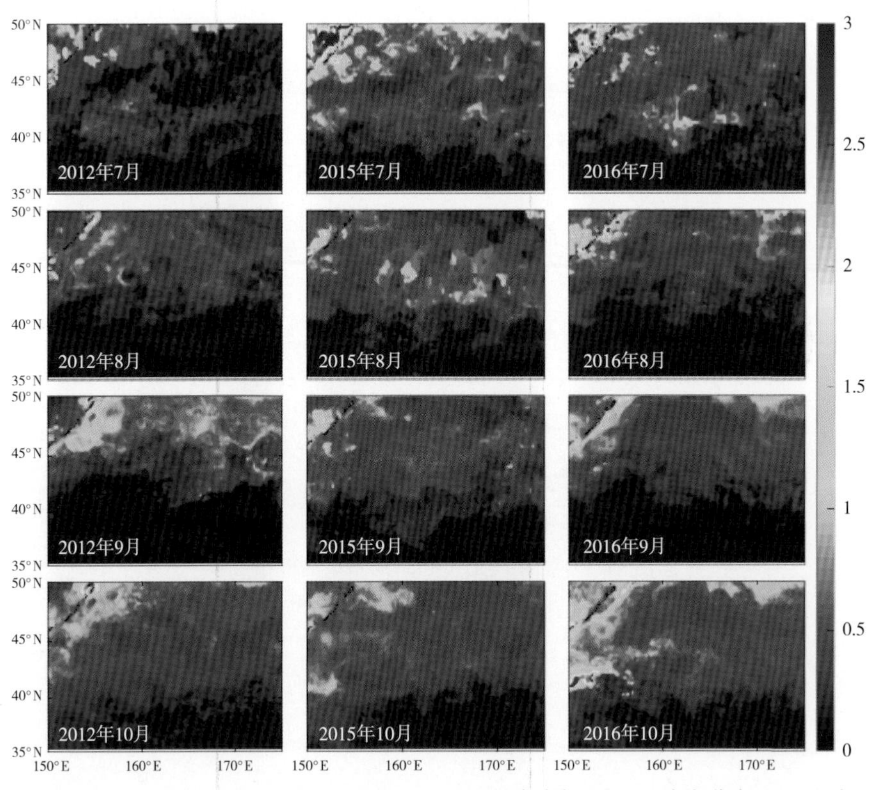

彩图 10　2012 年、2015 年和 2016 年 7—10 月的产卵场 Chl - a 浓度分布（mg/m^3）

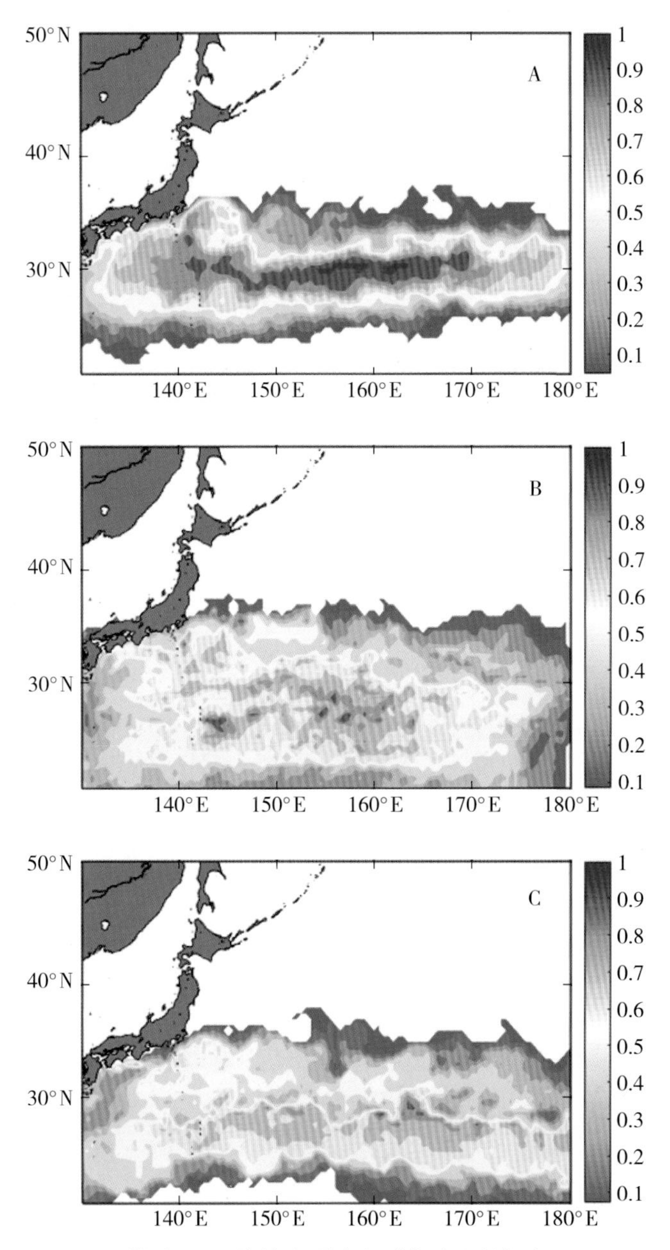

彩图 11　不同年间柔鱼胚胎期出现的概率
A. 2012 年　B. 2015 年　C. 2016 年

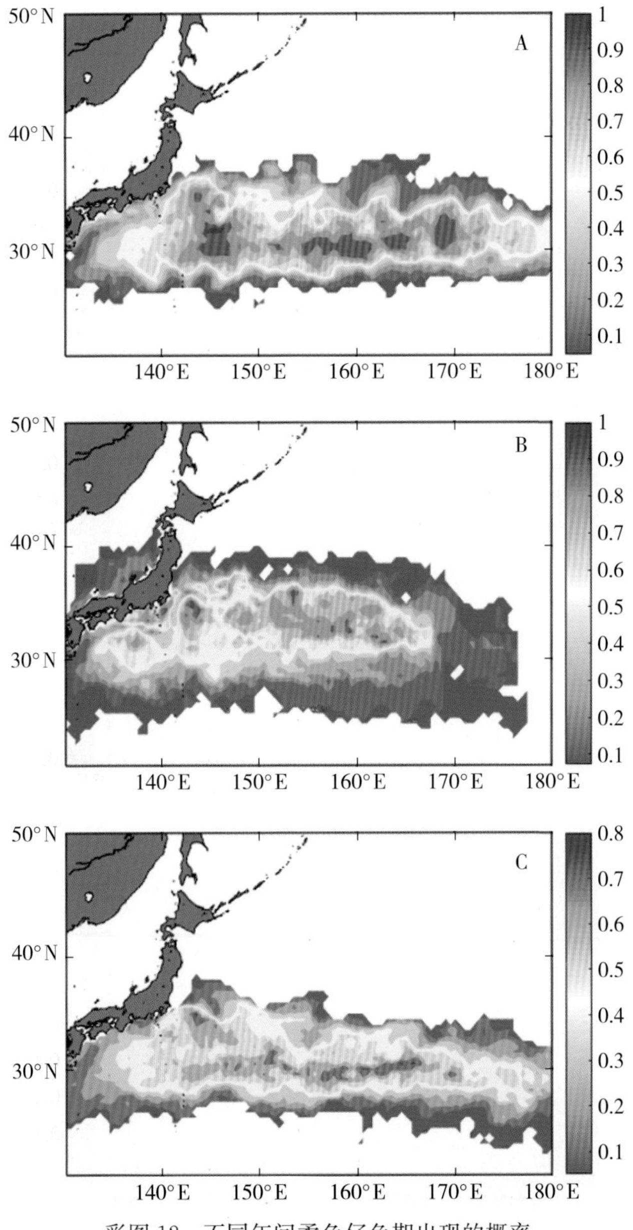

彩图 12　不同年间柔鱼仔鱼期出现的概率
A. 2012 年　B. 2015 年　C. 2016 年

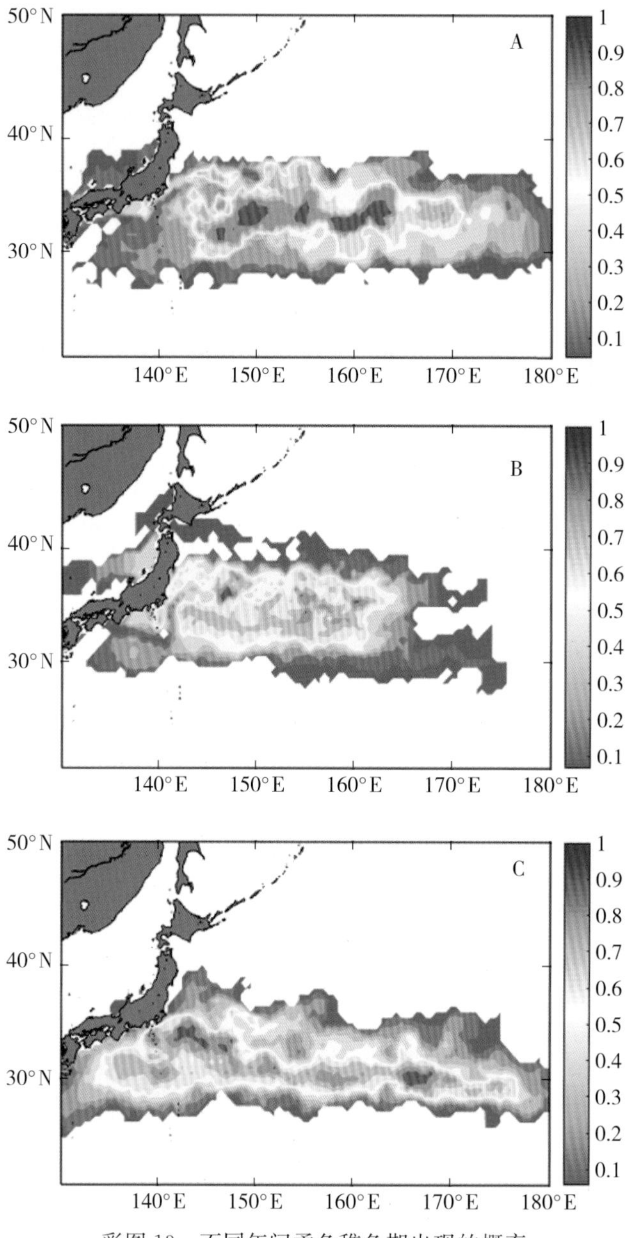

彩图 13　不同年间柔鱼稚鱼期出现的概率

A. 2012 年　B. 2015 年　C. 2016 年

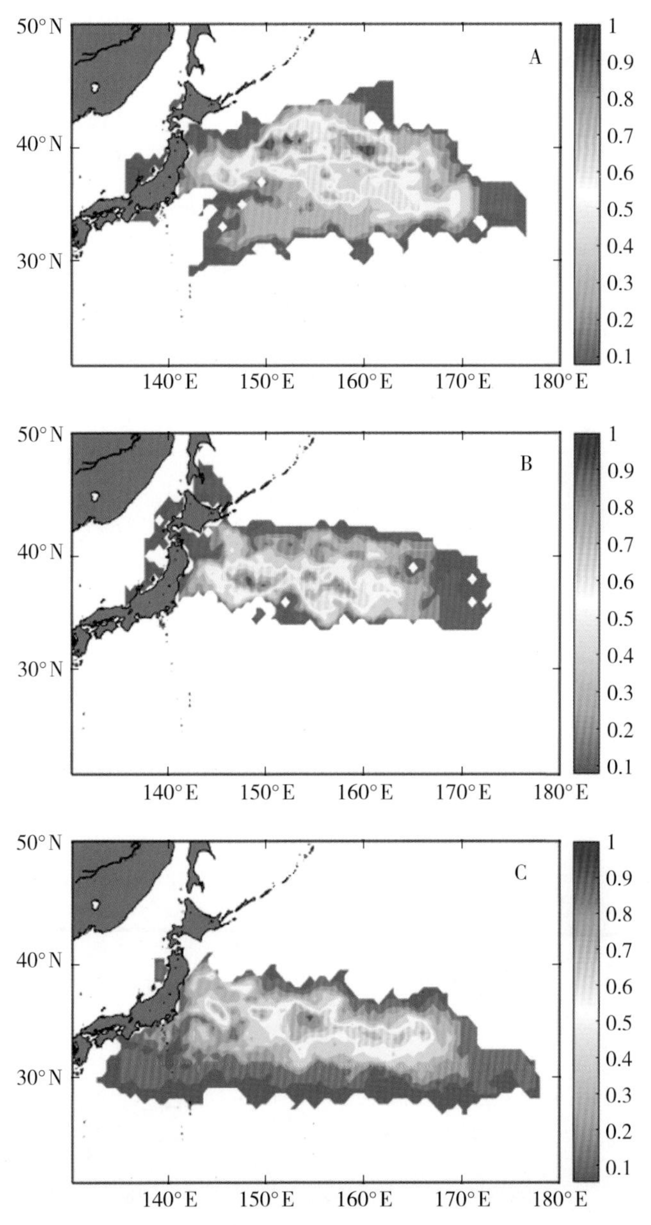

彩图 14　不同年间柔鱼亚成鱼期出现的概率

A. 2012 年　B. 2015 年　C. 2016 年

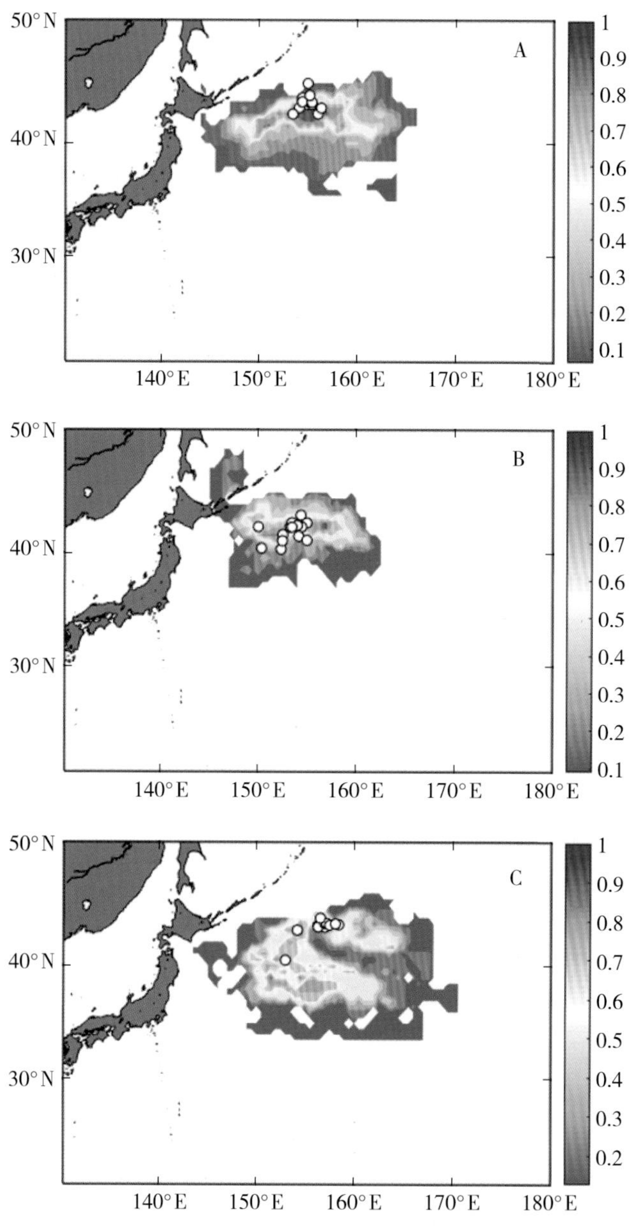

彩图 15　不同年间成鱼出现的概率及捕捞站点
A. 2012 年　B. 2015 年　C. 2016 年

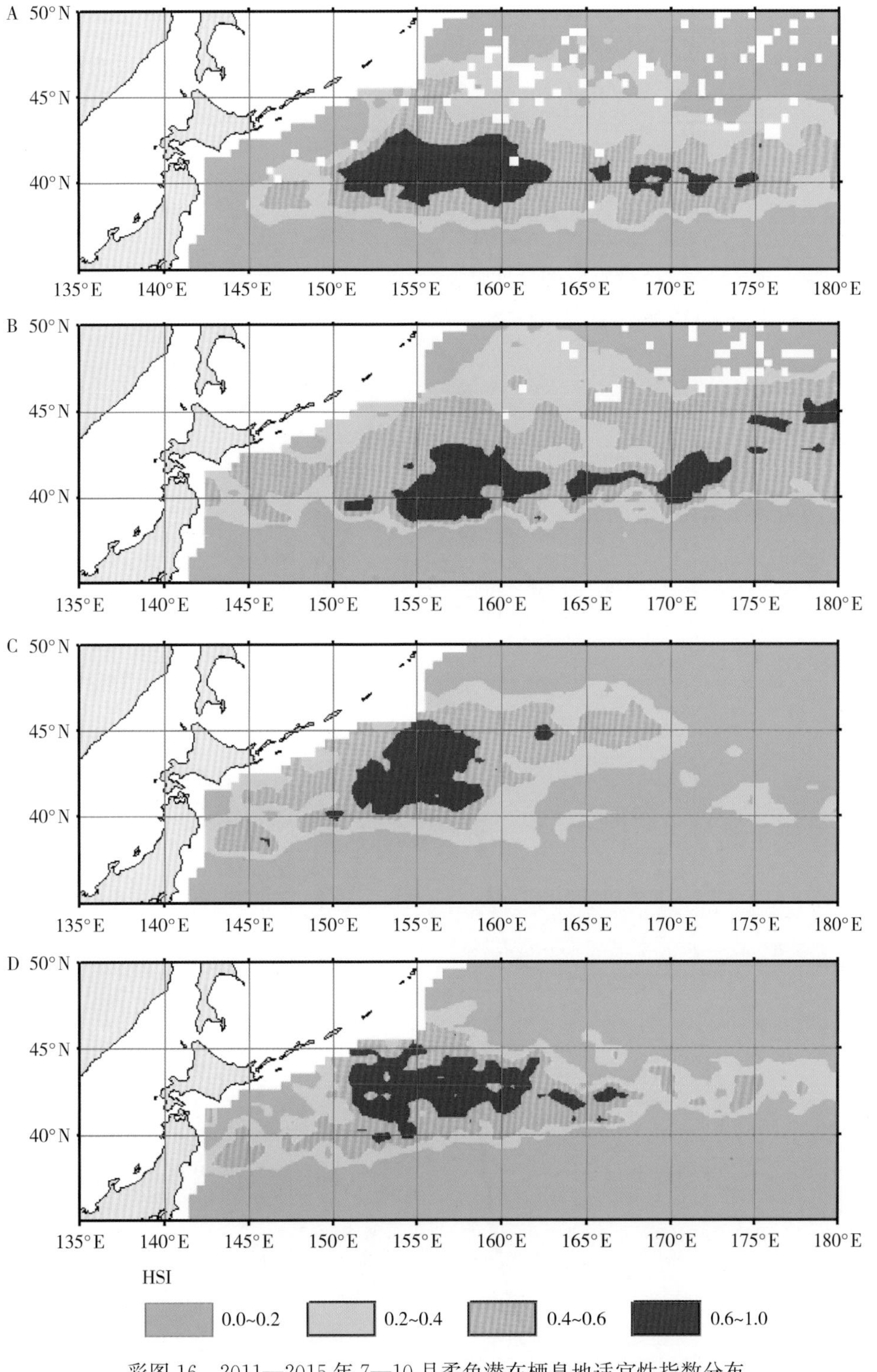

彩图 16　2011—2015 年 7—10 月柔鱼潜在栖息地适宜性指数分布

A. 7 月　B. 8 月　C. 9 月　D. 10 月

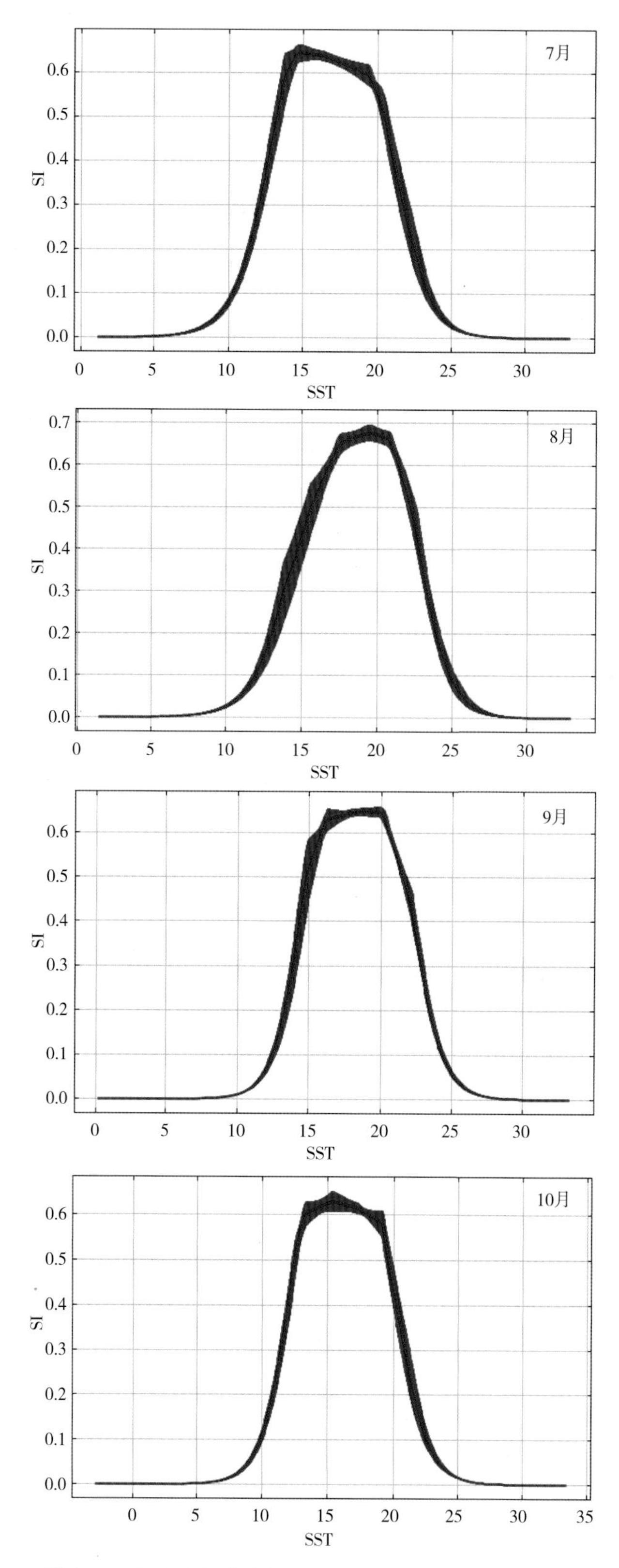

彩图 17　各月柔鱼潜在栖息地适宜性对 SST 的响应曲线
红线表示 MaxEnt 模型十次运算平均值，蓝线表示标准差

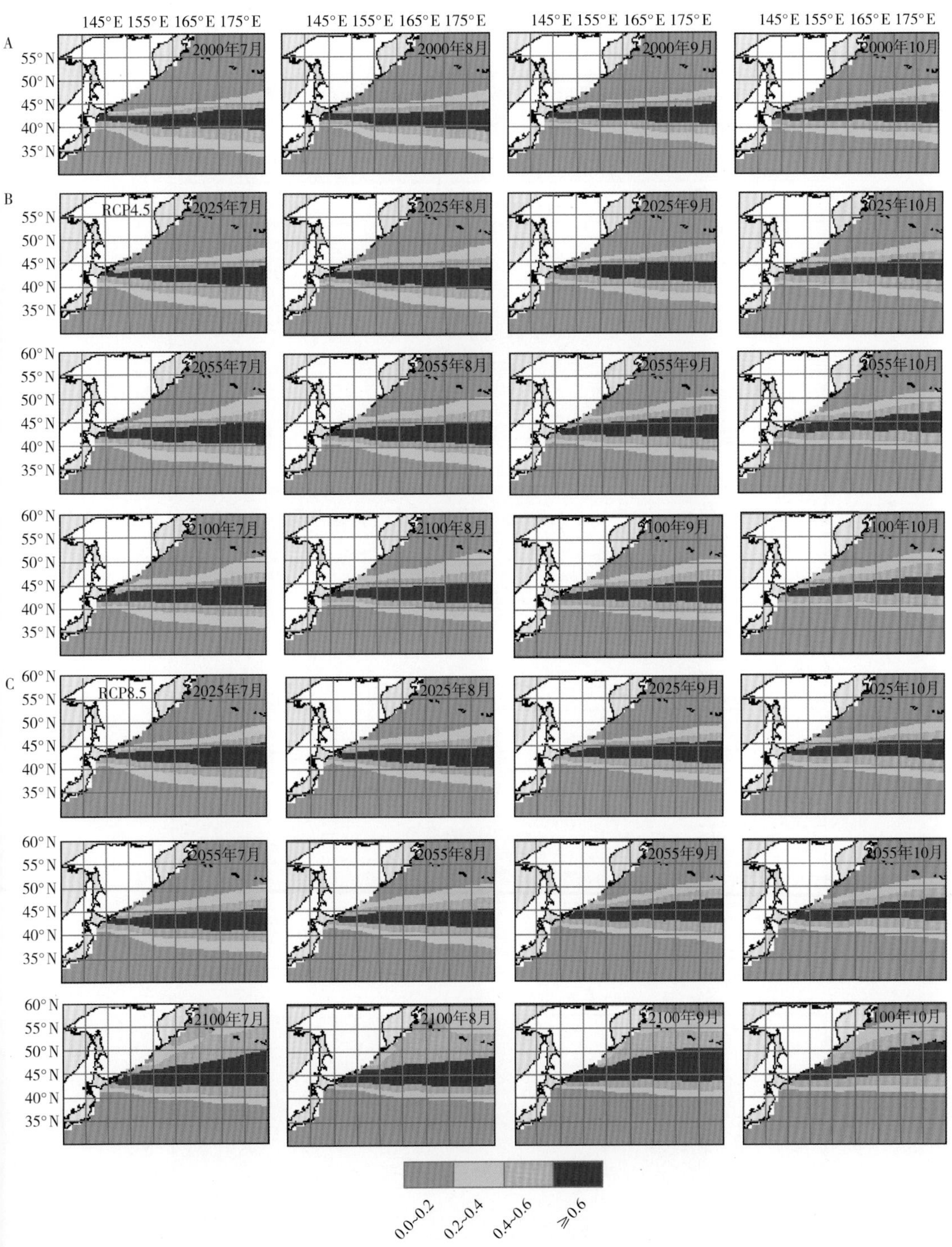

彩图 18　2025—2095 年 7—10 月柔鱼潜在栖息地分布
A. 2000 年　B. RCP4. 5　C. RCP8. 5

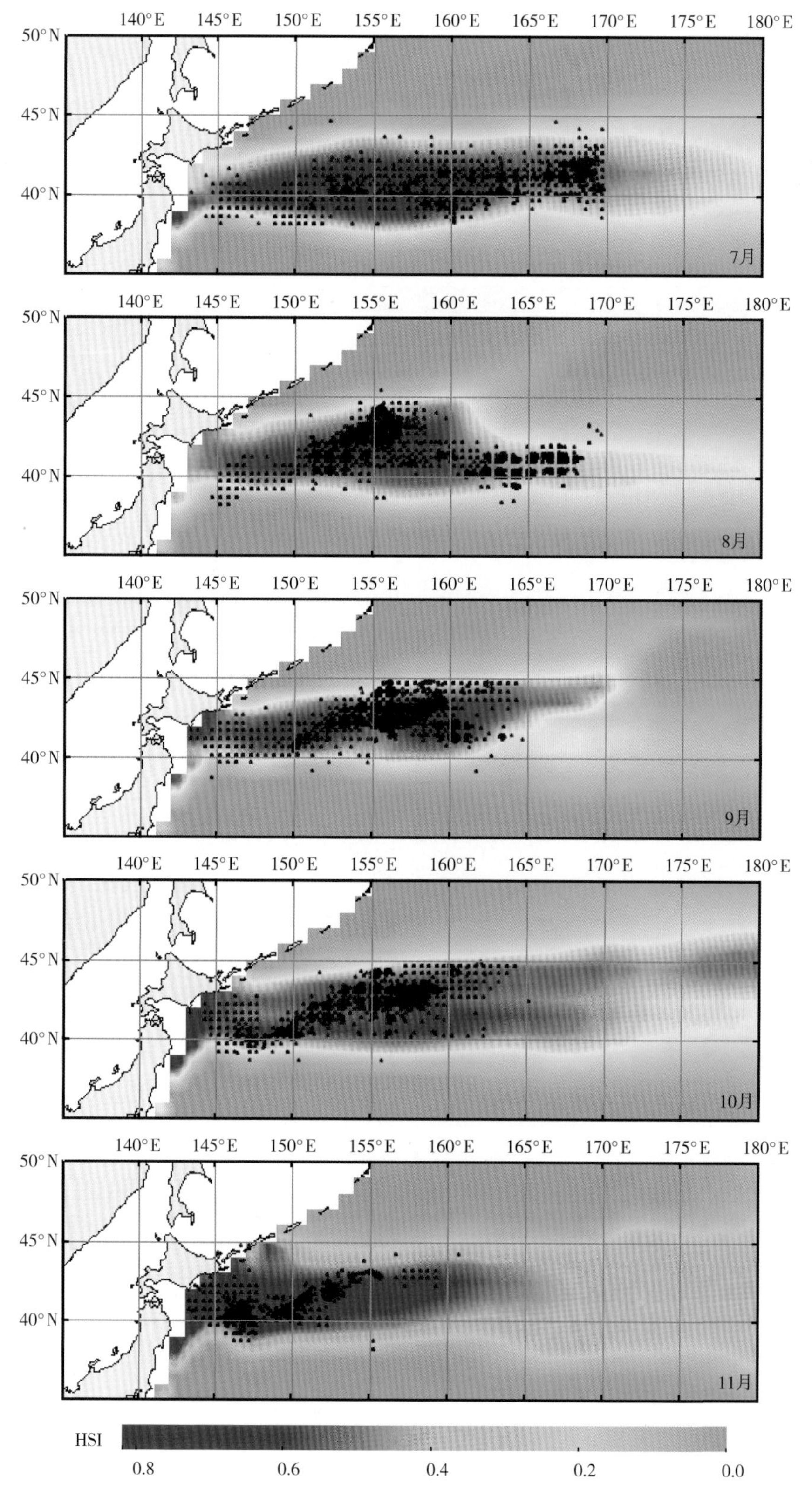

彩图 19 2000 年 7—11 月 MaxEnt 模型模拟柔鱼潜在栖息地分布

黑色点为 1996—2005 年 7—11 月柔鱼渔场作业位置，色标表示柔鱼栖息地适宜性指数

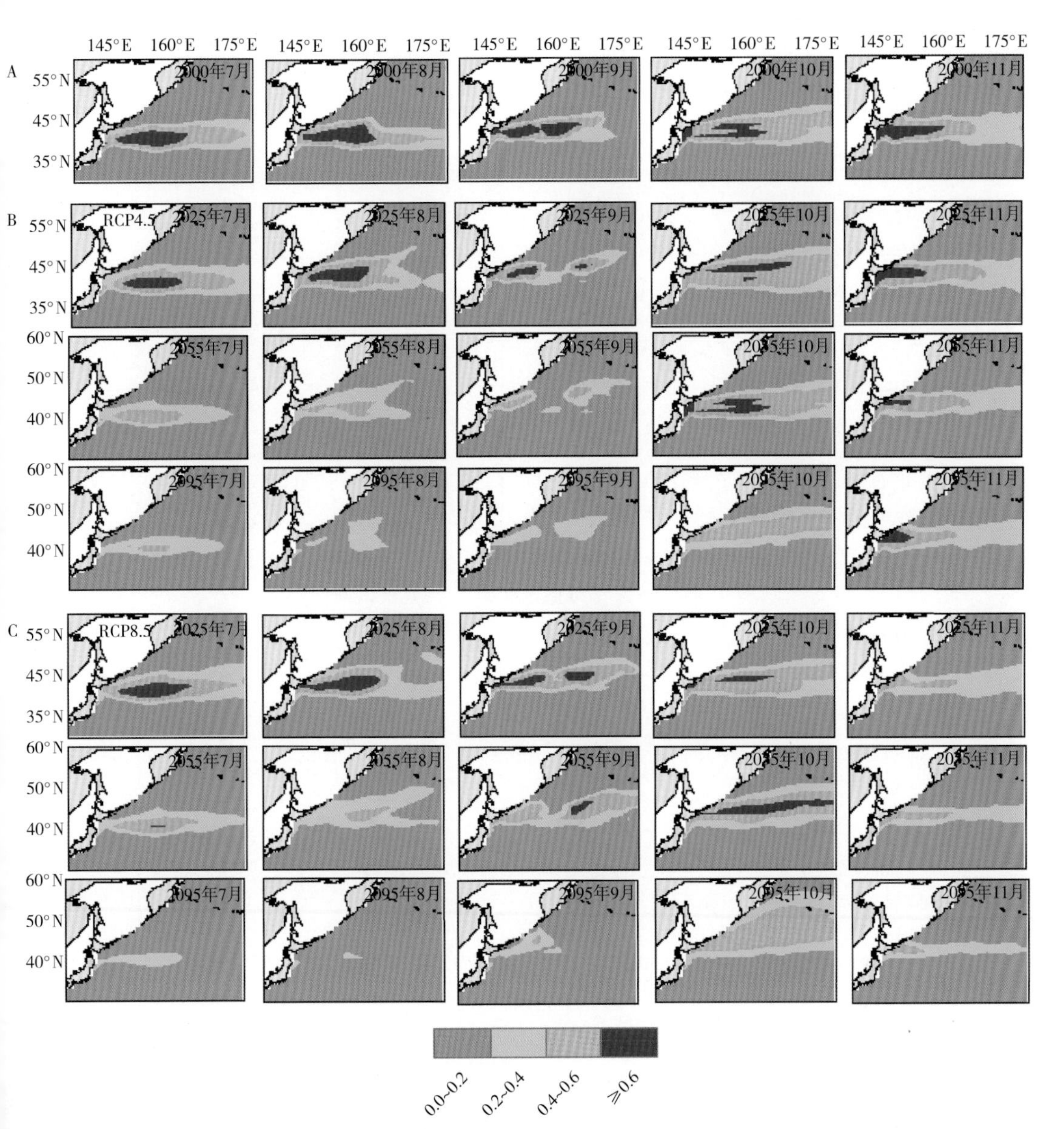

彩图 20　相比于 2000 年 7—11 月柔鱼潜在栖息地分布，气候变化下 2025 年、2055 年及 2095 年 7—11 月柔鱼潜在栖息地分布

A. 2000 年　B. RCP4. 5 情景下　C. RCP8. 5 情景下

红色表示柔鱼最适宜区，橙色表示柔鱼较适宜区，浅绿色表示柔鱼一般适宜区，绿色表示柔鱼不适宜区

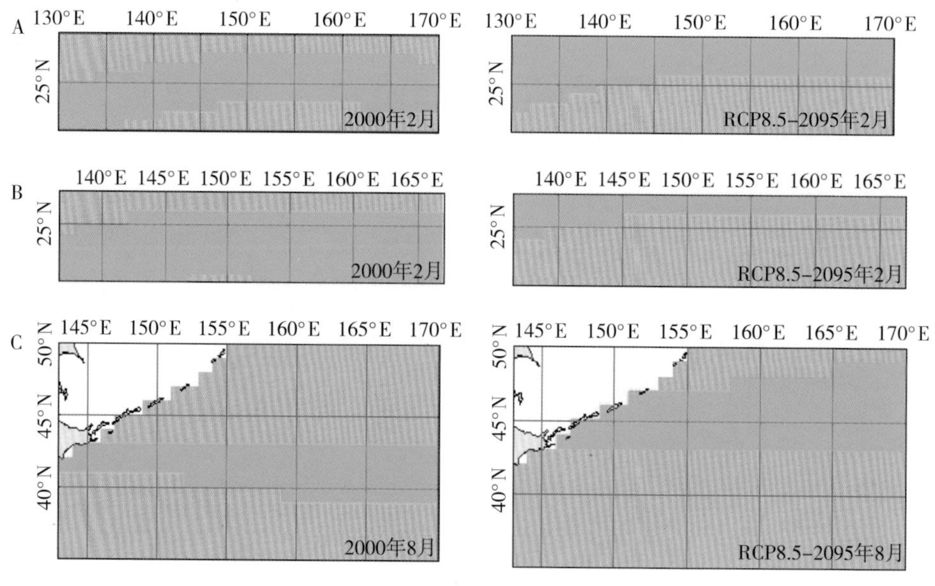

彩图 21　2000 年和 2095 年 2 月柔鱼产卵场和 8 月索饵场 P_s 变化

A. 经验产卵场　B. 推测产卵场　C. 索饵场

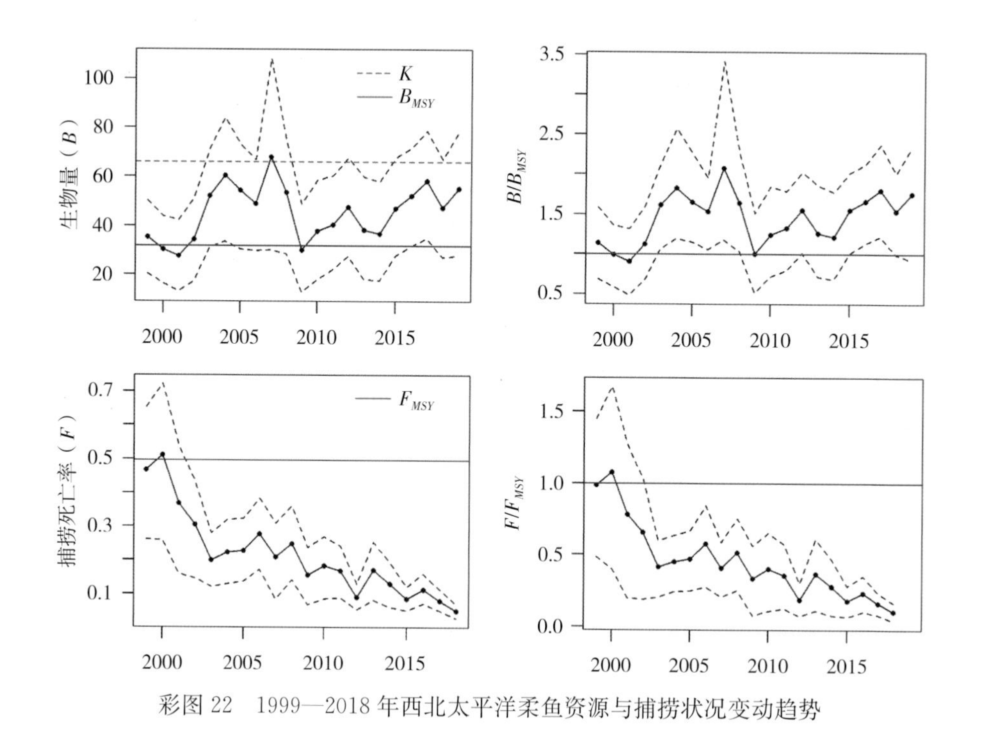

彩图 22　1999—2018 年西北太平洋柔鱼资源与捕捞状况变动趋势

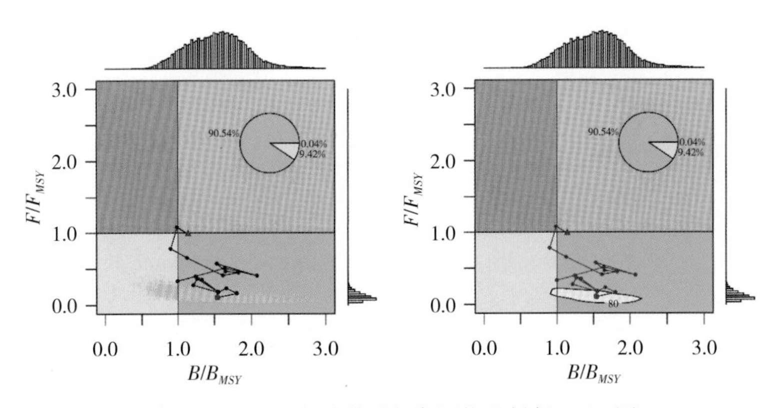

彩图 23　西北太平洋柔鱼资源状况判断 Kobe 图

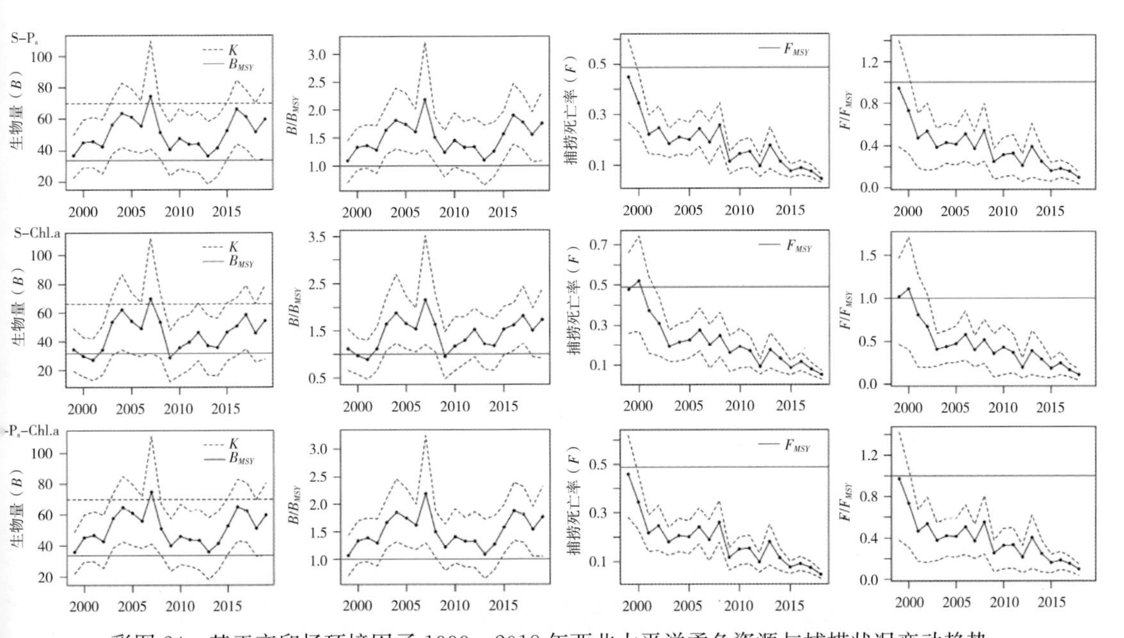

彩图 24　基于产卵场环境因子 1999—2018 年西北太平洋柔鱼资源与捕捞状况变动趋势

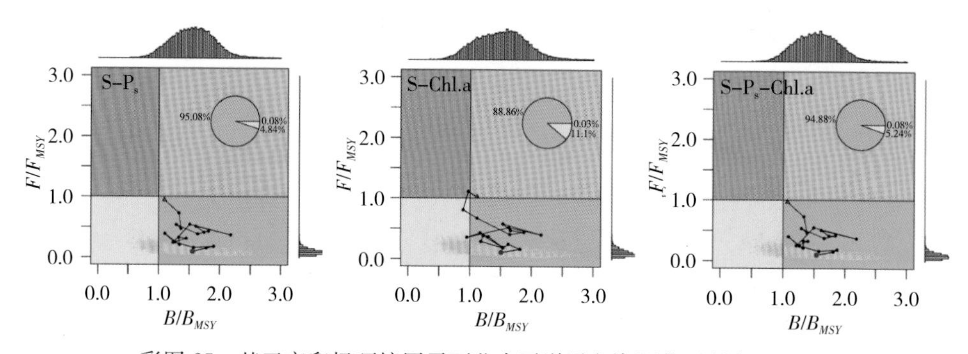

彩图 25　基于产卵场环境因子西北太平洋柔鱼资源状况判断 Kobe 图

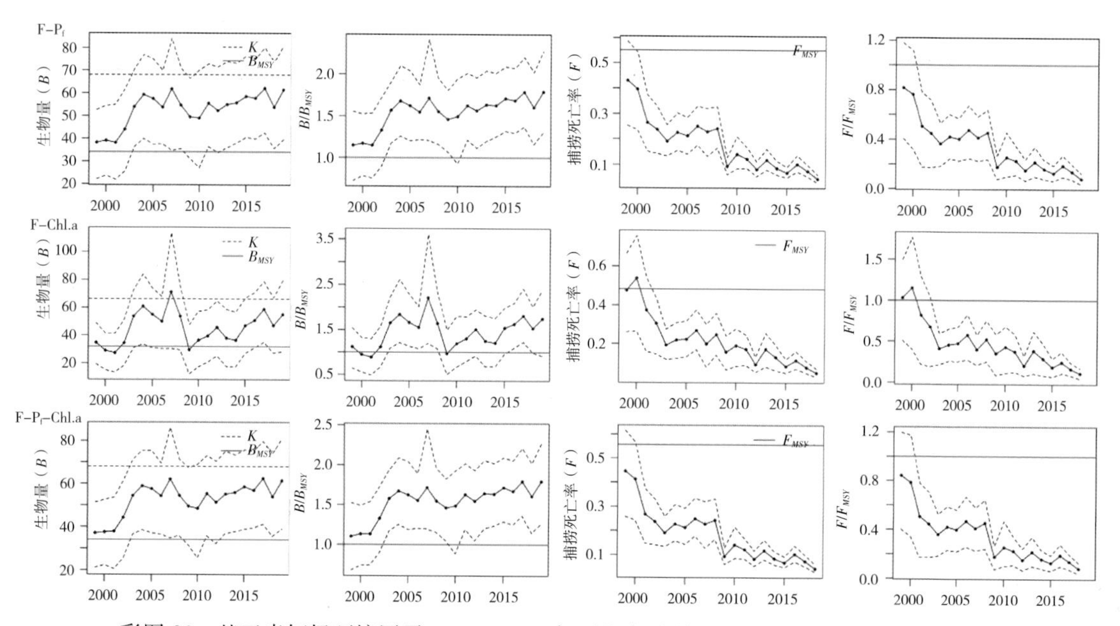

彩图 26　基于索饵场环境因子 1999—2018 年西北太平洋柔鱼资源与捕捞状况变动趋势

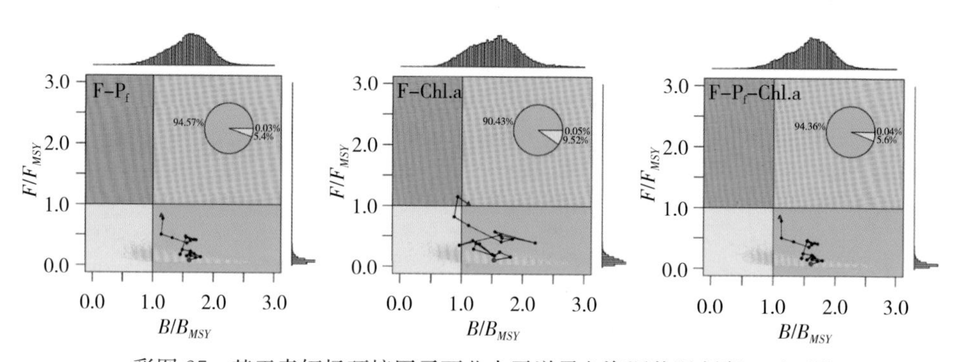

彩图 27　基于索饵场环境因子西北太平洋柔鱼资源状况判断 Kobe 图

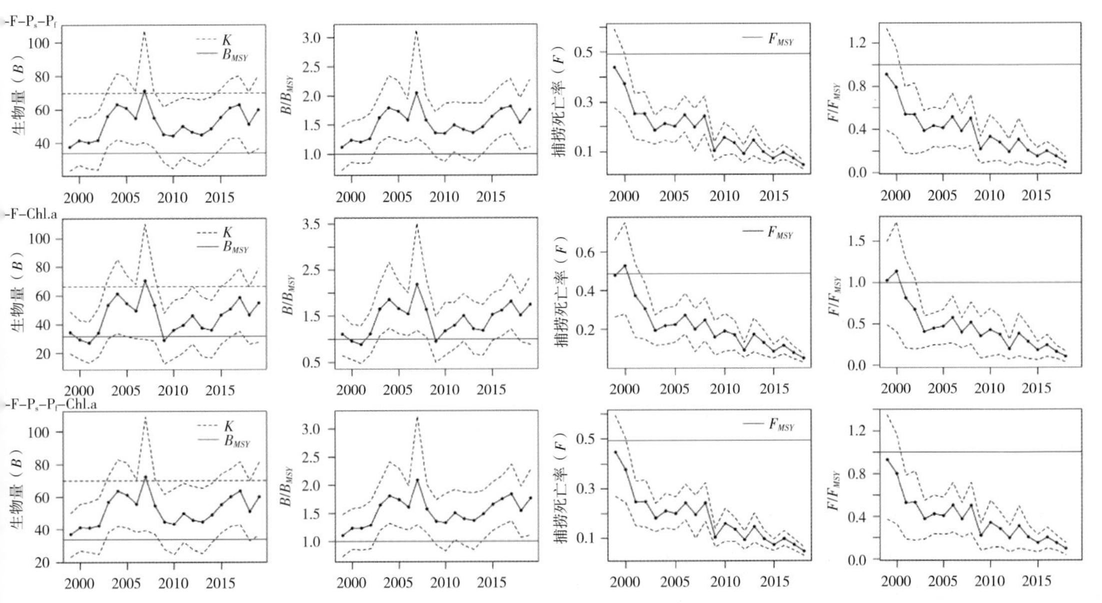

彩图 28　基于综合环境因子 1999—2018 年西北太平洋柔鱼资源与捕捞状况变动趋势

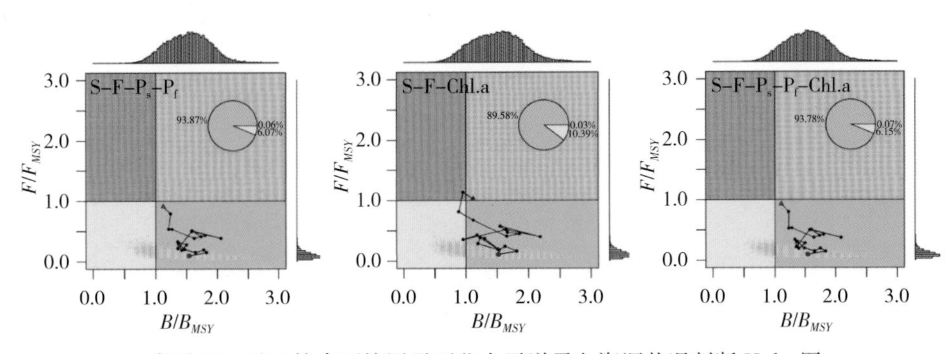

彩图 29　基于综合环境因子西北太平洋柔鱼资源状况判断 Kobe 图

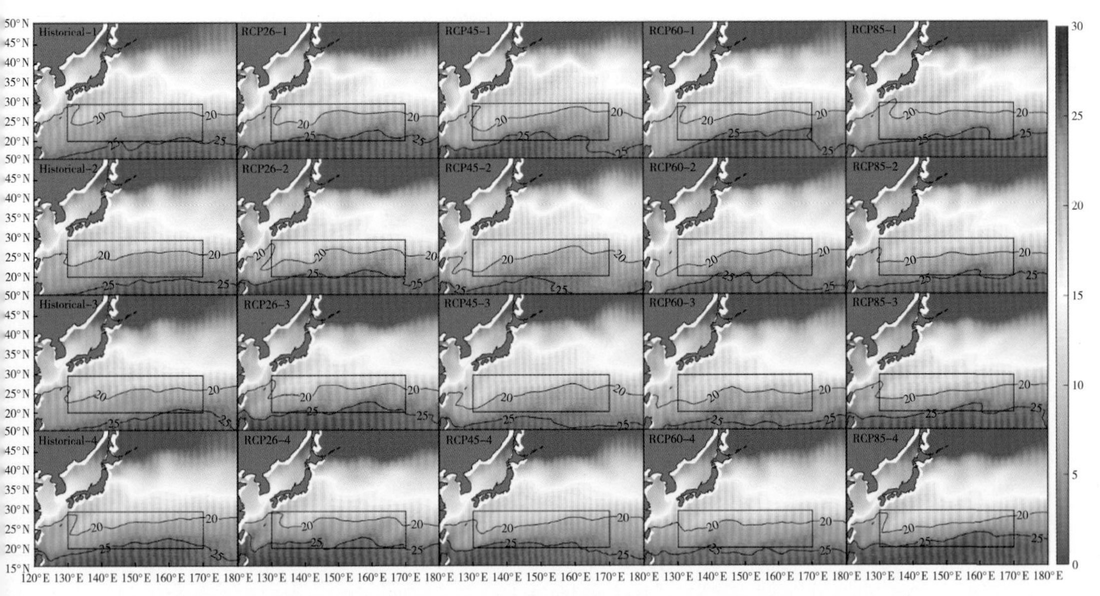

彩图 30　西北太平洋海域 1—4 月历史模拟和 RCP 4 种情景模式下 SST 分布

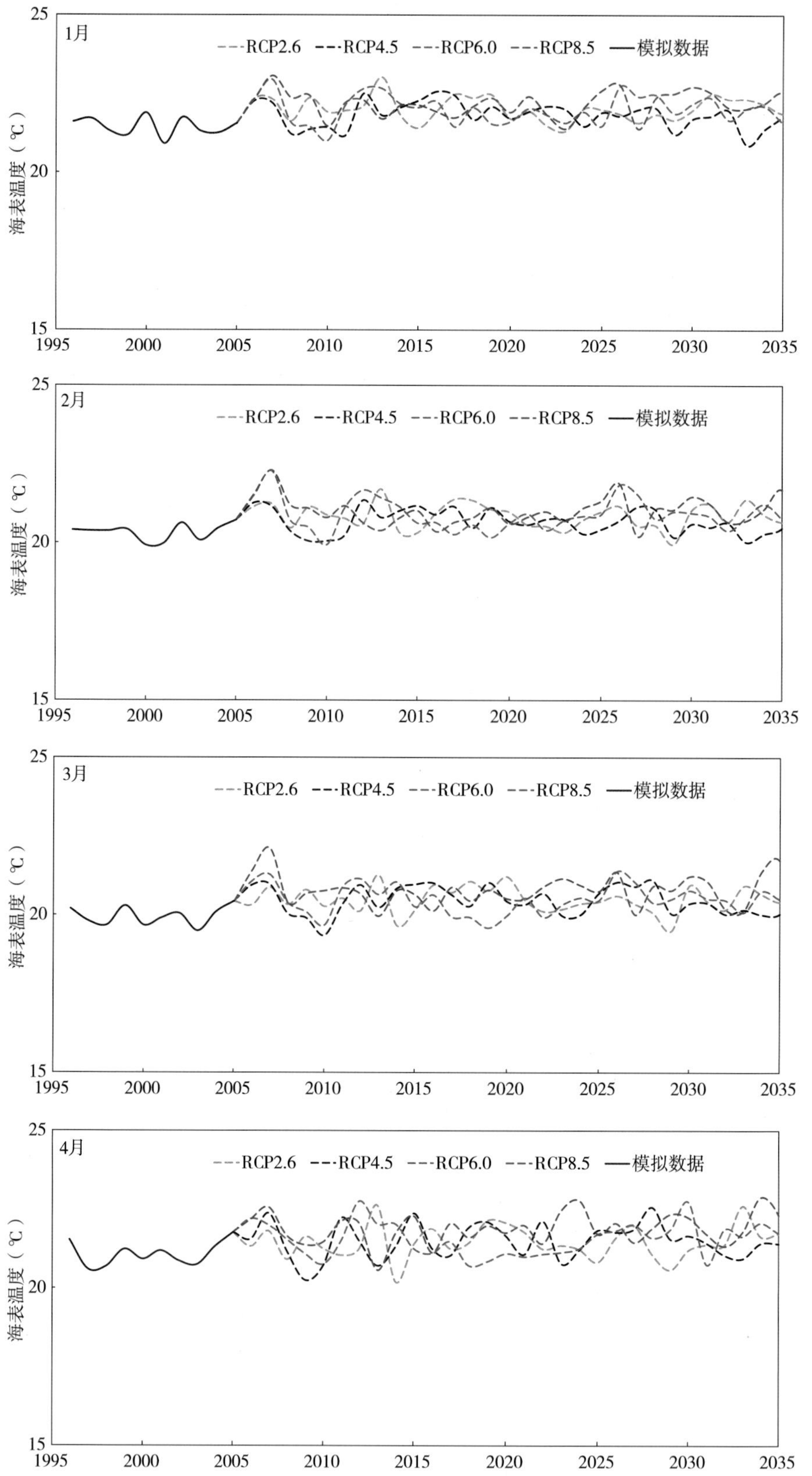

彩图31　西北太平洋海域1996—2035年经验产卵场海域历史模拟和RCP 4种情景模式下SST变化趋势